化工分离
——原理、技术、设备与实例

罗运柏 编

U0387796

化学工业出版社

·北京·

本书根据化工原料与产品分离特点，按液-液、气-液、固-液、气体和气-固体系分章，阐述化工分离的原理、技术与设备，列举了相关工程应用实例。全书共分5章：第1章为绪论，介绍化工分离技术的分类、复杂性和发展与特点；第2章为液-液分离技术，分别介绍多组分精馏、特殊精馏、膜分离、渗透气化、超临界流体萃取、双水相萃取、液膜分离和色谱分离；第3章为气-液分离技术，分别介绍重力沉降分离、惯性分离、过滤分离和离心分离；第4章为固-液分离技术，分别介绍过滤、沉降和离心过滤；第5章为气体分离与气-固分离技术，分别介绍吸收、变压吸附、膜法气体分离、深冷分离和气-固旋风分离。

　　本书适合用作化学化工类专业高年级学生的教学参考书和应用化学或化工类硕士研究生分离工程课程的教材，也可作为化工企业专业技术人员的参考书。

图书在版编目（CIP）数据

化工分离——原理、技术、设备与实例/罗运柏编.
北京：化学工业出版社，2013.8
　ISBN 978-7-122-17853-4

　Ⅰ. ①化…　Ⅱ. ①罗…　Ⅲ. ①化工过程-分离
Ⅳ. ①TQ028

中国版本图书馆 CIP 数据核字（2013）第 150089 号

责任编辑：成荣霞　　　　　　　　文字编辑：糜家铃
责任校对：王素芹　　　　　　　　装帧设计：王晓宇

出版发行：化学工业出版社（北京市东城区青年湖南街 13 号　邮政编码 100011）
印　　装：北京虎彩文化传播有限公司
710mm×1000mm　1/16　印张 14¾　字数 294 千字　2013 年 11 月北京第 1 版第 1 次印刷

购书咨询：010-64518888　　　　　售后服务：010-64518899
网　　　址：http://www.cip.com.cn
凡购买本书，如有缺损质量问题，本社销售中心负责调换。

定　　价：49.00 元

前　言

　　化工分离是利用化工设备的特有作用对混合物根据其物理和化学性质差异进行分离的过程。化学工业与分离技术密切相关，任何化工生产过程都离不开分离技术，从原料的预处理、中间产物的分离、产品的精制纯化到废水、废气和废渣的处理都有赖于化工分离技术，它往往是获得合格产品、充分利用资源和控制环境污染的关键步骤。

　　化工分离技术的应用领域广泛，发展迅速，是化学工程学科领域最活跃的领域之一。一方面，传统分离技术的研究和应用不断进步，分离效率提高，处理能力加大，工程放大问题逐步得到解决，新型分离装置不断出现。另一方面，为了适应技术进步所提出的新的分离要求，新分离方法的开发、研究和应用非常活跃。分离过程的强化、分离技术的耦合和分离科学与技术的多学科交叉成为当今分离工程领域的主要发展方向。

　　本书从被分离对象的体系特点出发，分别对液-液、气-液、固-液和气体与气-固体系的分离技术原理、工艺、设备进行了论述，列举了一些工程应用实例，尽可能系统全面地介绍化工分离领域成熟的技术及发展动态。这种按体系分章阐述化工分离的教材编写方式，是编者的一次尝试，意在方便读者特别是从事实际应用的工程技术人员根据被分离的对象使用。

　　多年来，编者一直为本校化学工艺和应用化学专业的硕士研究生主讲化工分离过程的课程，也从事膜分离、萃取和吸收方面的科学研究和指导研究生工作。教学与科研工作中得到同事和同学们很多有益的建议，他们为本书的编写提供了很好的思路和素材，丰富了本书的内容。

　　向所有为本书编写提供支持的同行、同事和同学们致谢！

　　交稿之际，心怀忐忑。不当之处，恳请读者多提意见。

编　者

2013 年 5 月于珞珈山

目　录

1 绪 论

化工分离技术是研究过程工业中，物质分离与纯化的工程技术学科，是化学工程的一个重要分支，任何化工生产过程都离不开这种技术。从原料的精制、中间产物的分离和产品的提纯到废水、废气的处理都有赖于化工分离技术。绝大多数反应过程的原料和反应所得到的产物都是混合物，需要利用体系中各组分物性的差别或借助于分离剂使混合物得到分离提纯。无论是石油炼制、塑料化纤、湿法冶金、同位素分离，还是生物制品的精制、纳米材料的制备、烟道气的脱硫脱硝、化肥农药的生产和天然产物的提取等都离不开化工分离技术。它往往是获得合格产品、充分利用资源和控制环境污染的关键步骤。

分离技术早期用于从矿石中提取金属和从植物中提取药物。化学工业与分离技术密切相关，石油炼制和石油化工的发展促进了分离技术的进步。合成氨的原料气需经分离操作才能制得，原油通过精馏制得各种燃料油，为石油化工提供了原料。同样，通过分离操作制得高纯度的乙烯、丙烯、丁二烯等单体才能合成各种树脂、纤维和橡胶。现在几乎所有化工产品的生产过程，都需要对原料和产品进行分离操作，分离操作高耸的塔群已成为化工厂最明显的标志。

分离过程是耗能过程，设备数量多，规模大，在化工厂的设备投资和操作费用中占着很高的比例，对过程的技术经济指标起着重要的作用。因此，设计时要求选择高效、低耗的分离技术。随着现代工业大型化的趋势，分离设备往往变得十分庞大。随着环保要求的不断提高，三废处理和综合利用对分离技术提出了很多特殊的要求。伴随着新产品的不断出现，对分离技术的要求也越来越高。这样，分离技术的重要性就更为突出。

1.1 化工分离技术的分类

化工分离技术的应用领域十分广泛，原料、产品和对分离操作的要求多种多样，这就决定了分离技术的多样性。工业上常用的分离方法不下四十种，装置的结构和形式也五花八门。

按机理来分，可大致分成五类，这些分离技术的特点和设计方法有所不同。

即：生成新相以进行分离，如蒸馏和结晶等；加入新相进行分离，如萃取和吸收等；用隔离物进行分离，如膜分离等；用固体试剂进行分离，如吸附和离子交换等；用外力场或梯度进行分离，如离心萃取分离和电泳等。

按分离过程原理来分，可分为机械分离和传质分离两大类。利用机械力简单地将两相混合物相互分离的过程称为机械分离过程，两相混合物被分离时相间无物质传递发生，如过滤、沉降、离心分离、旋风分离和电除尘等。

传质分离过程可以在均相或非均相混合物中进行，在均相中有梯度引起的传质现象发生。按物理化学原理，传质分离过程可分为平衡分离过程和速率分离过程两大类。这两类传质分离过程均建立了比较完整的理论。

(1) 平衡分离过程

依据被分离组分在两相平衡分配组成不等的原理进行分离的过程，借助于热能、溶剂和吸附剂等媒介，使均相混合物变成两相，常采用平衡级概念作为设计基础，包括气-液传质过程，如蒸馏和吸收等；液-液传质过程，如萃取等；气-固传质过程，如吸附等；液-固传质过程，如离子交换和浸取等。

(2) 速率分离过程

依据被分离组分在均相中的传质速率差异而进行分离，在浓度差、压力差、电位差等的推动力作用下，利用各组分的扩散速率差异进行分离，包括膜分离，如超滤和反渗透等；场分离，如电泳和热扩散等。

几种常见的分离过程及机理如表 1-1-1 所示。

表 1-1-1　常见分离过程及机理与介质

分 离 过 程	分 离 机 理	分 离 介 质
蒸馏	蒸气压	热
萃取	相间分配系数	不互溶液体
吸附	相间分配系数	固体吸附剂
吸收	相间分配系数	难挥发液体
过滤	分子大小和形状	滤网/膜
离子交换	化学反应平衡	固体离子交换柱
气体分离	扩散和相间分配系数	膜
电渗析	电负荷和离子迁移	荷电膜/电场

1.2　化工分离技术的复杂性

化工分离技术的重要性和多样性决定了它的复杂性，即使对于精馏、萃取这些比较成熟的技术，多组分体系大型设备的设计仍是一项困难的工作，问题在于缺乏基础物性数据和大型塔器的可靠设计方法。

从原则上讲，可以从手册中查找或用多种模型推算各种物性，但是对于很多高温、高压、多组分和非理想体系，不仅平衡数据和分子扩散系数难以准确计算，就连界面张力和黏度等物性数据也难以求得。对于诸如催化剂和反应萃取之类的耦合分离技术，基础物性数据更为缺乏。大型塔器设计、放大的主要困难在于塔内两相流动和传质特性十分复杂，数学模型尚不完善。沿用了百余年的平衡级模型虽然简单、直观，但用于多组分分离过程的缺点已显而易见。非平衡级模型被称为是"可能开创板式分离设备设计和模拟新纪元"，优越性显著，但缺乏传质系数实验数据和模型参数过多，使得这种先进模型的工程应用存在困难。许多商用软件功能强大，已在工程设计中得到广泛运用，但是工程经验和中试实验往往仍是不可缺少的。

1.3 化工分离技术的发展与新特点

我国分离技术的研究和应用从 20 世纪 50 年代发展至今已取得了重大的进展。石油工业的崛起大大推动了精馏技术的发展，核燃料后处理和湿法冶金的发展推动了溶剂萃取技术水平的提高等。但是，相对于发达国家，我国的分离技术水平还有差距。例如，我国的单位产值能源消耗量是世界先进水平的数倍，原因之一是我国的分离过程的能耗强度要比发达国家高得多。因此，提高分离技术的水平显得尤为重要。由于分离科学和技术具有多学科交叉的特点，只有化学、化工、机械和信息技术等各学科的协同努力，加强基础研究，致力创新，开发具有自主知识产权的新过程、新设备和新软件，才能保证我国的化工分离技术水平的持续提高，满足我国现代化建设的迫切需求。

随着化学工业的发展，分离技术也处于不断发展之中。一方面，对传统分离技术研究和应用不断进步，分离效率提高，处理能力加大，工程放大问题逐步得到解决，新型分离装置不断出现；另一方面，为了适应技术进步所提出的新的分离要求，对新分离方法的开发、研究和应用非常活跃，成为化学工程研究前沿之一。近年来，分离技术的发展呈现了新的特点。

1.3.1 分离过程的强化

随着科技的发展，新设备和新分离剂的应用大大提高了分离效率。膜分离、超临界萃取等新分离技术也在迅速推广。剧烈的竞争加速了分离技术的发展，促进了分离过程的强化。以精馏、吸收和萃取等化工塔器的内件为例，高效塔板、规整填料和散装填料的发明层出不穷。塔内件的优化匹配也引起重视。新型塔板的种类更是数不胜数，显著减小了设备的尺寸，大大降低了能耗。大量的研究和工程实践还表明，各类塔内构件都有其特定的优势和适用范围。

从广义上说，分离过程的强化包括新装置和新工艺方法两方面，任何能使设备小型化、能量高效化和有利于可持续发展的化工分离新技术均属于分离过程的强化之列，这是化工分离技术发展的重要趋势之一。

1.3.2 分离技术的耦合

近年来，诸如催化剂精馏、膜精馏、吸附精馏、反应萃取、络合吸附、反胶团膜萃取、发酵萃取、化学吸收和电泳萃取等新型耦合分离技术得到了长足的发展，并成功地应用于生产。它们综合了两种分离技术的优点，具有独到之处。

催化精馏在 MTBE（甲基叔丁基醚）生产等工艺中的成功应用和反应萃取在己内酰胺工艺中的成功应用充分说明了这类新方法具有简化流程、提高收率和降低消耗的特殊优点。耦合分离技术还可以解决许多传统的分离技术难以完成的任务，因而在生物工程、制药和新材料等高新技术领域有着广阔的应用前景。如发酵萃取和电泳萃取在生物制品分离方面得到了成功的应用；采用吸附树脂和有机络合剂的络合吸附具有分离效率高和解析再生容易的特点；电动耦合色谱可高效地分离维生素；CO_2 超临界萃取和纳米过滤耦合可提取贵重的天然产品等。由于耦合分离技术往往比较复杂，设计放大比较困难。因此，也推动了化工数学模型和设计方法的研究。

1.3.3 分离技术的发展

分离科学和技术具有多学科交叉的特点，信息技术和传统化工方法的结合显得十分重要。信息技术在分离过程中的运用涉及热力学和传递性质、多相流、多组分传质、分离过程和设备的强化和优化设计等，对分离技术的发展具有深远的影响。

例如，分子模拟大大提高了预测热力学平衡和传递性质的水平；分子设计加速了高效分离剂的研究、开发；化工模拟软件的商品化和 CAD（计算机辅助设计）和 AI（人工智能）在化工中的广泛应用大大推动了分离过程和设备的优化设计和优化控制。信息技术和先进测试技术的高速发展为化工多层次、多尺度的研究提供了条件。分离过程的研究已从宏观传递现象的研究深入到气泡、液滴群、微乳和界面现象等，加深了对分离过程中复杂传递现象的理解。LDV（激光多普勒测速仪）和 PIV（激光成像测速仪）等的应用使研究深度从宏观平均向微观、局部瞬时发展。局部瞬时速度、浓度、扩散系数和传质速率的测量，液滴群生成、运动和聚并过程中界面的动态瞬时变化的研究等引起了人们的重视。功能齐全的 CFD（计算流体力学）软件可以对分离设备内的流场进行精确的计算和描述，加深了人们对分离设备内相际传递过程机理的认识并对设备强化和放大提供了重要信息。高新技术和分离技术的联系变得越来越紧密。信息技术带动了化工分离技术的迅猛发展。

还应指出，由于工业体系和化工塔器内部两相传递现象极为复杂，在很多情况下理论计算仍有局限性。因此，实验研究和计算机模拟相结合仍是分离技术研究开发和设计放大的主要途径。国外各大工程公司都建立了规模宏大、设备精良的实验基地，对新工艺、新设备和新材料进行深入的研究。

近年来，虽然化工分离技术有了很大发展，但精馏、萃取、吸收、结晶等仍是当前使用最多的分离技术。

分离科学和技术是化学工程学科的核心之一，其他许多过程工程的出现和需要也促进了它的发展和深化。分离方法的最根本要素是基于待分离组分不同的分子性质和结构。我们要善于利用这个原理，深入理解这些特定的分离过程所涉及的各种复杂的物理-化学-生物现象，利用学科交叉的优势去改造老的分离方法，创造新的分离技术，提高分离过程的科学性，以迎接日益繁重的分离任务而作不懈探求。

参 考 文 献

[1] 费维扬，王德华，尹晔东. 化工分离技术的若干新进展. 化学工程，2002，30（1）：63-66.
[2] 朱家文，房鼎业. 面向 21 世纪的化工分离工程. 化工生产与技术，2000，7（2）：1-6.

2 液-液分离技术

2.1 多组分精馏

在化工生产实际中，遇到更多的是含有较多组分或复杂物系的分离与提纯问题。在设计多组分多级分离问题时，必须用联立或迭代法严格地解数目较多的方程，这就是说必须规定足够多的设计变量，使得未知变量的数目正好等于独立方程数。因此，在各种设计的分离过程中，首先就涉及过程条件或独立变量的规定问题。

多组分多级分离问题，由于组分数增多而增加了过程的复杂性。解这类问题，应该严格用精确的计算机算法，但简捷计算常用于过程设计的初始阶段，是对操作进行粗略分析的常用算法。

2.1.1 多组分精馏装置的设计变量

设计分离装置就是要求确定各个物理量的数值，如进料流率、浓度、压力、温度、热负荷、机械功的输入输出量、传热面积大小及理论塔板数等。这些物理量互相关联、互相制约。因此，设计者只能规定其中若干个变量的数值，即设计变量。

如果给定的物理量数目少于设计变量的数目，则无法进行设计；反之，给定的物理量数目多于设计变量的数目，设计也无法进行。

设计的第一步还不是选择变量的具体数值，而是要知道在设计时所需要指定的独立变量的数目，即设计变量。对于简单的分离过程，如只有一处进料的二组分精馏塔，一般很容易按经验给出设计变量。但若过程复杂，如多组分精馏塔，又有侧线出料或多处进料，就难确定，容易出错。所以，在讨论具体的多组分分离过程之前，先讨论确定设计变量数的方法。

如果 N_v 是描述系统的独立变量数，N_c 是这些变量之间的约束关系数，则设计变量数 N_i 为：

$$N_i = N_v - N_c \tag{2-1-1}$$

系统的独立变量数可由出入系统的各物流的独立变量数及系统与环境进行能量交换情况来定。根据相律，对于任一物流，描述它的自由度数 f 满足 $f = c - \pi + 2$。

其中，c 为组分数，π 为相数。

相律所指的独立变量是指强度性质的变量，即温度、压力和浓度，与系统的量无关的性质，而要描述流动系统，必须加上物流的数量。对于任一单相物流，其独立变量数 N_v 为 $= f+1 = (c-1+2)+1 = c+2$；对于相平衡物流，由于要加上各相的流率，则其独立变量数为 $N_v = f+2 = (c-2+2)+2 = c+2$。其余情况可以类推。如果所讨论的系统除物流外，尚有热量和功的进出，那么相应在 N_v 中加入说明热量和功的变量数。

约束关系式包括物料平衡式、能量平衡式、相平衡关系式、化学平衡关系式和内在关系式。根据物料平衡，对有 c 个组分的系统，一共可写出 c 个物料衡算式。但能量衡算式则不同，每一系统只能写一个能量衡算式。相平衡关系是指处于平衡的各相温度相等、压力相等以及组分 i 在各相中的逸度相等。后者表达的是相平衡组成关系，可写出 $c(\pi-1)$ 个方程式，其中 π 为平衡相的数目。由于我们仅讨论无化学反应的分离系统，故不考虑化学平衡约束数。内在关系通常是指约定的关系，例如物流间的温差、压力降的关系式等。

2.1.1.1　单元的设计变量

一个化工流程由很多装置组成，装置又可分解为多个进行简单过程的单元。因此，首先分析在分离过程中碰到的主要单元，确定其设计变量数，进而确定装置的设计变量数。

对于无浓度变化的单元，如分配器、泵、加热器、冷却器、换热器、全凝器和全蒸发器等，这些单元中无浓度变化，故每一物流均可看成单相物流。如加热器的独立变量数为：$N_v^e = 2(c+2)+1 = 2c+5$。其中，独立变量数 N_v 中的上标 e 指单元。

单元的约束关系数为：

物料平衡式　　　　c 个

能量平衡式　　　　1 个

所以　　　　　　　$N_c^e = c+1$；$N_i^e = N_v^e - N_c^e = c+4$

其中：$N_x^e = c+3$（进料 $c+2$ 个，压力 1 个）

$N_a^e = 1$，为系统换热量或出换热器的温度，从而可计算。

对冷却器、泵的情况类似。

对于有浓度变化的单元，如混合器、分相器、部分蒸发器、全凝器（凝液为两相）、简单的平衡级等，在这些单元中，描述一个单相物料的独立变量数是 $c+2$，一个互成平衡的两相物料的独立变量数也是 $c+2$。如果有两个物流是互成平衡的，如离开分相器的两个物料，也可以把它们看成是一个两相物流，因为互成平衡的两个物流间可列出 $c+2$ 个等式（压力相等，温度相等，c 个组分的化学位相等）。因此，和一个两相物流时的 N_i 值是一样的。计算 N_c 时，物料平衡式对各种情况都是 c 个，即对每一组分可写出一个衡算式。

其他情况，如绝热操作的简单平衡级与无浓度变化相同。

设计变量数可进一步分为固定设计变量数 N_x^e 和可调设计变量数 N_a^e。固定设计变量数是指描述进料物流的那些变量，如进料组成、流量及系统压力等；可调设计变量数则是由设计者来决定的。

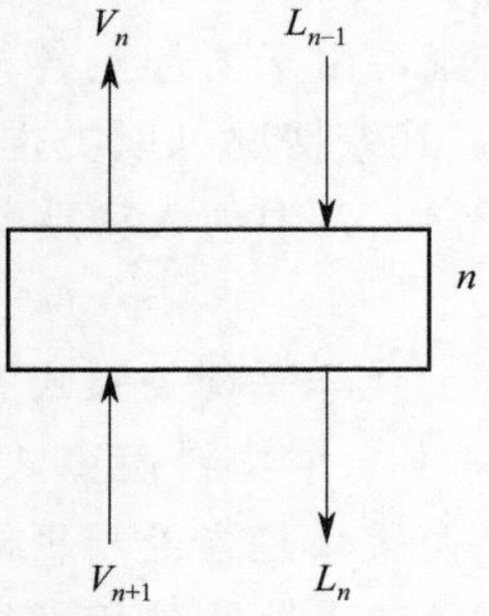

如图 2-1-1 所示，系统共有四个物流，但因 V_n 与 L_n 互为平衡的物流，所以可以把它们看成是一个两相物流，故 $N_v^e = 3(c+2)$ 个，因为可列出 c 个物料衡算式和一个热量衡算式。

图 2-1-1 四个物流的系统示意图

故　$N_c^e = c+1, N_i^e = 3(c+2) - (c+1) = 2c+5$

其中，$N_x^e = 2c+5$，因为有两股进料，且进料之间以及进料与 n 板上的压力不相等，所以 $N_a^e = 0$

无论是有浓度变化或无浓度变化的单元，可调设计变量均与组分的数目 c 无关，组分数只在固定设计变量中出现，而且，N_a^e 都是一个很小的整数，即 0、1，因此，计算整个装置的 N_a 是比较方便的。

2.1.1.2　装置的设计变量

一个分离装置由若干单元所组成，如单个平衡级、换热器和其他与分离装置有关的单元综合而得，装置的设计变量总数即装置的 N_i^u 应等于各个单元的独立变量数之和 $\sum N_i^e$。

若在装置中某一单元以串联的形式被重复使用（如精馏塔），则用重复变量 N_r 来区别于一个这种单元与其他种单元的连接情况，每一个重复单元增加一个变量。N_i^u 中的上标 u 表示装置。

各个单元是依靠单元之间的物流而连接成一个装置的。因此，必须从总变量中减去那些多余的相互关联的物流变量数，或者是每一单元间物流附加 $c+2$ 个等式。

装置的设计变量为：

$$N_i^u = \sum N_v^e - \sum N_c^e + N_r - n(c+2) \tag{2-1-2}$$

式中，n 为单元间物流的数目。

$$N_i^u = \sum N_i^e + N_r - n(c+2) = \sum N_x^e + \sum N_a^e + N_r - n(c+2)$$

因为装置的 N_x^u 固定，是指进入该装置的各进料物流（而不是装置内各单元的进料物流）的变量数以及装置中不同压力的等级数。因此，它应比 $\sum N_x^e$ 少 $n(c+2)$。

$$N_x^u = \sum N_x^e - n(c+2)$$
$$N_i^u = N_x^u + N_a^u = N_x^u + N_r + \sum N_a^e$$
$$故　N_a^u = N_r + \sum N_a^e$$

如进料板单元可以看成是一个分相器和两个混合器的组合，此时 $N_r = 0$，且分

相器和混合器的 N_a^e 均为零，故进料板单元的 $N_a^u=0$，侧线采出板是理论板与分配器的组合。由于 $N_r=0$，分配器中 $N_a^e=1$，理论板的 $N_a^e=0$，所以 $N_a^u=1$。

由若干（N）理论板串级而成的串级单元是最重要的一种组合单元，所以 $N_r=1$，而理论板的 $N_a^e=0$，故 $N_a^u=1$。

对于由 N 个绝热操作的简单平衡级串联构成的简单吸收塔，可得出：
$$N_a^u=1, N_i^u=2c+N+5, N_x^u=2c+N+4$$

对于求精馏塔的设计变量，应先将塔划分为各种不同的单元，求出 N_i^e，再求出 $\sum N_i^e$，由于进出各单元（连接各单元）共有 9 股物流，所以 $n=9$，而整个精馏装置的 $N_r=0$。

所以
$$N_i^u=\sum N_i^e+N_r-n(c+2)$$

其中，$N_a^u=5$，因为除进料级的 $N_a^e=0$ 外，其余均为 1，则 $N_x^u=N_i^u-N_a^u$ 很容易求出。

2.1.2 多组分精馏原理与简单精馏塔的计算

精馏是分离液体混合物的单元操作，是多次单级分离的串联。利用混合物中各组分的挥发度不同，采用液体多次部分气化，蒸气多次部分冷凝等气-液间的传质过程，使气-液相间浓度发生变化，并结合应用回流手段，使各组分分离。

2.1.2.1 多组分精馏过程分析

如图 2-1-2 所示的模型塔为仅有一股进料且无侧线出料和中间换热设备，有 n 块理论板，塔顶为分凝器（或全凝器，即馏出物 D 以液体状态采出），塔釜有再沸

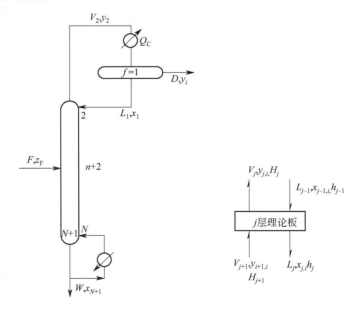

图 2-1-2 多组分精馏过程分析模型塔

器，塔板序号从塔顶向下数，分凝器序号为 1，再沸器序号 $N+1$，加料板序号为 $n+2$，n 为精馏段塔板数，F 为加料流率，z_F 为进料组成，C 为组分数，p 为操作压力，D 为馏出物的流率，B 为釜底残液流率，R 为回流比。

除加料板外，每快板上均有上升气相流率 V_j，气相组成 $y_{j,i}$，气相混合物的分子热熔 H_j，下降的液相流率 L_j，液相组成 $x_{j,i}$，液相混合物的分子热熔 h_j 及各块板的温度 T_j。

(1) 相关定义

① 关键组分。在设计或操作控制中，有一定分离要求，且在塔顶、塔釜都有一定数量的组分称为关键组分。它是进料中按分离要求选取的两个组分，它们对于物系的分离起着控制的作用。

轻关键组分，指在塔釜液中该组分的浓度有严格限制，并在进料液中比该组分轻的组分及该组分的绝大部分应从塔顶采出。

重关键组分，指在塔顶馏出液中该组分的浓度有严格限制，并在进料液中比该组分重的组分及该组分的绝大部分应在塔釜液中采出。

关键组分确定后，还需规定轻重关键组分的回收率（分离度）。回收率指轻（重）关键组分在塔顶（釜）产品中的量占进料量的百分数。

塔顶回收率：
$$E_{顶} = \frac{Dx_{DL}}{Fx_{FL}} \times 100\%$$

塔釜回收率：
$$E_{釜} = \frac{Wx_{BH}}{Fx_{FH}} \times 100\%$$

一对轻重关键组分的挥发度一般是相邻的，也可不相邻，比轻关键组分还轻的组分从塔顶蒸出的百分率和比重关键组分还重的组分从塔釜排出百分率分别比轻重关键组分要高。若相邻的轻重关键组分之一含量太少，可选与它邻近的某一组分为关键组分。

② 非关键组分。关键组分以外的组分称为非关键组分。

轻非关键组分，比轻关键组分挥发度更大或更轻的组分，简称轻组分。

重非关键组分，比重关键组分挥发度更小或更重的组分，简称重组分。

③ 分配与非分配组分。塔顶、塔釜同时出现的组分为分配组分。只在塔顶或塔釜出现的组分为非分配组分。关键组分必定是分配组分。非关键组分不一定是非分配组分。

一个精馏塔的任务是使轻关键组分尽量多地进入塔顶馏出液，重关键组分尽量多地进入釜液。

④ 清晰与非清晰分割。用于塔顶、塔釜物料预分布即物料衡算的两种情况。

清晰分割：轻组分在塔顶产品的收率为 1。重组分在塔釜产品的收率为 1。即轻组分全部从塔顶馏出液中采出，重组分全部从塔釜排出。一般非关键组分与关键组分间的相对挥发度相差很大。非关键组分为非分配组分。

非清晰分割：轻组分与轻关键组分，重组分与重关键组分的相对挥发度相差不大，或者有的非关键组分的相对挥发度处于轻、重关键组分的相对挥发度之间，这时非关键组分无论在馏出液或是釜液中都有一定数量，及非关键组分为分配组分。

(2) 多组分精馏过程的复杂性

① 求解方法。二组分精馏，设计变量值被确定后，就很容易用物料衡算式、气-液平衡式和热量衡算式从塔的任何一端出发逐板计算，无需试差。而多组分精馏，由于不同指定馏出液和釜液的全部组成，要进行逐板计算，必须先假设一端的组成，然后通过反复试差求解。

② 摩尔流率。二元精馏除了在进料板处液体组成有突变外，各板的摩尔流率基本为常数。而多组分精馏，液、气流量有一定的变化，但液气比 L/V 却接近于常数。原因是各组分的摩尔气化潜热相差较大。

③ 温度分布。温度分布无论几元总是从再沸器到冷凝器单调下降。二元精馏在精馏段和提馏段中段温度变化最明显，而多元精馏在接近塔顶和接近塔底处及进料点附近，温度变化最快，这是因为在这些区域中组成变化最快，而泡点和组成是密切相关的。

④ 组成分布（浓度）。二组元的组成分布与温度分布一样，在精馏段和提馏段中段组成变化明显，而多组分精馏，在进料板处各个组分都有显著的数量，而在塔的其余部分由组分性质决定，如表 2-1-1 所示。

表 2-1-1 塔内组分的分布情况

组分	邻近进料板上部几块板	邻近进料板下部几块板	邻近塔釜的几块板	邻近塔顶的几块板	总趋势
轻组分	有恒浓区	→0	≈0	迅速上升	由塔釜往上而上升
轻关键组分	—	汽相有波动	—	汽相出现最大值	
重关键组分	液相有波动	—	出现最大值	—	由塔顶往下而上升
重组分	→0	有恒浓区	迅速增浓	≈0	

重组分在塔底产品中占有相当大的分率，由塔釜往上，由于分馏的结果，气、液相中重组分的摩尔分率迅速下降，但在到达加料板之前，气液相中重组分的摩尔分率不会降到某一极限值，因为加料中有重组分存在，这一数值在到达加料板前基本保持恒定（恒浓区）。轻组分在塔顶占有很大分率，由于分馏作用，由塔顶往下气、液相轻组分急剧下降到一个恒定的极限值，直到加料板为止。

关键组分摩尔分率的变化不仅与关键组分本身有关，同时还受非关键组分浓度变化的影响。总的趋势是轻关键组分的摩尔分率沿塔釜往上不断增大，而重关键组分则不断下降（这和双组分精馏的情况类似）。但在邻近塔釜处，由于重组分的摩尔分率迅速上升，结果使两个关键组分的摩尔分率下降，即重关键组分在加料板以下摩尔分率出现一个最大值的原因。在邻近塔顶处，由于轻组分的迅速增浓，使两个关键组分的摩尔分率下降，这是轻关键组分在气相中的摩尔分率在加料板以上出现最大值的原因。

在加料板往上邻近的几块板处，重组分由加料板下面的极限值很快降到微量，这一分馏作用对轻的组分产生影响，在这几块板的摩尔分率上升较快，液相中重关键组分的摩尔分率在加料板以上不是单调下降而有一波动，同理在加料板以下，气相中轻关键组分的摩尔分率在该处有所上升。

2.1.2.2 多级精馏过程的简捷法计算

简捷法计算只解决分离过程中级数、进料与产品组成间的关系，而不涉及级间的温度与组成的分布。该计算将多组分溶液简化为一对关键组分的分离，物料衡算按清晰分割计算，求得塔顶和塔釜的流量和组成，用芬斯克（Fenske）公式计算最少理论板数 N_m，用恩德伍德（Underwood）公式计算最小回流比 R_m，再按实际情况确定回流比 R，用吉利兰（Gilliland）关联图求得理论板数 N。

(1) 清晰分割的物料衡算

根据进料量和组成，按工艺要求选好一对关键组分，建立全塔物料衡算式，然后分别得精馏段和提馏段操作线方程。

全塔总物料衡算：
$$F = D + B \tag{2-1-3}$$

组分 i：
$$Fz_i = Dx_{D,i} + Bx_{B,i} \tag{2-1-4}$$

在清晰分割条件下，轻组分在塔釜不出现，重组分在馏出物中不出现。可根据轻、重关键组分在塔釜和塔顶馏出物中的摩尔分数 $x_{L,K,B}$、$x_{H,K,D}$ 求出塔顶、塔釜组成。

$$D = F\sum_{i=1}^{n_{LK}} z_i - (F-D)x_{L,K,B} + Dx_{H,K,D}$$

$$D = \frac{\sum\limits_{i=1}^{n_{LK}} z_i - x_{L,K,B}}{1 - x_{H,K,D} - x_{L,K,B}} \times F \tag{2-1-5}$$

$$B = F - D$$

馏出物中轻关键及非轻关键组分的摩尔分数分别为

$$x_{L,K,D} = \frac{Fz_{L,K} - Bx_{L,K,B}}{D} \tag{2-1-6}$$

$$x_{L,N,K,D} = \frac{Fz_{L,N,K}}{D} \tag{2-1-7}$$

釜液中重关键组分及重非关键组分的摩尔分数分别为

$$x_{H,K,B} = \frac{Fz_{H,K} - Dx_{H,K,D}}{B} \tag{2-1-8}$$

$$x_{\text{H,N,K,B}} = \frac{Fz_{\text{H,N,K}}}{B} \qquad (2\text{-}1\text{-}9)$$

假定为恒摩尔流，则操作线方程

精馏段：$y_{n,\text{i}} = \dfrac{L}{L+D}x_{n+1,\text{i}} + \dfrac{D}{D+L}x_{D,\text{i}} = \dfrac{R}{R+1}x_{n+1,\text{i}} + \dfrac{1}{R+1}x_{D,\text{i}}$

提馏段：$y_{m,\text{i}} = \dfrac{\overline{L}}{\overline{L}-B}x_{m+1,\text{i}} + \dfrac{B}{\overline{L}-B}x_{m,\text{i}} = \dfrac{L+qF}{L+qF-B}x_{m+1,\text{i}} + \dfrac{V}{L+qF-B}x_{B,\text{i}}$

q 定义为每 1kg 分子进料气化成饱和蒸气时需要的热量与进料的分子气化潜热之比。

$$q = \frac{\text{饱和蒸气的焓} - \text{进料的焓}}{\text{饱和蒸气的焓} - \text{饱和液体的焓}} = \frac{H-h_{\text{F}}}{H-h}$$

一般由物料衡算方程求出关键组分在塔顶、塔釜的量，再由提馏段操作线方程求出塔顶、塔釜的组成。

(2) 芬斯克法计算最少理论板数 N_{m}

与双组分精馏一样，全回流时，R 为无穷大，此时所需塔板数少，且 $F=0$，$D=0$，$B=0$。

精馏段操作线方程：$\qquad\qquad y_{n,\text{i}} = x_{n+1,\text{i}}$

提馏段操作线方程：$\qquad\qquad y_{m,\text{i}} = x_{m+1,\text{i}}$

即不论是精馏段或提馏段，对任一板，来自下面塔板的上升蒸气与该板溢流下去的液体组成相同，结合相对挥发度的概念，对各板进行推导可得：

塔顶为分凝器时：$\qquad N_{\text{m}} = \dfrac{\lg\left[\left(\dfrac{y_{\text{L}}}{y_{\text{H}}}\right)_{\text{D}}\left(\dfrac{x_{\text{H}}}{x_{\text{L}}}\right)_{\text{B}}\right]}{\lg\left(\alpha_{\text{L,H}}\right)_{\text{av}}} \qquad (2\text{-}1\text{-}10)$

塔顶为全凝器时：$\qquad N_{\text{m}} = \dfrac{\lg\left[\left(\dfrac{x_{\text{L}}}{x_{\text{H}}}\right)_{\text{D}}\left(\dfrac{x_{\text{H}}}{x_{\text{L}}}\right)_{\text{B}}\right]}{\lg\left(\alpha_{\text{L,H}}\right)_{\text{av}}} - 1 \qquad (2\text{-}1\text{-}11)$

讨论：① 上两式是对组分 L、H 推导的结果，既能用于双组分，也能用于多组分精馏。对多组分精馏，用一对关键组分来求，其他组分对它们分离的影响反映在 $\alpha_{\text{L,H}}$ 上。所以关键组分选取不同，N_{m} 不同，只有按一对关键组分所计算的 N_{m} 值，才能符合产品的分离要求。

② N_{m} 与进料组成无关，也与组成的表示方法无关。

$$N_{\text{m}} = \frac{\lg\left[\left(\dfrac{D_{\text{L}}}{D_{\text{H}}}\right)\left(\dfrac{B_{\text{H}}}{B_{\text{L}}}\right)\right]}{\lg\left(\alpha_{\text{L,H}}\right)_{\text{av}}}$$

③ $(\alpha_{\text{L,H}})_{\text{av}} = \sqrt[N_{\text{m}}]{(\alpha_{\text{L,H}})_1 (\alpha_{\text{L,H}})_2 \cdots (\alpha_{\text{L,H}})_{N_{\text{m}}}} \approx \sqrt[3]{(\alpha_{\text{L,H}})_{\text{D}} (\alpha_{\text{L,H}})_{\text{F}} (\alpha_{\text{L,H}})_{\text{B}}} \approx \sqrt{(\alpha_{\text{L,H}})_{\text{D}} (\alpha_{\text{L,H}})_{\text{B}}}$ 当塔顶、塔釜相对挥发度比值小于 2 时，可取算术平均值。

④ 随分离要求的提高，轻关键组分的分配比加大，重关键组分的分配比减小，

$\alpha_{L,H}$ 下降，N_m 增加。

⑤ 全回流下的物料分布（非清晰分割）。在实际生产中，比轻关键组分还轻的组分在釜内仍有微量存在，重组分在塔顶馏出液中有微量存在。不清晰分割物料分布假定在一定回流比操作时，各组分在塔内的分布与在全回流操作时的分布相同，这样就可以采用 Fenske 公式去反算非关键组分在塔顶、塔釜的浓度。

Fenske 方程：
$$N_m = \frac{\lg\left[\left(\dfrac{D_L}{D_H}\right)\left(\dfrac{B_H}{B_L}\right)\right]}{\lg(\alpha_{L,H})_{av}}$$

所以
$$\frac{D_L}{B_L} = \alpha_{L,H}^{N_m}\frac{D_H}{B_H} \quad \text{或} \quad \frac{D_i}{B_i} = \alpha_{i,H}^{N_m}\frac{D_H}{B_H}$$

根据给出的关键组分的分离要求由简捷法可求得 N_m，然后可以任意组分 i 的 D_i/B_i 取代式中的 D_L/B_L 或 D_H/B_H 来求算出 D_i/B_i，有了 D_i/B_i 再联立 $D_i + B_i = F_i$，即能求出各组分在塔顶、塔釜的分配情况。

计算组分分布，必须先计算平均相对挥发度。为此，必须知道塔顶与塔釜的温度，但是确定这些温度，又必须有组成数据。因此，只能用试差法反复试算，直到结果合理为止。

先按清晰分割得到的组成分布来试算塔顶与塔釜的温度，即泡点、露点温度，再计算其相对挥发度、平均相对挥发度，计算 N_m 以及计算新的组成分布，反复试差至组成不变为止。

已知条件$\xrightarrow{\text{设为清晰分割}} x_{D,i}, x_{B,i} \rightarrow T_D, T_B \rightarrow \alpha_{L,H} \rightarrow N_m \rightarrow$
$\rightarrow x_{D,i}, x_{B,i} \rightarrow T_D, T_B \rightarrow \alpha_{LH} \rightarrow N_m \rightarrow x_{D,i}, x_{B,i}$

比较

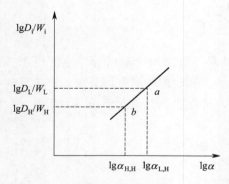

图 2-1-3　组分在塔顶和塔釜的分布

此外，还可采用如图 2-1-3 所示的图解法。

$$\lg\frac{D_L}{B_L} = N_m\lg\alpha_{L,H} + \lg\frac{D_H}{B_H} \quad (2-1-12)$$

$\lg\dfrac{D_L}{B_L} - \lg\alpha_{L,H}$ 为一直线关系，其斜率为 N_m，只要找出代表关键组分的两个点，$a\left(\lg\dfrac{D_L}{B_L}, \alpha_{L,H}\right)$ 与 $b\left(\lg\dfrac{D_H}{B_H}, \alpha_{H,H}\right)$，便可以绘制直线，延长直线 ab，可在直线上找到其他组分的代表点，轻组分在 a 点上方，重组分在 b 点下方，根据 $\alpha_{i,H}$ 查图得 D_i/B_i，再由 $D_i + B_i = F_i$，求 D_i、B_i。

(3) 恩德伍德法计算最小回流比 R_m

当轻、重关键组分的分离度一经确定，在指定的进料状态下，用无穷的板数来达到规定的分离要求时，所需的回流比称为最小回流比 R_{m}。

对双组分精馏在 R_{m} 下操作，将在进料板上下出现恒浓区，即加料板处两根操作线与平衡线相交，由精馏段操作线的斜率可求 R_{m}。

对多组分精馏，由于非关键组分的存在，最小回流比下有上下两个恒浓区，使出现恒浓区的部位较双组分复杂。恩德伍德根据物料平衡和相平衡关系，利用两段恒浓区的概念，导出了两个求取 R_{m} 的公式。

$$\sum \frac{\alpha_{\mathrm{i}} x_{\mathrm{F,i}}}{\alpha_{\mathrm{i}} - \theta} = 1 - q \qquad (2\text{-}1\text{-}13)$$

$$R_{\mathrm{m}} = \sum \frac{\alpha_{\mathrm{i}} x_{\mathrm{D,i}}}{\alpha_{\mathrm{i}} - \theta} - 1 \qquad (2\text{-}1\text{-}14)$$

① 上式推导假定为恒摩尔流率，α_{i} 为常数。

② $\alpha_{\mathrm{i}} = \alpha_{\mathrm{i,H}}$ 或 i 组分对进料中最重组分的相对挥发度。按前述方法计算平均值，也可计算平均温度下的相对挥发度代之，$\bar{t} = \dfrac{Dt_{\mathrm{D}} + Wt_{\mathrm{W}}}{F}$。

③ θ 是方程的根，有 C 个，只取 $\alpha_{\mathrm{H,H}} = 1 < \theta < \alpha_{\mathrm{L,H}}$，求解可用 $N\text{-}R$ 法。

$$F(\theta) = \sum \frac{\alpha_{\mathrm{i}} x_{\mathrm{F,i}}}{\alpha_{\mathrm{i}} - \theta} - 1 + q = 0; \quad F'(\theta) = \sum \frac{\alpha_{\mathrm{i}} x_{\mathrm{F,i}}}{(\alpha_{\mathrm{i}} - \theta)^2}; \quad \theta_{n+1} = \theta_n - \frac{F(\theta_n)}{F'(\theta_n)}$$

④ 适用范围为清晰分割。

⑤ R_{m} 是实际回流比的下限，适宜回流比的数值在全回流与最小回流比之间，其选择是一个经济核算问题，如图 2-1-4 所示。

根据 70 座分离烃类的常压塔其 $\dfrac{R_{\mathrm{op}}}{R_{\mathrm{m}}} = 1.1 \sim$ 1.24 倍，如果平衡数据准确度较差，则 R_{m} 的可靠性就差，则 $\dfrac{R}{R_{\mathrm{m}}}$ 的倍数宜取大些。

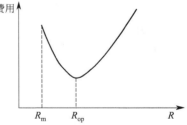

图 2-1-4　最小回流比
与适宜回流比的确定

(4) 吉利兰关联图求得理论板数 N。

确定最小回流比和最少塔板数不仅有利于确定回流比和理论板数的允许范围，而且对于挑选设计计算中的特定操作条件也是很有用的指标，由于确定回流比与理论板数之间的确切关系需要很复杂的推导，吉利兰根据 61 个二组分和多组分精馏塔的逐板计算结果整理而得 R_{m}、R、N_{m}、N 四者的关联图。Erbar（耳波）-Maddox（马多克斯）关联式对此进行了改进，适用于非理想溶液，但 $q=1$（泡点进料）。

还有数学解析式便于计算机计算的李德公式。

当 $0 \leqslant x \leqslant 0.01$，$y = 1.0 - 18.5715x$

$0.01 < x < 0.9$，$y = 0.545827 - 0.591422 + 0.002743/x$

$0.9 \leqslant x \leqslant 1.0$，$y = 0.16595 - 0.16595x$

x，y 的定义同吉利兰图。

(5) 进料板位置的确定

根据芬斯克公式计算最少理论板数，既能用于全塔，也能单独用于精馏段或提馏段，从而可求得适宜的进料位置。

精馏段最少理论板数：

$$n = \frac{\lg\left[\left(\dfrac{x_L}{x_H}\right)_D \cdot \left(\dfrac{x_H}{x_L}\right)_F\right]}{\lg\alpha_{L,H}} \tag{2-1-15}$$

提馏段最少理论板数：

$$m = \frac{\lg\left[\left(\dfrac{x_L}{x_H}\right)_F \cdot \left(\dfrac{x_H}{x_L}\right)_B\right]}{\lg\alpha_{L,H}} \tag{2-1-16}$$

$$\text{且}\frac{n}{m} = \frac{\lg\left[\left(\dfrac{x_L}{x_H}\right)_D \left(\dfrac{x_H}{x_L}\right)_F\right]}{\lg\left[\left(\dfrac{x_L}{x_H}\right)_F \left(\dfrac{x_H}{x_L}\right)_B\right]} \quad (n+m=N_m) \tag{2-1-17}$$

柯克布兰德（Kirkbride）提出对泡点进料的经验式：

$$\frac{n}{m} = \left[\left(\frac{x_H}{x_L}\right)_F \left(\frac{x_{L,W}}{x_{H,D}}\right)^2 \left(\frac{W}{D}\right)\right]^{0.206}$$

(6) 简捷法计算理论板数的步骤

① 根据工艺条件及工艺要求，找出一对关键组分。

② 由清晰分割估算塔顶、塔釜产物的量及组成。

③ 根据塔顶、塔釜组成计算相应的温度，求出平均相对挥发度。

④ 用 Fenske 公式计算 N_m。

⑤ 用 Underwood 法计算 R_m，并选适宜的操作回流比 R。

⑥ 确定适宜的进料位置。

⑦ 根据 R_m、R、N_m，用 Gilliland 图求理论板数 N。

2.1.3　多组分复杂精馏塔的计算

多组分精馏问题的图解法、经验法和近似算法，除了像二组分精馏那样的简单情况外，只适用于初步设计，对于完成多组分多级分离设备的最终设计，必须使用严格计算法，以便确定各级的温度、压力、流率、气液相组成和传热速率。严格计算法的核心是联立求解物料衡算、相平衡和热量衡算式。尽管对过程做了若干假设，使问题简化，但由于所涉及的过程是多组元，多级和两相流体的非理想性等原因，描述过程的数学模型仍是一组数量很大、高度非线性的方程，必须借助计算机求解。

2.1.3.1　多组分复杂精馏过程的模型

在建立精馏等分离过程的数学模型时需先给出明确的模型塔，以建立描述精馏等过程的物理模型。

(1) 复杂精馏塔物理模型

对于多于两股出料的精馏，称为复杂精馏。采用复杂精馏进行分离是为了节省能量和减少设备的数量。

① 复杂精馏塔类型

a. 多股进料　如图 2-1-5 所示的多股进料体系，将不同组成的物料加在相应浓度的塔板上，从能耗看，单股进料更耗能，因为混合物的分离不是自发过程，必须外界供给能量。采用三股进料，表明它们进塔前已有一定程度的分离，比它们混合成一股在塔内进行分离节省能量。如氯碱厂脱 HCl 塔，有三股不同组成的物料分别进入塔的相应浓度的塔板上。

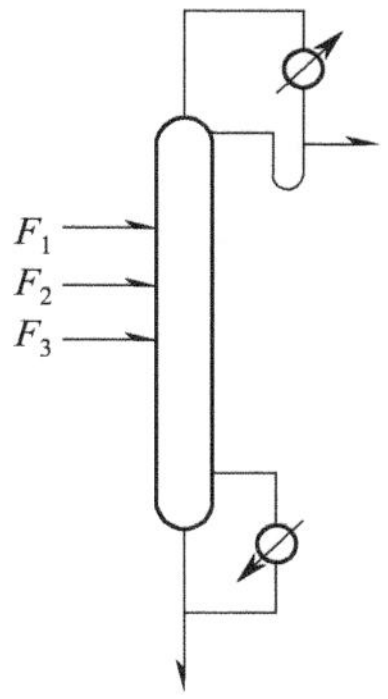

b. 侧线采出　如图 2-1-6 所示的侧线采出体系，从塔身中部采出一个或一个以上物料，侧线采出口可在精馏段或提馏段，按工艺要求采出的物料可为液体或气体。采用侧线采出，可减少塔的数目，但操作要求更高，如裂解气分离中的乙烯塔，炼油中的常压、减压塔等。

图 2-1-5　多股进料精馏塔

c. 中间冷凝或中间再沸　如图 2-1-7 所示的有中间冷凝或中间再沸的体系，中间再沸是在提馏段抽出一股料液，通过中间再沸器加入部分热量，以代替塔釜再沸器加入的部分热量，中间再沸器的温度低，所用加热介质温度要求低，甚至可用回收热，以节省能量。

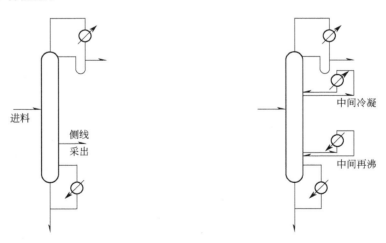

图 2-1-6　有侧线采出的精馏塔　　　　图 2-1-7　有中间冷凝或中间再沸的精馏塔

中间冷凝在精馏段抽出一股料液（气相），通过中间冷凝加入部分冷量，以代替塔顶冷凝器的部分冷量。由于中间冷凝温度更高，可采用较高温度的冷剂，从而节约冷量。

使用中间再沸器或中间冷凝器的精馏，相当于多了一股侧线出料和一股进料及中间有热量引入的或取出的复杂塔。

② 模型塔　如图 2-1-8 所示，模型塔有 N 块理论板，包括一个塔顶冷凝器和一个再沸器。理论板的顺序是从塔顶向塔釜数，冷凝器为第一块板，再沸器为第 N 块板，除冷凝器与再沸器外每一块板都有一个进料 F；气相侧线出料 G；液相侧线出料 S 和热量输入或输出，若计算的塔不包括其中的某些项目，则设该参数为零，并假定每块板为一块理论板。

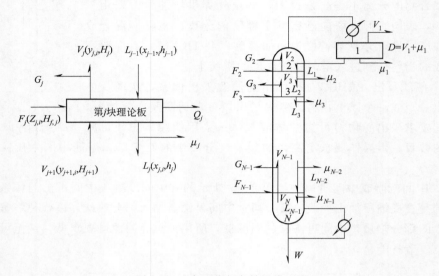

图 2-1-8　多组分复杂精馏模型塔

(2) 平衡级的理论模型

① 多级分离过程的平衡级　在多级分离塔中的每一级上进行的两相流体间的传质和传热现象是十分复杂的，受到很多因素的影响，把所有因素考虑在内，获得的两相间传质和传热的关系式，进而求得这两相流体的温度、压力和组成等参数是不可能的。因此，常对每一分离级做如下假设：

a. 在每一分离级上的每一相流体都是完全混合的，其温度、压力和组成在分离级上各处都一致，且与离开分离级的该相流体相同。

b. 离开分离级的两相流体之间成相平衡。

具备这两个条件的分离级就是平衡级，在做了上面两个假设后，精馏、吸收、蒸出和萃取的多级分离过程就可以被认为是多级平衡过程。由平衡级假设引起的误差，可以进行修正，如引进级效率等。

对于应用填料塔作为分离设备的多级分离过程，可以用等板高度（HETP）的概念，把一定的填料高度折算成相应的平衡级数，仍按多级平衡过程进行计算。

② 多级分离过程的数学模型——MESH 方程组　在平衡级的严格计算中，必须同时满足 MESH 方程，它描述多级分离过程每一级达气-液平衡时的数学模型。

a. 物料平衡式（material balance equ.，每一级有 C 个，共 NC 个）

$$L_{j-1}x_{i,j-1}-(V_j+G_j)y_{i,j}-(L_j+S_j)x_{i,j}+V_{j+1}y_{i,j+1}=-F_jz_{i,j} \quad (2-1-18)$$

b. 相平衡关系式（equilibrium balance equ.，每一级有 C 个，共 NC 个）

$$y_{i,j}=k_{i,j}x_{i,j} \quad\quad\quad (2-1-19)$$

c. 摩尔分率加和式（summary equ.，每一级有一个，共有 N 个）

$$\sum x_{i,j}=1 \text{ 或 } \sum y_{i,j}=1 \quad\quad\quad (2-1-20)$$

d. 热量平衡式（heat balance equ.，每一级有一个，共有 N 个）

$$L_{j-1}h_{j-1}-(V_j+G_j)H_j-(L_j+S_j)h_j+V_{j+1}H_{j+1}=-F_jH_{F,j}+Q_j$$

$$(2-1-21)$$

除 MESH 模型方程组外，$k_{i,j}$，H_j，h_j 的关联式必须知道

$$k_{i,j}=k_{i,j}(T_j,p_j,x_{i,j},y_{i,j}) \quad\quad NC \text{ 个}$$

$$h_j=h_j(T_j,p_j,x_{i,j}) \quad\quad N \text{ 个}$$

$$H_j=H_j(T_j,p_j,y_{i,j}) \quad\quad N \text{ 个}$$

将上述 N 个平衡级按逆流方式串联起来，有 $N_c^u=N(2C+3)$ 个方程和 $N_v^u=[N(3C+9)-1]$ 个变量。

设计变量总数 $N_i^u=NC+6N-1$ 个，固定 $N(C+3)$，可调 $3N-1$。

如：ⓐ 各级 $F_{i,j}$，$z_{i,j}$，$T_{F,j}$，$p_{F,j}$，$N(C+2)$ 个；

ⓑ 各级 p_j，N 个；

ⓒ 各级 $G_j(j=2\cdots N)$ 和 $S_j(j=1\cdots N-1)$，$2(N-1)$ 个；

ⓓ 各级 Q_j，N 个；

ⓔ 各级 N，1 个。

若要规定其他变量，则可以对以上的变量作相应替换，对不同类型的分离，有不同典型的规定方法。

在 $N(2c+3)$ 个 MESH 方程中，未知数为 $x_{i,j}$、$y_{i,j}$、L_j、V_j、T_j，其总数也是 $N(2c+3)$ 个，故联立方程组的解是唯一的。

(3) 计算方法

① 计算前的准备　构成一个精馏塔模拟计算的算法，必须对下列三点做出选择和安排。

a. 迭代变量的选择。即选择那些变量在迭代过程中逐步修正而趋近解的，其余变量则由这些迭代变量算得。

b. 迭代变量的组织。决定是对整个方程组进行联列解，还是进行分块解，若为联列解，那么方程和迭代变量如何排列和对应必须决定。如果选定分块解，则需确定如何分块，哪些（个）变量与哪一块方程组相匹配，哪一块在内层解算，哪一块在外层解算等。

c. 一些变量的圆整和归一的方法以及迭代的加速方法。

由于对这三种方法不同的选择和安排，产生了许多模拟计算方法，这些算法在

收敛的稳定性、收敛的速度和所需的计算机内存的大小等方面存在显著的差异，所以需要选择比较合适的算法。

② 严格计算法的种类

a. 逐板计算法。逐板计算法是运用试差的方法，逐级求解相平衡、物料平衡和热平衡方程式。该法由 Lewis-Matheson 于 1933 年首先导出数学模型，并于 20世纪 50 年代计算机应用后，提出了逐板求解的方法，这类方法适合于清晰分割场合。对非清晰、非关键组分在塔顶、塔釜的组成较难估计，致使每轮计算产生较大的误差，计算不容易收敛。在计算机被广泛应用前，曾是主要的、较严格的多级平衡过程的计算方法，但其受截断误差传递影响较大，对复杂塔稳定性较差。目前在电算中很少采用，但在吸收上仍有采用。

b. 矩阵法。该法是将 MESH 方程按类别组合，对其中一类和几类方程组用矩阵法对各级同时求解。该法由 Amundson 于 1953 年提出，有三角矩阵法、矩阵求逆法、CMB 矩阵法、2N 牛顿法等。由于这些方程都是高度非线性的，因此，必须用迭代的方法，逐次逼近方程组的解。所选用的迭代方法主要有直接迭代法、校正迭代法和牛顿-拉夫森迭代法。这些迭代法都是设法将非线性方程组简化为线性方程组，然后对此线性方程组求解。并将该解作为原方程的近似解，逐次逼近原方程组的解。

c. 松弛法。松弛法是采用不稳定状态的物料平衡方程和热平衡方程，求解稳定状态下多级平衡过程。通常是只用不稳定状态的物料平衡方程，求解稳定状态下的组成。该法优点是"算法简单，只要选取了合适的松弛因子，一般都能收敛，且不受初值影响"，"迭代的中间结果具有物理意义"。如以进料组成为各级重流体相组成的初值时，中间结果可以被看成是由于开工不稳定状态趋向稳定状态的过程。

③ 计算类型　多级平衡过程的计算，从其计算的目的和要解决的问题来划分，又可分为设计性计算和操作性计算。

a. 设计性计算。其目的在于解决完成一预定的分离任务的新过程设计问题。即给定了进料条件 (F, x_F, T, p)、塔的操作压力和回流比外，还需知道轻、重关键组分的回收率，求解所需的理论板数、最佳进料位置和侧线采出位置。

b. 操作性计算。它是已知操作条件下，分析和考察已有分离设备的性能。如精馏计算是在给定操作压力、进料情况、进料位置、塔中具有的板数和回流比下，计算塔顶、塔底产品和量及组成，以及侧线抽出的组成和塔中的温度分布等。

前面提到的算法除了逐级计算法中的 Lewis-Matheson 法适用于设计性计算外，其他方法只适用于操作型计算，若用其进行设计型计算，需先设平衡级数（板数）、进料位置和出料速度与位置，然后进行试算。根据每次试算的结果对所设变量进行修正，直至计算结果满足设计要求。

2.1.3.2 三对角矩阵法

(1) 计算原理

此法用于分块解法，分块求解就是将 MESH 模型方程作适当分组，每小组方程与一定迭代变量相匹配，那些不与此组方程相匹配的迭代变量当作常量。解该小组方程得到相应的迭代变量值，它们在解另一组方程时也作为常量。当一组方程求解后再解另一组方程。当全部方程求解后，全部迭代变量值均得到了修正，如此反复迭代计算，直至各迭代变量的新值和旧值几乎相等，也即修正值很小时，才得到了收敛解。

矩阵法计算原理在初步假定的沿塔高温度（T）、气、液流量（V、L）的情况下，逐板地用物料平衡（M）和气-液平衡（E）方程联立求得一组方程，并用矩阵求解各板上组成 $x_{i,j}$。用 S 方程求各板上新的温度 T。用 H 方程求各板上新的气、液流量 V，L。如此循环计算直到稳定为止。

(2) ME 方程

将 E 方程带入 M 方程消去 $y_{i,j}$。

$$L_{j-1}x_{i,j-1}+V_{j=1}k_{i,j=1}x_{i,j=1}+Fz_{i,j}-(V_j+G_j)k_{i,j}x_{i,j}-(L_j+S_j)x_{i,j}=0$$

$$L_{j-1}x_{i,j-1}-[(V_j+G_j)k_{i,j}+(L_j+S_j)]x_{i,j}+V_{j+1}k_{j+1}x_{i,j+1}=-F_jz_{i,j}$$

$$(2\text{-}1\text{-}22)$$

令 $A_j=L_{j-1}$ $B_j=-[(V_j+G_j)k_{i,j}+(L_j+S_j)]$

$$C_j=V_{j+1}k_{i,j+1} \qquad D_j=-F_jz_{i,j}$$

故 $A_jx_{i,j-1}+B_jx_{i,j}+C_jx_{i,j+1}=D_j$

当 $j=1$ 时，即塔顶冷凝器，由于没有上一板来的液体

所以 $A_1=L_0=0$ ；$B_1=-(V_1k_{i,1}+L_1+S_1)$；$C_j=V_2K_{i,2}$；$D_1=0$

故 $B_1x_{i,1}+C_1x_{i,2}=D_1$

当 $j=N$ 时，即塔釜，由于没有下一板上来的蒸汽

$$A_N=L_{N-1}；B_N=-(V_Nk_{i,N}+B)；C_N=V_{N+1}=0；D_N=0$$

故 $A_Nx_{i,N-1}+B_Nx_{i,N}=D_N$

ME 线性方程组和矩阵为：

$$\begin{cases} B_1x_{i,1}+C_1x_{i,2}=D_1 & j=1 \\ A_jx_{i,j-1}+B_jx_{i,j}+C_jx_{i,j+1}=D_j & 2\leqslant j\leqslant N-1 \\ A_Nx_{i,N-1}+B_Nx_{i,N}=D_N & j=N \end{cases} \quad (2\text{-}1\text{-}23)$$

$$\begin{bmatrix} B_1 & C_1 & & & & & \\ A_2 & B_2 & C_2 & & & & \\ & \vdots & \vdots & & & & \\ & & A_j & B_j & C_j & & \\ & & & \vdots & \vdots & & \\ & & & & A_{N-1} & B_{N-1} & C_{N-1} \\ & & & & & A_N & B_N \end{bmatrix} \begin{bmatrix} x_{i1} \\ x_{i2} \\ \vdots \\ x_{ij} \\ \vdots \\ x_{i,N-1} \\ x_{i,N} \end{bmatrix} = \begin{bmatrix} D_1 \\ D_2 \\ \vdots \\ D_j \\ \vdots \\ D_{N-1} \\ D_N \end{bmatrix} \quad (2\text{-}1\text{-}24)$$

或简写为 $[\boldsymbol{A},\boldsymbol{B},\boldsymbol{C}]\{x_{i,j}\}=\{\boldsymbol{D}_j\}$。其中 $\{x_{i,j}\}$ 为未知量的列向量；$\{\boldsymbol{D}_j\}$ 为常数项的列向量；

$[\boldsymbol{A},\boldsymbol{B},\boldsymbol{C}]$ 为三对角矩阵；$\boldsymbol{A}，\boldsymbol{B}，\boldsymbol{C}$ 为矩阵元素。若 $V_j，L_j，T_j$（$F_j，G_j$，S_j）等值先固定，则 $A_j，B_j，C_j，D_j$ 为常数。所以其中只有 N 个未知量 $x_{i,j}$，故能求解。

(3) 初值的确定

① T_j　根据塔顶、塔釜的温度线性分布，有

$$T_{j,\text{初}}=T_D+\left(\frac{T_B-T_D}{N-1}\right)(j-1)$$

② V_j　设为恒摩尔流，有

板平衡：
$$F_j+V_{j+1}+L_{j-1}=V_j+G_j+L_j+S_j$$
$$V_{j+1}=V_j+G_j+L_j+S_j+L_{j-1}+F_j$$

液相平衡：
$$L_{j-1}+qF_j=L_j+S_j$$

故
$$V_{j+1}=V_j+G_j-F_j(1-q_j)\quad 2\leqslant j\leqslant N-1$$

其中：
$$V_2=(R+1)D=D+L_1\ (L_1=RD)$$

图 2-1-9　由 j 板与塔顶作物料平衡示意图

③ L_j　由 V_j 求 L_j。

如图 2-1-9 所示，由 j 板与塔顶作物料平衡：

$$V_{j+1}+\sum_{k=2}^{j}F_k=L_j+\sum_{k=2}^{j}S_k+\sum_{k=2}^{j}G_k+D$$

$$L_j=V_{j+1}+\sum_{k=2}^{j}(F_k-G_k-S_k)-D$$

$A_j，B_j，C_j，D_j$ 常数中如果某些物料没有可以用零代入。

(4) 求解方法

① 三对角矩阵中求解 $\{x_{j,i}\}$ 的方法（Gauss 消去，托马司法，追赶法）。利用矩阵的初等变换将矩阵中一对角线元素 A_j 变为零，另一对角线元素 B_j 变为 1，然后将 C_j 与 D_j 引用两个辅助参量 P_j 和 q_j。

增广矩阵
$$\begin{bmatrix}1 & P_1 & & & & & \\ 0 & 1 & P_2 & & & & \\ & \vdots & \vdots & & & & \\ & & 0 & 1 & P_j & & \\ & & & \vdots & \vdots & & \\ & & & & 0 & 1 & P_{N-1} \\ & & & & & 0 & 1\end{bmatrix}\begin{bmatrix}x_{i,1} \\ x_{i,2} \\ \vdots \\ x_{i,j} \\ \vdots \\ x_{i,N-1} \\ x_{i,N}\end{bmatrix}=\begin{bmatrix}q_1 \\ q_2 \\ \vdots \\ q_j \\ \vdots \\ q_{N-1} \\ q_N\end{bmatrix}$$

其中 $$P_j = \frac{C_j}{B_j - A_j P_{j-1}} \qquad q_j = \frac{D_j - A_j q_{j-1}}{B_j - A_j P_{j-1}}$$

当 $j=1$，$A_1=0$，故 $P_1 = \dfrac{C_1}{B_1}$，$q_1 = \dfrac{D_1}{B_1}$

由此求出各 P_j 和 q_j，并可以求出某一组分在各块板上的液相组成。

$$x_{i,N} = q_N$$
$$x_{i,N-1} + p_{N-1} x_{i,N} = q_{N-1}$$
$$\vdots \qquad\qquad \vdots \qquad\qquad \vdots$$
$$x_{i,j} \quad + \quad p_j x_{i,j+1} = q_j$$
$$\vdots \qquad\qquad \vdots \qquad\qquad \vdots$$
$$x_{i,1} \quad - \quad p_1 x_{i,2} \quad = q_1$$

若对 C 个组分的矩阵进行求解后，即得各块板上所有组分的液相组成。

② 用 S 方程计算新的温度分布，在未收敛前 $\sum x_{i,j} \neq 1$，在 0.3~15 的范围内。

a. 圆整 $x_{i,j} = \dfrac{x_{i,j}}{\sum x_{i,j}}$；

b. 用泡点法求 T_j，并同时得 $y_{i,j}$。

③ 用 H 方程计算各块板的 V_j 和 L_j。

H 方程：$L_{j-1}h_{j-1} + V_{j+1}H_{j+1} + F_j H_{F,j} = (V_j + G_j)H_j + (L_j + S_j)h_j + Q_j$

任一板总物料衡算

$$L_j + S_j = L_{j-1} + V_{j+1} + F_j - (V_j + G_j)$$

代入上式并整理

$$V_{j+1} = \frac{(H_j - h_j)(V_j + G_j) + (h_j - h_{j-1})L_{j-1} - (H_{F,j} - h_j)F_j + Q_j}{H_{j+1} - h_j}$$

由假定的初始值 V_1 即可求得 V_{j+1}，计算顺序从冷凝器开始，然后随着 j 的递增而求得 V_N 为止。

$$V_1 = D - S_1, L_1 = RD, V_2 = D + L_1 = (R+1)D$$

而 $$L_j = V_{j+1} + \sum_{k=2}^{j}(F_k - G_k - S_k) - D$$

也可将各板的 H 方程写出，并把它们集合在一起，也可得到一个二对角线矩阵方程。通过计算 α，β，γ 计算出各板的 V，L。

(5) 计算步骤

① 确定必要条件和基础数据。

② 按塔顶、塔釜的温度假定在塔内温度为线性分布的温度初始值 T_j，按恒摩尔流假定一组初始的蒸气量分布 V_j。

③ 由假设的 T_j 计算 $k_{i,j}$，然后计算 ME 矩阵方程中的 A_j，B_j，C_j，D_j，P_j，q_j。

④ 用高斯消去法解矩阵得 $x_{i,j}$，若 $\sum x_{i,j} \neq 1$，则圆整。

⑤ 由计算出的 $x_{i,j}$，用 S 方程试差迭代出新的温度 T'_j，同时计算 $y_{i,j}$。

⑥ 由 $x_{i,j}$、$y_{i,j}$、T'_j 计算 H_j，h_j。

⑦ 用 H 方程从冷凝器开始向下计算出各板的新的气、液相流量 V'_j，L'_j。

⑧ 判断是否满足收敛条件

$$\varepsilon_T = \sum [(T_j)_k - (T_j)_{k-1}]^2 \leqslant 0.01N$$

$$\varepsilon_H = \sum \left[\frac{(V_j)_k - (V_j)_{k-1}}{(V_j)_k}\right] \leqslant 0.01$$

若计算结果不能满足此收敛条件，得到的 T'_j、V'_j、L'_j 值作为初值，重复③以下的步骤。

(6) 流量加和法（SR 法）

三对角矩阵的另一形式，即在解 ME 三对角矩阵方程求出组分流率 $l_{i,j}$ 或 $v_{i,j}$，组分流率加和得到 L_j 和 V_j，再用 H 方程校正温度 T_j。用这一顺序计算较方便，独立变量取用各板之组分流率 $l_{i,j}$ 代替 $x_{i,j}$，相应的衡算式的形式也要有所改变。

(7) 讨论

① 由子程序求解 ME 三对角矩阵的 $x_{i,j}$，若为负值均置为零。

② 对接近理想溶液的物系采用大循环，计算速度快，对非理想溶液物系采用 T 循环，有利收敛。

③ 对接近理想溶液体系，对 T_j、V_j 初值要求不苛刻，T_j 按线性内插，V_j 按恒摩尔流能够达到收敛解。对非理想物系，T_j、V_j 初值会影响到是否收敛和收敛速度。

④ 收敛判据不唯一。

⑤ BP 法与 SR 法比较。

BP 法是以求得的浓度来决定下一循环所用的温度。即适用于塔板温度主要决定于浓度，而流率主要决定于热平衡。即热衡算中潜热影响大于显热影响的情况。对组分沸点相近的系统（即窄沸程物系），由于其精馏时，气液相的总流率是由潜热差通过热平衡确定，且塔板温度受组成的影响较大，适用于该法。即适用于 $\Delta T_{DB} < 55℃$。

SR 法可以用在组成对流率的影响大于焓平衡对流率的影响，温度主要是决定于热量平衡而不是组成，以及热平衡中显热的影响较为显著的情况，沸点差较大（宽沸程）的混合物的精馏计算宜用 SR 法，此时全塔温差大，在热量平衡中显热的影响较为显著，即适用于 $\Delta T_{DB} > 55℃$ 的情况。但郭天民提出 SR 法用于精馏稳定性差，仅适合于吸收、萃取，谁是谁非，难以定夺。

⑥ BP 法的缺陷。BP 法用于非理想性较强的物系，往往不收敛，除对初值有要求外，最主要是由 M 方程得到的液相组成 $x_{i,j}$ 在没有收敛前，不满足的 $\sum x_{i,j} = 1$ 关系式，如果将这些组成直接返回第二步运算，结果会发散。如果将得到的这些

$x_{i,j}$ 值圆整，则 $x_{i,j}$ 已不再满足 M 方程，将这些不满足物料衡算的 $x_{i,j}$ 值作为下次迭代的初值，对非理想物系必然不收敛。仲·高松提出用物料衡算来校正圆整后的液相组成，使之不仅满足 S 方程，也尽量符合 M 方程。该法称为 CMB 法。丁惠华对此进行了修正，在三对角矩阵基础上，引进组分的物料衡算，对塔两端产品的组成及塔内各板组成进行校正，使计算适用于非理想物系的精馏计算。他用文献上 8 组三对角矩阵不收敛的物系，用改进 CMB 计算全部收敛。

2.2 特殊精馏

普通精馏操作是以液体混合物中各组分挥发能力的差异为分离依据的，组分的挥发能力差异越大越容易分离。但对某些液体混合物，组分的挥发能力差异特别小、相对挥发度接近于 1 或形成恒沸物，不宜或不能采用普通的精馏方法分离，而从技术上、经济上又不适宜用其他方法分离时，则需要采用特殊的精馏方法，即特殊精馏。

目前所开发的特殊精馏方法有水蒸气精馏、恒沸精馏、萃取精馏、膜精馏、吸收精馏、盐效应精馏、分子精馏、反应精馏等。对含热敏物质或高沸点的物料，若与水不互溶，则可采用水蒸气精馏分离；若与水互溶，则可采用真空精馏及分子蒸馏进行分离。对组分的挥发能力差异特别小或能形成恒沸物的最大偏差物系，通常可采用恒沸精馏和萃取精馏来进行分离。

特殊精馏的原理是在原溶液中加入另一溶剂，由于该溶剂对原溶剂中关键组分作用的差异，这样就改变了关键组分间的相对挥发度。因此，就可以用精馏方法分离关键组分。如果加入的溶剂和原溶液中一个或几个组分形成新的最低共恒沸物，从塔顶蒸出，这种精馏操作被称为共恒沸精馏，所加入的溶剂称为共恒沸剂或夹带剂。如果加入的溶剂仅改变各组分间的相对挥发度，并不产生新的共恒沸物，一般该溶剂的沸点均比较高，故随塔底产品流出，这种精馏操作被称为萃取精馏，所用的溶剂为萃取剂。

共沸精馏与萃取精馏实质上都是多组分非理想溶液的精馏，计算这类精馏过程所用的基本关系仍是相平衡物料衡算和热量衡算，但若保持适当的溶剂浓度，除加料口外，一般均有共沸剂或萃取剂入口，是一种多股进料的复杂精馏塔。

2.2.1 萃取精馏

2.2.1.1 萃取精馏流程

萃取精馏分为连续萃取精馏和间歇萃取精馏两类。

(1) 连续萃取精馏

连续萃取精馏过程中，进料、溶剂的加入及回收都是连续的。连续萃取精馏一般采用双塔操作，第一个塔是萃取精馏塔，被分离的物料由塔的中部连续进入塔内，而溶剂则在靠近塔顶的部位连续加入。在萃取精馏塔内易挥发组分由塔顶馏出，而难挥发组分和溶剂由塔底馏出并进入溶剂回收塔。在溶剂回收塔内，可使难挥发组分与溶剂得到分离，难挥发组分由塔顶馏出，而溶剂由塔底馏出并循环回送至萃取精馏塔。对连续萃取精馏的研究，主要集中在芳烃及其衍生物的分离，如苯和甲苯的回收、混合二甲苯的分离、间二氯苯和对二氯苯的分离、对甲酚和2,6-二甲酚的分离；醇的分离与提纯，如乙醇和异丙醇的分离、醇和乙酸酯的分离及由乙醇-水溶液中回收高纯乙醇；有机酸的分离；烷烃和烯烃等物系。

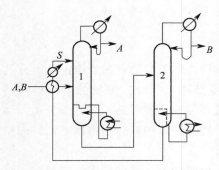

图 2-2-1　萃取精馏流程
1—萃取精馏塔；2—溶剂回收塔

典型的连续萃取精馏流程如图 2-2-1 所示。图中塔 1 为萃取精馏塔，塔 2 为溶剂回收塔。A、B 两组分混合物进入塔 1，同时向塔内加入溶剂 S，降低组分 B 的挥发度，而使组分 A 变得易挥发。溶剂的沸点比被分离组分高，为了使塔内维持较高的溶剂浓度，溶剂加入口一定要位于进料板之上，但需要与塔顶保持有若干块塔板，起回收溶剂的作用，这一段称溶剂回收段。在该塔顶得到组分 A，而组分 B 与溶剂 S 由塔釜流出，进入塔 2，从该塔顶蒸出组分 B，溶剂从塔釜排出，经与原料换热和进一步冷却，循环至塔 1。

(2) 间歇萃取精馏

间歇萃取精馏是近年来兴起的新的研究方向。由于间歇萃取精馏具有间歇精馏和萃取精馏的优点，近年来引起了一些学者的注意。间歇萃取精馏比连续萃取精馏复杂得多，其流程及操作方法与连续萃取精馏不同。间歇萃取精馏的操作步骤为不加溶剂进行全回流操作、加溶剂进行全回流操作、加溶剂进行有限回流操作、有限回流操作和停止向萃取精馏塔加溶剂。恒塔顶组成操作包括三种方法：①溶剂的进料速率保持不变，改变回流比；②保持回流比恒定，改变溶剂的进料速率。此方法在理论上是可行的，但在实践中却难以实现；③同时改变回流比和溶剂进料速率。间歇萃取精馏操作灵活，通过一个塔可以得到多个产品，而且溶剂也可以在这一个塔中得到回收。

图 2-2-2 为采用一次性加入溶剂进行间歇萃取精馏操作的流程。由于溶剂一般采用沸点较高的物质，溶剂的绝大部分将存在于再沸器中，故溶剂改变原料物系相对挥发度的作用仅在再沸器中发挥，对物系分离的效果较差。而且随组分的馏出及塔釜液组成的改变，必须选择适宜的回流比才能获得合格的产品。因此，这种操作方式的经济性和可行性较差。

连续加入溶剂操作方式如图 2-2-3 所示，它是将溶剂从塔顶或塔的某几块板处连续加入，将塔分为萃取段和精馏段，溶剂在加入塔板处以下每层塔板上均起到改变原料组分相对挥发度的作用。Yatim 提出连续加入溶剂的方式分为四个步骤：

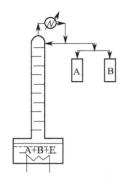

图 2-2-2　塔釜一次性加入溶剂的
间歇萃取精馏操作方式

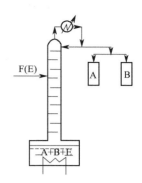

图 2-2-3　连续加入溶剂的
间歇萃取精馏操作方式

① 在塔釜共沸物中加入少量溶剂 E；
② 开始全回流操作（$R=\infty$，$^mF=0$）；
③ 连续加入溶剂 E，采出产品 A（$R<\infty$，$^mF>0$）；
④ 停止加入溶剂，分离组分 B 和溶剂 E。

该操作方式由于溶剂加入和回流比的改变，使得操作参数中再沸器热负荷发生改变，操作困难，易于发生液泛等不稳定操作，这是采用连续加入溶剂操作方式的难点，还有很多方面需要改进。

间歇萃取精馏过程是非稳态操作过程，且整个物系为强非理想型物系。间歇萃取精馏中试及工业化的研究报道很少，这方面尚需大量工作来完善。

虽然间歇萃取精馏还有许多急需解决的问题，但由于其突出的优点，使其在制药、溶剂提纯、精细化工等领域有着广泛的应用前景。

2.2.1.2　萃取精馏基本原理

萃取精馏是在原溶液中加入萃取剂 S 后，改变了原溶液中关键组分的相对挥发度，从而将组分分离的一种特殊精馏操作。萃取剂不和原溶液中任一组分形成共沸物，但萃取剂改变了原溶液中关键组分之间的相对挥发度。萃取剂的沸点均比原溶液中任一组分的沸点高，所以它随塔底产品一起从塔底引出，萃取精馏主要用来分离组分间相对挥发度接近于 1，却相对含量又比较大的物系。

如丁烯与丁二烯体系，其常压沸点分别为 $-6.3℃$ 和 $-4.5℃$，$\alpha=1.03$。当进料组成为 50% 时，分离要求塔顶 99% 丁烯和塔釜 99% 丁二烯，则需理论塔板数为 $N_m=318$ 块。若选用乙腈作萃取剂，浓度为 80% 时，$\alpha=1.79$，$N_m=14.7$，提高了分离效率。

常压下，原溶液组分的相对挥发度 $\alpha_{1,2}$ 为

$$\alpha_{1,2}=K_1/K_2=(\gamma_1 P_1^*)/(\gamma_2 P_2^*) \tag{2-2-1}$$

式中　γ_1，γ_2——组分1、2在液相中的活度系数；

P_1^*，P_2^*——纯组分1、2在系统操作条件下的饱和蒸气压。

加入萃取剂S后，其相对挥发度为 $(\alpha_{1,2})_S$，则

$$(\alpha_{1,2})_S = [(\gamma_1 P_1^*)/(\gamma_2 P_2^*)]_S \tag{2-2-2}$$

描述萃取剂优劣可用萃取剂的选择性 $S_{1,2}$ 表示为

$$S_{1,2} = (\alpha_{1,2})_S/\alpha_{1,2} = [(\gamma_1 P_1^*)/(\gamma_2 P_2^*)]_S/[(\gamma_1 P_1^*)/(\gamma_2 P_2^*)] \tag{2-2-3}$$

相对挥发度变化虽与饱和蒸气压有关，但主要与活度系数有关。

若 P_1^*/P_2^* 的比值变化不大，可忽略，则选择性 $S_{1,2}$ 为

$$S_{1,2} = (\gamma_1/\gamma_2)_S/(\gamma_1/\gamma_2) \tag{2-2-4}$$

加入萃取剂后，组分1、2间活度系数的变化可用三元（组分1、组分2、溶剂S）系的马格勒斯方程（Margules）来确定。

$$\lg\left(\frac{\gamma_1}{\gamma_2}\right)_S = A_{2,1}(x_2 - x_1) + x_2(x_2 - 2x_1)(A_{1,2} - A_{2,1}) + x_S[A_{1,S} - A_{S,2} +$$
$$2x_1(A_{S,1} - A_{1,S}) - x_S(A_{2,S} - A_{S,2}) - C(x_2 - x_1)] \tag{2-2-5}$$

式中，$A_{1,2}$、$A_{2,1}$、$A_{1,S}$、$A_{S,1}$、$A_{2,S}$、$A_{S,2}$ 分别表示相应二元系的活度系数端值常数。

对非对称性不大的系统，组分之间的相互作用可忽略 $C=0$，并用端值常数的平均值 $A'_{1,2} = 1/2(A_{1,2} + A_{2,1})$ 代替 $A_{1,2}$ 及 $A_{2,1}$

$$A'_{1,S} = 1/2(A_{1,S} + A_{S,1}) 代替 A_{1,S}、A_{S,1}$$

$$A'_{2,S} = 1/2(A_{2,S} + A_{S,2}) 代替 A_{2,S}、A_{S,2}$$

则上式变为

$$\lg\left(\frac{\gamma_1}{\gamma_2}\right)_S = A'_{1,2}(x_2 - x_1) + x_S(A'_{1,S} - A'_{2,S})$$
$$= A'_{1,2}(1 - x_S)(1 - 2x'_1) + x_S(A'_{1,S} - A'_{2,S}) \tag{2-2-6}$$

式中　x_1、x_2、x_S——组分1、2和溶剂S在液相中的浓度，$x_1 + x_2 + x_S = 1$；

$$x'_1——x'_1 = \frac{x_1}{x_1 + x_2}，组分1的脱溶剂浓度或称相对浓度。$$

$$x_2 - x_1 = (1 - x_S)\frac{x_2 - x_1}{x_1 + x_2} = (1 - x_S)\left(1 - \frac{2x_1}{x_1 + x_2}\right) = (1 - x_S)(1 - 2x'_1)$$

$$\tag{2-2-7}$$

加入萃取剂后，组分1、2的相对挥发度为

$$\lg(\alpha_{1,2})_S = \lg(P_1^*/P_2^*)_{T_3} + A'_{1,2}(1 - x_S)(1 - 2x'_1) + x_S(A'_{1,S} - A'_{2,S})$$

$$\tag{2-2-8}$$

式中，T_3 为三元物系的沸点。

如果萃取剂不存在，即 $x_S = 0$

$$x'_1 = \frac{x_1}{x_1 + x_2} = x_1 \tag{2-2-9}$$

$$\lg(\gamma_1/\gamma_2) = A'_{1,2}(x_2 - x_1) = A'_{1,2}(1 - 2x_1) \tag{2-2-10}$$

故
$$\lg\alpha_{1,2}=\lg\left(\frac{P_1^*}{P_2^*}\right)_{T_2}+A_{1,2}'(1-2x_1') \tag{2-2-11}$$

式中，T_2 为双组分系的沸点。

若 P_1^*/P_2^* 与温度的关系不大，$(P_1^*/P_2^*)_S = P_1^*/P_2^*$，$x_1=x_2$ 时，可写出

$$\lg\frac{\alpha_S}{\alpha}=x_S[A_{1,S}'-A_{2,S}'A_{1,2}'(1-2x_1')] \tag{2-2-12}$$

一般把 α_S/α 称为溶剂的选择性，这是衡量溶剂效果的标志。显然，溶剂选择性与萃取剂的性质、浓度及溶剂的性质有关。

要使溶剂在任何值均能有增大原溶液组分的相对挥发度的能力，则必须满足

$$A_{1,S}'-A_{2,S}'-|A_{1,2}'|>0(充分条件) \tag{2-2-13}$$

亦即 $A_{1,S}'-A_{2,S}'>0$，满足选择性 $\alpha_P/\alpha>1$ 的必要条件。

也就是说，要求萃取剂和组分 1、2 形成的非理想溶液偏差要大。萃取剂与组分 1（塔顶组分）形成正偏差溶液 $A_{1,S}'>0$，正偏差越大越好［萃取剂浓度越大，挥发度改变值越大（x_i 一定），使原溶液稀释相互作用减弱］；与组分 2（塔釜组分）形成负偏差溶液 $A_{2,S}'<0$ 或理想溶液 $A_{2,S}'=0$。只是必要条件，而充分条件应该是 $A_{1,S}'-A_{2,S}'-|A_{1,2}'|>0$，即达到全浓度范围内萃取剂均有较优的选择性。

萃取剂的作用可归结为两个因素：

① 由于萃取剂与原溶液中组分 1、2 的相互作用不同，因而使它们的相对挥发度有变化，变化值为 $x_S(A_{1,S}'-A_{2,S}')$。

② 由于萃取剂的稀释作用，使原溶液中组分 1、2 的相互作用减小，其值为

$$A_{1,2}'(1-x_S)(1-2x_1')$$

由
$$\lg(\alpha_{1,2})_S=\lg(P_1^*/P_2^*)_{T_3}+A_{1,2}'(1-x_S)(1-2x_1')+x_S(A_{1,S}'-A_{2,S}')$$

由此可以看出，若 P_1^*/P_2^* 之比值较大，则即使不大于 0，在一定浓度范围内溶剂 S 仍起到很大作用。如果原溶液两个组分的沸点相差较大，但由于所形成的二元溶液的非理想性很大，因而使 $\alpha\rightarrow1$ 或形成了共沸物难以分离，只要 x_S 浓度足够大，$A_{1,S}'-A_{2,S}'\leqslant0$ 的溶剂也能改善而被使用，因为此时溶剂主要起稀释作用。

萃取精馏中萃取剂的加入量一般较多，以保证各层塔板上足够的添加剂浓度，而且萃取精馏塔往往采用饱和蒸汽加料，以使精馏段和提馏段的添加剂浓度基本相同。主要设备是萃取精馏塔。

由于溶剂沸点高，从塔釜排出。为了在塔的绝大部分塔板上均能维持较高的溶剂浓度，溶剂加入口一定要在原料进入口以上。但一般情况，它又不能从塔顶引入，因为溶剂入口以上必须还有若干块塔板组成溶剂再生段，以便使馏出物从塔顶引出以前，能将其中的溶剂浓度降到可忽略的程度。

溶剂与重组分一起自塔底引出。回收一般是蒸出塔，也可用冷却分层。

若原料是以液相加入萃取精馏塔的，则提馏段中溶剂浓度将会因料液的加入而变得比精馏段低。因此，一般用气相加料。若有必要用液相时，除溶剂加入板加入

溶剂外，常将部分溶剂随料液加入。

2.2.1.3 萃取精馏塔的过程分析

(1) 萃取塔内气液相流率分布

由于有萃取剂的存在而影响塔内气、液两相的流量，与普通精馏塔有所不同，按恒分子流作假设，则溶剂回收段 $V=(R+1)D, L=RD$。

精馏段流量

气相
$$V=(R+1)D$$

液相
$$L=RD+S$$

提馏段

气相
$$\overline{V}=\overline{L}-W=RD+S+qF-W$$

液相
$$\overline{L}=L+qF=RD+S+qF$$

式中，V、S、L、D、W 分别代表气相、溶剂、液相、塔顶馏出液和塔底馏出液之流率，其中的 D、W 包括萃取剂流量；R 为回流比；q 为进料的液相分率；F 为进料流率。

(2) 萃取塔内萃取剂的浓度分布

萃取精馏塔内萃取剂的挥发度比所处理物料的挥发度要低得多，且用量较大，可看作在塔内基本上维持在一个固定的浓度值，即所谓萃取剂的恒定浓度，即塔顶流量为 0，精馏段一个浓度值；提馏段一个浓度值。

通过物料衡算和气-液相平衡联立求 x_S：对于精馏段，可通过任一塔板与塔顶进行物料衡算，有
$$V_{n+1}+S=L_n+D$$

由恒摩尔流，萃取剂
$$Vy_S+S=L_n x_S+Dx_{D,S}$$

所以
$$y_S=(L_n x_S-S)/(L+D-S)$$

由相对挥发度定义，溶剂 S 对原溶液的相对挥发度 β 为：

$$\beta=\frac{y_S/x_S}{(1-y_S)/(1-x_S)}=\frac{y_S/(y_1+y_2)}{x_S/(x_1+x_2)}=\frac{x_1+x_2}{(y_1/y_S+y_2/y_S)x_S}$$

$$=\frac{x_1+x_2}{\alpha_{1,S}\cdot x_1+\alpha_{2,S}\cdot x_2} \tag{2-2-14}$$

由定义
$$\alpha_{A,B}=\frac{y_A/x_A}{y_B/x_B}=\frac{y_A x_B}{x_A y_B}$$

所以
$$y_A x_B=\alpha_{A,B}x_A y_B=\alpha_{A,B}x_A(1-y_A)=\alpha_{A,B}x_A(1-y_A)$$
$$=\alpha_{A,B}x_A-\alpha_{A,B}x_A y_A \tag{2-2-15}$$

所以
$$\alpha_{A,B}=x_A y_A+y_A x_B=\alpha_{A,B}x_A$$

$$y_A=\frac{\alpha_{A,B}x_A}{\alpha_{A,B}x_A+x_B}=\frac{\alpha_{A,B}x_A}{\alpha_{A,B}x_A+1-x_A}=\frac{\alpha_{A,B}x_A}{(\alpha_{A,B}-1)x_A+1} \tag{2-2-16}$$

故对于溶剂也有上述关系式（对于组分 S，被分离组分/原溶液）

$$y_S = \frac{\beta x_S}{(\beta-1)+S} = \frac{Lx_S - S}{L+D-S} \tag{2-2-17}$$

两式整理

$$x_S = \frac{S}{(1-\beta)L - \dfrac{\beta D}{1-x_S}} \tag{2-2-18}$$

同理，提馏段

$$\overline{x}_S = \frac{S}{(1-\beta)\overline{L} + \dfrac{\beta W}{1-\overline{x}_S}} \tag{2-2-19}$$

式中，L，$\overline{L}$ 为包括萃取剂在内的液相流量（塔内实际气液相流量）。

若萃取剂的相对挥发度 β 很小时，则

$\dfrac{\beta D}{1-x_S}$ 及 $\dfrac{\beta W}{1-\overline{x}_S}$ 可以忽略

故

$$x_S = \frac{S}{(1-\beta)L} \approx \frac{S}{L} \tag{2-2-20}$$

$$\overline{x}_S = \frac{S}{\overline{L}} \tag{2-2-21}$$

精馏段萃取剂的物料衡算

$$V_{n+1}y_{S,n+1}S = L_n x_{S,n} + xD_{D,S} \tag{2-2-22}$$

故

$$y_{S,n+1} = (L_n x_{S,n} - S)/V_{n+1} \tag{2-2-23}$$

式(2-2-23) 为操作性方程。

组分的物料衡算（加入的为纯溶剂，不含原溶液组分）

$$V_{n+1}y_{n+1,i} = L_n x_{n,i} + Dx_{D,i} \tag{2-2-24}$$

$$y_{n+1,i} = (L_n x_{n,i}/V_{n+1}) + (Dx_{D,i}/V_{n+1}) \tag{2-2-25}$$

式(2-2-25) 为操作性方程。

若以脱溶剂浓度表示（相对浓度）

即

$$y'_{n+1,i} = \frac{y_{n+1,i}}{1-y_{n+1,S}} \quad x'_{n,i} = \frac{x_{n,i}}{1-x_{n,S}} \quad x'_{D,i} = \frac{x_{D,i}}{1-x_{D,S}} = x_{D,i}$$

所以操作线方程变为

$$y'_{n+1,i}(1-y_{n+1,S}) = \frac{L_n}{V_{n+1}}x'_{n,i}(1-x_{n,S}) + \frac{d}{V_{n+1}}x_{D,i} \tag{2-2-26}$$

同理，也可对提馏段进行类似物料衡算以导出操作性方程。

(3) 回流比和平衡级数

① 回流比　当溶剂大量加入，溶剂浓度很高时，组分的相对挥发度可采用只与溶剂浓度有关而与被分离组分浓度无关的平均相对挥发度，其计算过程和普通精馏塔相似。

对于原溶液为二组分体系，最小回流比 R_m 可采用以下两式计算：

$$R_m = \frac{1}{(\alpha_{1,2})_S - 1}\left[\frac{x_D}{z} - \frac{(\alpha_{1,2})_S(1-x_D)}{1-z}\right] \tag{2-2-27a}$$

$$R_m = \frac{1}{(\alpha_{1,2})_S - 1}\left[\frac{(\alpha_{1,2})_S(1-x_D)}{1-z} - \frac{1-x_D}{1-z}\right] - 1 \tag{2-2-27b}$$

式中　$(\alpha_{1,2})_S$——当溶剂存在时，轻组分对重组分的相对挥发度；

$\quad\quad x_D$——馏出液中轻组分的摩尔分数；

$\quad\quad z$——进料中轻组分的摩尔分数。

当原溶液为多组分体系时，由恩德伍德法计算 R_m

$$\sum\frac{\alpha_i\,(x_{D,i})_m}{\alpha_i - \theta} = R_m + 1 \tag{2-2-28a}$$

$$\sum\frac{\alpha_i x_{F,i}}{\alpha_i - \theta} = 1 - q \tag{2-2-28b}$$

操作回流比 R 取最小回流比 R_m 的 1.2～2.0 倍。

② 平衡级数　分为溶剂回收段、精馏段和提馏段三段进行计算。对于溶剂回收段，取一个平衡级。对于精馏段和提馏段：a. 原溶液为两组分，可用图解法；b. 原溶液为多组分，可用与普通精馏塔相同的简捷计算法计算。

2.2.1.4　萃取精馏塔的简化计算

萃取精馏过程的基本计算方法与普通精馏是相同的。选择适宜的溶剂流率、回流比和原料的进料状态，沿塔建立起溶剂的浓度分布，使关键组分之间的相对挥发度有较大提高，达到分离的目的。要注意避免在塔板上形成两液相，同时要保持合理的溶剂热平衡。最佳条件必须经多方案比较和经济评价后确定。

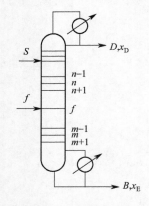

图 2-2-4　萃取精馏塔

由于萃取精馏物系的非理想性强，塔内气、液相流率变化较大，相平衡及热量平衡的计算都比较复杂，最好的设计方法是利用电子计算机的严格算法。

萃取精馏塔流程如图 2-2-4 所示。假设：①塔内为恒摩尔流；②塔顶带出的溶剂量忽略不计；③脱溶剂物系按二元物系处理；④进塔溶剂中不含待分离组分。

(1) 操作线方程

萃取精馏段操作线方程

$$y'_{1,n+1} = \frac{l}{v}x'_{1,n} + \frac{D}{v}x'_{1,D} \tag{2-2-29a}$$

$$y'_{1,n+1} = \frac{y_{1,n+1}}{1-(y_S)_{n+1}};\ x'_{1,n} = \frac{x_{1,n}}{1-(x_S)_n};\ x'_{1,D} = \frac{x_{1,D}}{1-(x_S)_D} \tag{2-2-29b}$$

式中，l 代表液相中原溶液组分的总流率；v 代表汽相中原溶液组分的总流率。

(2) 平衡关系

求出在溶剂存在下，组分 1 对组分 2 的全塔平均相对挥发度 $(\alpha_{1,2})_S$，按公式：

$$y_1' = \frac{(\alpha_{1,2})_S x_1'}{1 - [1 - (\alpha_{1,2})_S] x_1'} \qquad (2\text{-}2\text{-}30)$$

计算气-液平衡数据，在 y'-x' 图上绘制平衡线。

(3) 操作回流比

假设进料状态为饱和蒸气，在 y'-x' 图上图解最小回流比：

$$R_m = \frac{x_D' - y_q'}{y_q' - x_q'} \qquad (2\text{-}2\text{-}31)$$

取回流比 $R = 1.2 \sim 1.5 R_m$，按操作回流比在 y'-x' 图上绘出操作线后图解理论板数和进料位置。

(4) 溶剂进料量

精馏段：

$$x_S = \frac{S}{(1-\beta)L - \left(\dfrac{\beta D}{1 - x_S}\right)} \qquad (2\text{-}2\text{-}32)$$

$$\beta = \frac{\dfrac{y_S}{1 - y_S}}{\dfrac{x_S}{1 - x_S}} = \frac{x_1 + x_2}{x_S} \times \frac{1}{\alpha_{1,S}\dfrac{x_1}{x_S} + \alpha_{2,S}\dfrac{x_2}{x_S}} = \frac{x_1 + x_2}{\alpha_{1,S}x_1 + \alpha_{2,S}x_2} \qquad (2\text{-}2\text{-}33)$$

提馏段：

$$\overline{x}_S = \frac{S}{(1-\beta)L' + \left(\dfrac{\beta B}{1 - \overline{x}_S}\right)} \qquad (2\text{-}2\text{-}34)$$

当溶剂挥发度很小时，可简化为：

$$\overline{x}_S = \frac{S}{(1-\beta)L'} \qquad (2\text{-}2\text{-}35)$$

或

$$\overline{x}_S \approx \frac{S}{L'} \qquad (2\text{-}2\text{-}36)$$

若 $\beta = 0$，当进料为饱和蒸气时，则 $\overline{x}_S = x_S$；当进料为液相或气液混合物时，则 $\overline{x}_S < x_S$。

【例 2-1】 用萃取精馏法分离正庚烷（1）-甲苯（2）二元混合物。原料组成 $z_1 = 0.5$，$z_2 = 0.5$（摩尔分数）；采用苯酚为溶剂，要求塔板上溶剂含量 $x_S = 0.55$（摩尔分数）；操作回流比为 5；饱和蒸汽进料；平均操作压力为 124.123kPa。要求馏出液中含甲苯不超过 0.8%（摩尔分数），塔釜含正庚烷不超过 1%（摩尔分数）（以脱溶剂计），试求溶剂与进料比和理论板数，计算附图如图 2-2-5 所示。

解： 计算基准 100kmol/h 进料。

设萃取精馏塔有足够的溶剂回收段，馏出液中苯酚浓度 $(x_S)_D \approx 0$

① 脱溶剂的物料衡算:

$$D'x'_{1,D}+B'x'_{1,B}=F'z_1;D'+B=F$$

代入已知条件后解得　　$D'=49.898\text{kmol/h};B'=50.102\text{kmol/h}$

② 计算平均相对挥发度 $(\alpha_{1,2})_S$:

由文献中查得本物系有关二元 Wilson 方程参数 (J/mol)

$$\lambda_{1,2}-\lambda_{1,1}=269.8736 \qquad \lambda_{1,2}-\lambda_{2,2}=784.2944$$
$$\lambda_{1,S}-\lambda_{1,1}=1528.8134 \qquad \lambda_{1,S}-\lambda_{S,S}=8783.8834$$
$$\lambda_{2,S}-\lambda_{2,2}=137.8068 \qquad \lambda_{2,S}-\lambda_{S,S}=3285.6918$$

各组分的安托尼方程常数:

组　　分	A	B	C
正庚烷	6.01876	1264.37	216.640
甲苯	6.07577	1342.31	219.187
苯酚	6.05541	1382.65	159.493

$$\lg p^S=A-\frac{B}{t+C},(t:℃;p^S:\text{kPa})$$

各组分的摩尔体积 (cm³/mol):

$$V_1=147.47,V_2=106.85,V_S=83.14$$

假设在溶剂进料板上正庚烷和甲苯的液相相对含量等于馏出液含量,则 $x_1=0.4464$,$x_2=0.0036$,$x_S=0.55$。经泡点温度的试差得:

$$(\alpha_{1,2})_S=\left(\frac{r_1p_1^S}{r_2p_2^S}\right)_S=\frac{1.899\times138.309}{1.252\times97.880}=2.14$$

泡点温度为 109.4℃。

同理,假设塔釜上一板液相中正庚烷和甲苯的液相相对含量为釜液脱溶剂含量,且溶剂含量不变,则 $x_1=0.0045$,$x_2=0.4455$,$x_S=0.55$。经泡点温度的试差得:

$$(\alpha_{1,2})_S=\frac{2.7858\times251.043}{1.3202\times97.880}=5.41$$

泡点温度为 132.7℃。

故平均相对挥发度为:

$$(\alpha_{1,2})_{平均}=(2.14+5.41)/2=3.78$$

按 $y'_1=\dfrac{\alpha_{1,2}x'_1}{1-(1-\alpha_{1,2})x'_1}$ 公式作 $y'\text{-}x'$ 图。

③ 核实回流比和确定理论塔板数:

由露点进料,$y'\text{-}x'$ 图上图解最小回流比:

$$R_m=\frac{x'_D-y'_S}{y'_S-x'_S}=\frac{0.992-0.5}{0.5-0.21}=1.70$$

故 $R>R_m$

按操作回流比作操作线,图解理论塔板数,得 $N=9$,进料板为第 5 块(从上往下数）。

④ 确定溶剂/进料：

粗略按溶剂进料板估计溶剂对非溶剂的相对挥发度：

$$\alpha_{1,\mathrm{s}}=\frac{r_1 p_1^{\mathrm{S}}}{r_{\mathrm{s}} p_{\mathrm{S}}^{\mathrm{S}}}=\frac{1.8994\times138.309}{1.4161\times8.197}=22.64$$

$$\alpha_{2,\mathrm{s}}=\frac{r_2 p_2^{\mathrm{S}}}{r_{\mathrm{s}} p_{\mathrm{S}}^{\mathrm{S}}}=\frac{1.252\times97.880}{1.4161\times8.197}=10.56$$

$$\beta=\frac{0.4464+0.0036}{0.4464\times22.64+0.0036\times10.56}=0.0444$$

若按塔釜上一板估计 β，则由 $\alpha_{1,\mathrm{s}}=28.32$ 和 $\alpha_{2,\mathrm{s}}=9.76$ 得 $\beta=0.1$。

$$L=S+RD'=S+249.49$$

经试差可以解得 S：

$$0.5=\frac{S}{(1-0.0444)(S+249.49)-\left(\dfrac{0.0444\times49.898}{1-0.55}\right)}$$

$S=270\mathrm{kmol/h}$，故溶剂/进料比：$S/F=2.7$

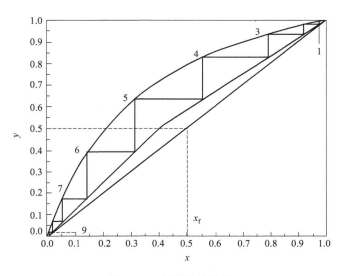

图 2-2-5　例题计算附图

用简化的二元图解法计算液相进料的萃取精馏时，由于进料冲稀了塔板上溶剂的浓度，使得提馏段的 $(\alpha_{1,2})_\mathrm{S}$ 比精馏段的低。在 y'-x' 图上平衡线分为独立的两段。若已知精馏段的溶剂浓度 x_S，则必须试差确定提馏段的溶剂浓度 $\overline{x}_\mathrm{S}$，才能计算理论板数及溶剂与进料比，计算比较烦琐。

溶剂回收段理论板数的确定与普通精馏原则上相同。可按二元溶液（1、2 组分视为一个组分，溶剂则为另一个组分）图解理论板数。关键问题是确定回收段平均的非溶剂对溶剂的相对挥发度 $\alpha_{N,S}$。由于 $\alpha_{N,S}$ 在回收段各板上不同，特别是在溶剂进料板及上一板之间有突变，故用溶剂进料板上的 $\alpha_{N,S}$ 求理论板数是不适当的。例如，由 [例 2-1] 的严格计算结果求出溶剂进料板、它的上一板和塔顶第一板的 $\alpha_{N,S}$ 分别为 21.83、2.40 和 1.43，按第一个数值图解回收段理论板数为 1 块，按最后一个则为 6 块，而严格计算结果为 5 块。故若已知馏出液中微量溶剂的允许含量，那么用第一块板的组成计算 $\alpha_{N,S}$，图解回收段理论板数较准确。反之，用溶剂进料板的 $\alpha_{N,S}$ 计算板数偏差较大。

2.2.1.5 萃取精馏塔操作注意事项

① 萃取精馏塔的萃取剂浓度较大，一般 $x_S = 0.6 \sim 0.8$，塔内下降液体量远大于上升蒸汽量，造成汽、液两相接触不佳，塔板效率低，仅为普通精馏塔效率的一半左右。设计时需特别注意板上液体流动的水力学问题。

② 回流比要严格控制，不能任意调节，加大回流比反而降低塔内萃取剂的浓度，使分离困难。调节的方法可用加大萃取剂用量或减少进料量和减少出料量以保持恒定的回流量来改善分离效果。

③ 塔内温度要严格控制。萃取剂进塔温度的波动、加料及回流液体温度的波动均能影响塔内汽、液相的流量和萃取剂的浓度和选择性，并需注意勿使塔板上的液体分成两个液层。

2.2.1.6 萃取剂的选择原则

① 萃取剂的选择性要大。被分离组分在萃取剂中相对挥发度增大的越多，分离就越容易，也就是所选择的萃取剂选择性越大。选择性是选择萃取剂最主要的依据，选择性的大小决定被分离组分中轻、重关键组分分离的难易程度。因此，塔板数的多少，回流比的大小（它影响到塔径）也与它有密切的关系。

② 萃取剂对被分离组分的溶解度要大。这样，塔板上的液体才能形成均相，不会分层。

③ 萃取剂的沸点应比被分离组分的沸点高得多。否则，萃取剂易从塔顶挥发损失掉。

④ 萃取剂的热稳定性、化学稳定性要好，无毒性，不腐蚀设备。

⑤ 萃取剂应回收容易，价廉易得。

2.2.1.7 萃取剂筛选的方法

萃取剂筛选的方法有实验法、数据库查询法、经验试验方法和计算机辅助分子设计法。用实验法筛选溶剂是目前应用最广的方法，可以取得很好的结果，但是实验耗费较大，实验周期较长。实验法有直接法、沸点仪法、色谱法、汽提法等。实际应用过程中往往需要几种方法结合使用，以缩短接近目标溶剂的时间。溶剂筛选的一般过程为：经验分析、理论指导与计算机辅助设计、实验验证等。若文献资料和数据不全，则只有采取最基本的实验方法，或者采取颇具应用前景的计算机优化方法以寻求最佳溶剂。

溶剂的好坏是萃取精馏成败的关键，工业生产过程的经济效果如何，与溶剂的选择密切相关。为了适用于工业化生产，溶剂的选择要考虑其选择性、沸点、溶解度、热稳定性和化学稳定性及适宜的物性。此外，无毒、无腐蚀、来源丰富也是选择溶剂要考虑的因素。

影响溶剂选取的因素很多，在其筛选过程中需要对各个因素进行综合考虑，需要大量的试验工作为基础。通过多年来人们在物理化学领域的深入研究，对现有化合物及官能团性能的认识已经取得了很大的进展。目前，不仅从理论上可以较准确地预测现有各种化合物的物理化学性质，同时也具备了根据目标性质设计某种功能化合物的手段。所有这些成果都大大拓宽了溶剂选取的范围，相对提高了选取过程的准确性、可靠性，降低了筛选试验的工作量。

(1) 经验试验方法

经验试验方法中溶剂的选取基本采用两步来完成。首先，根据经验方法进行溶剂的泛选，了解与分离物系相同的同系物，按照氢接受体、给出体和无氢键能力对有机物进行分类，分析混合物间对拉乌尔定律形成正偏差体系的程度。按照分子间形成氢键的能力进行分类，分析不同类液体间相互混合所产生的混合物对拉乌尔定律产生的偏差，确定不同溶剂与萃取混合物产生的偏差程度。然后，根据溶剂沸点特征，依据纯组分性质预测无限稀释活度系数方法、UNIFAC 基团贡献法作进一步细致筛选。最后，对初步选取的溶剂进行试验考核。

在进行极性和非极性物系中组元无限稀释活度系数计算中，Lo 等提出了适用于非烃类萃取或萃取精馏溶剂筛选计算式，后来 Thomas 等提出了更为合理的计算模型，提高了无限活度系数的预测精度。自从 Fredenslund 等于 1975 年提出了 UNIFAC 基团贡献法，经过近 30 年的发展，预测组元活度系数的精度不断提高，预测的范围不断扩大。不过，在混合焓的预测精度上仍需改进。对于石油化工过程，Anderson 开发的程序得到了广泛认可，在丁二烯萃取精馏（二甲基甲酰胺法）、芳烃抽提（环丁砜法）、环己烷提纯等工艺计算中获得应用。其他 UNIFAC 基团贡献法各种修正模型及适应范围可见有关文献。

(2) 计算机辅助设计法

在进行组元活度系数预测时，基团贡献法是给定分子结构来预测分子的热力学性质。而计算机辅助设计（CAMD）法采用与其相反的过程，由若干基团自动组合成分子，然后按照预定分子的目标性质对所生成分子群进行筛选，利用基团贡献法找出目标性质最优的溶剂。采用计算机辅助设计进行溶剂分子设计的过程中，常常遇到基团组合爆炸、计算精度提高的问题，对此，多年来已有大量的文献探索解决该问题的方法。近年 CAMD 有了较大发展，Pretel 对基团选取、基团交互作用参数表的选取、分子可行性结构的限制进行了深入研究，给出了萃取溶剂选择的评价指标。另外，将人工神经网络与定量分子结构-性质关系、定量结构-活性系数关系式相结合建立的模型用于预测各种物质的物理性能，也取得了较大进展。

虽然各种理论和经验方法为溶剂的选取提供了指南，但是，进行实际的实验筛选是溶剂选取的关键，特别是溶剂混合的性能是无法只通过理论方法进行预测的。因此，采用CAMD方法筛选出的溶剂，最终也需要在实验室内经过一系列程序，经过全面严格的实验室和中试阶段多方面的考核，才能够将有前景的溶剂真正投入到工业中。萃取精馏一般采用单一溶剂作为萃取剂，近年来开始采用混合溶剂策略，通过对2,3-二甲基戊烷和环己烷、环戊烷和2,2-二甲基丁烷、苯乙烯和邻二甲苯分离体系试验研究表明，混合溶剂提高了分离过程选择性，降低了理论塔板数。

2.2.1.8 萃取精馏工业应用实例

环己醇装置是尼龙66盐生产的主要装置之一，采用苯部分加氢方法生产环己烯和部分环己烷，环己烯的选择性为80%，苯的转化率为40%，因而反应后的物料是由苯、环己烯、环己烷三种主要组分组成的混合物，由于沸点比较接近（苯、环己烯和环己烷的沸点分别为80.1℃、82.9℃和80.7℃），装置采用萃取精馏的方法将苯、环己烯、环己烷三种主要组分分离，分离出的环己烯再经加水反应生成环己醇，环己烷则作为副产品。

环己醇装置加氢反应工段利用苯部分加氢，工艺流程如图2-2-6所示。生成目的产物环己烯和副产物环己烷，反应器的温度控制在135～137℃，压力4.5～4.7MPa，在钌、锌催化剂作用下发生反应，苯的转化率为40%，环己烯的选择性为80%，生成的环己烯和环己烷以及没有反应的苯经脱水塔脱水后送入分离精制系统。

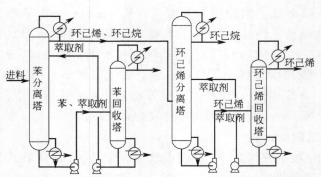

图 2-2-6　苯、环己烯和环己烷萃取分离工艺流程

苯、环己烯和环己烷的混合物被送入苯分离塔的第26层塔板，靠从塔底产生的上升气流向上蒸发，萃取剂 N,N-二甲基乙酰胺（沸点为166.1℃）被送入苯分离塔的第55层塔板，靠从塔顶引进下降的液流向下移动；同时吸收上升气流中的苯，将苯萃取出来，从塔底抽出，送入苯精制塔的第31层塔板，通过普通精馏，精制后的苯从塔顶抽出，送入前系统加氢反应工段循环使用，

萃取剂从塔底抽出返回苯分离塔中循环使用。被萃取出苯的环己烯和环己烷混合物被送入环己烯分离塔的第 2 层填料上部，靠从塔底产生的上升气流向上蒸发，萃取剂 N,N-二甲基乙酰胺被送入环己烯分离塔的第 4 层填料上部，靠从塔顶引进下降的液流向下移动，同时吸收上升气流中的环己烯，将环己烯萃取出来，从塔底抽出，送入环己烯精制塔的第 30 层塔板，再通过普通精馏，精制后环己烯从塔顶抽出，送入水合反应工段经加水反应制得环己醇，萃取剂从塔底抽出返回环己烯分离塔中循环使用。环己烷从塔顶抽出送入环己烷精制工段进一步提纯。

工业实践证明，选择 N,N-二甲基乙酰胺为萃取剂，结合良好的生产操作控制，通过萃取精馏，可将苯加氢反应后的混合物料中的苯、环己烯、环己烷有效分离为纯组分。

2.2.2　共沸精馏

共沸精馏与萃取精馏的基本原理是一样的，不同点仅在于共沸剂在影响原溶液组分的相对挥发度的同时，还与它们中的一个或数个形成共沸物。因此，在萃取精馏中所讨论过的溶剂作用原理，原则上都适用于共沸剂，只需在气-液平衡的基础上对共沸物的特征作进一步的了解。

2.2.2.1　共沸精馏的流程

根据共沸剂与原有组分所形成的共沸物的互溶情况不同，共沸精馏的流程也有不同。

(1) 双组分非均相共沸物的分离

某些双组分共沸物（如苯-水、丁醇-水）在温度降低时可分为两个具有一定互溶度的液层。此类共沸物的分离不必加入第三组分，采用两个塔联合操作便可获得两个纯产品。

如图 2-2-7 所示的丁醇脱水流程，包括共沸精馏塔和共沸剂回收系统两个部分，通常还需要料液的准备过程，例如用共沸精馏分离二元共沸物时，一般都是先经过初步精馏，使料液组成接近共沸组成后，才送入共沸精馏塔。

完成非均相共沸物的分离可以不另外加共沸剂。如正丁醇-水接近共沸组成的蒸汽冷凝后分成两个液相分层，油相作为回流，返回丁醇塔。在丁醇塔内，由于水是易挥发组分，高纯度的正丁醇从塔釜引出，而接近共沸组成的蒸汽从塔顶引出。分层器内的水相送入水塔，在这里丁醇是易挥发组分。因此，水是塔底产品。

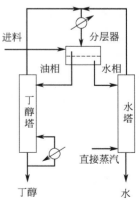

图 2-2-7　共沸精馏丁醇脱水流程

$$\left[\begin{array}{l}\text{油相(大量醇、少量水)}\\\text{水相(大量水,少量醇)}\end{array}\right.$$

如料液中所含丁醇纯度低于分层器中油相的丁醇纯度,料液可加入分层器,否则应直接送入丁醇塔。

(2) 均相共沸精馏流程

共沸剂 S 与组分 1 形成均相最低共沸物,不能用冷却分层法来分离共沸剂,一般可用液-液萃取。如图 2-2-8 所示,以甲醇为共沸剂分离烷烃和甲苯时即为此种情况。

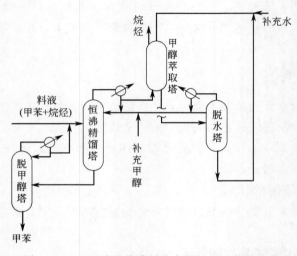

图 2-2-8　以甲醇为共沸剂分离烷烃和甲苯的流程

在共沸精馏塔中,甲醇与烷烃形成均相最低共沸物从塔顶蒸出,冷凝部分回流,部分进入甲醇萃取塔。萃取塔用水作萃取剂,水和甲醇互溶从塔底流出,萃余液烷烃作为产品从塔顶馏出,萃取液进入甲醇塔。塔顶得甲醇,塔底得水,均可供循环使用。共沸塔塔底为甲苯。未除去夹带的少量甲醇,进入脱甲烷塔以回收夹带的甲醇。塔底得纯甲苯作产品。

2.2.2.2　共沸组成的计算

对能形成二元均相共沸物的系统来说,若系统压力不大,可假定气相为理想气体,则

$$\alpha_{1,2}=K_1/K_2=\frac{y_1/x_1}{y_2/x_2}=\frac{(\gamma_1 P_1^*)/P}{(\gamma_2 P_2^*)/P}=\frac{\gamma_1 P_1^*}{\gamma_2 P_2^*}=1 \qquad (2\text{-}2\text{-}37)$$

式中,P_1^*、P_2^* 为组分 1、2 在系统操作条件下的纯组分饱和蒸气压。

即 $\dfrac{\gamma_1}{\gamma_2}=\dfrac{P_2^*}{P_1^*}$ 若已知饱和蒸气压与温度间的函数关系式 $P=f(T)$,以及活度系数与组成的数学式 $\gamma=f(T)$,则可由上式计算确定在操作条件下能否形成共沸物及

共沸组成如何。

【例 2-2】 某二元溶液组分 A、B 活度系数的表达式为 $\ln\gamma_A=0.5x_B^2$ $\ln\gamma_B=0.5x_B^2$。已知 80℃时 $P_A^*=0.124\text{MPa}$，$P_B^*=0.0832\text{MPa}$。试问 80℃时该系统有无共沸物产生，组成如何？

解：
$$\frac{P_A^*}{P_B^*}=\frac{\gamma_B}{\gamma_A}=\frac{e^{0.5x_A^2}}{e^{0.5x_B^2}}=e^{0.5x_A^2-0.5x_B^2}$$

即　　　$\ln(P_A^*/P_B^*)=0.5x_A^2-0.5x_B^2=0.5x_A^2-0.5(1-2x_A+x_A^2)$

又 $x_B=1-x_A$

故 $x_A=0.9$，$x_B=0.1$，有物理意义，能产生共沸物。

【例 2-3】 试求总压为 650mmHg 时，氯仿（1）-乙醇（2）之共沸组成与共沸温度。（已知 $\ln\gamma_1=x_2^2(0.59+1.66x_1)$，$\ln\gamma_2=x_1^2(1.42-1.66x_2)$，$\lg P_1^*=6.90328-\dfrac{1163.0}{227+t}$　$\lg P_2^*=8.21337-\dfrac{1652.05}{231.48+t}$）

解： 试差法，设 $t=55℃$，$\lg P_1^*=2.7908$，$P_1^*=617.84$；$\lg P_2^*=2.4469$，$P_2^*=279.86$

$$\ln(\gamma_1/\gamma_2)=\ln(P_2^*/P_1^*)$$
$$\ln(\gamma_1/\gamma_2)=\ln\gamma_1-\ln\gamma_2=0.59x_2^2-1.42x_1^2+1.66x_1x_2$$
$$=\ln(279.86/617.84)$$

由于　　　　　　　　　　$x_2=1-x_1$
所以　　　　　　　　$x_1=0.8475$，$x_2=0.1525$
反代　　　　　　　　$\gamma_1=1.0475$，$\gamma_2=2.3120$
所以　　　$P=\gamma_1x_1P_1^*+\gamma_2x_2P_2^*=647.15\approx650(\text{mmHg})$

2.2.2.3　共沸剂用量的确定

共沸剂的用量应保证与被分离组分完全形成共沸物（对三元系而言）。它的计算可利用三角形相图按物料平衡式求得。

每个顶点表示一个纯组分（A、B 的混合物），若原溶液的组成为 F 点，如图 2-2-9 所示，加入共沸剂 S 后物系的总组成将沿线段 FS 向着 S 点方向移动。加入一定量 S 后，物系总组成移动到 M 点，则共沸剂用量为 $F+S=M$。圈内任一点表示三组分 A、B、S 的混合物。

共沸剂的物料衡算为：

$$S=Mx_{M,S}=(F+S)x_{M,S} \tag{2-2-38}$$
$$S=Fx_{M,S}/(1-x_{M,S}) \tag{2-2-39}$$
$$x_{M,S}=S/(F+S) \tag{2-2-40}$$

式中，$x_{M,S}$ 为加入共沸剂后物料中共沸剂的

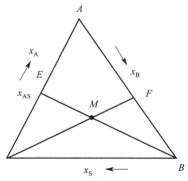

图 2-2-9　三元共沸体系
共沸剂用量的确定

浓度。

若对于组分 A、B 作物料平衡计算，对 A 有

$$Fx_{F,A}=Mx_{M,A} \tag{2-2-41}$$

故

$$x_{M,A}=(Fx_{F,A})/(F+S) \tag{2-2-42}$$

同理，

$$x_{M,B}=(Fx_{F,B})/(F+S)$$

如果加入的共沸剂是适量的，且有足够多的塔板数，则塔顶可获得共沸物 A、S，塔底得纯组分 B。如加入的共沸剂数量不足，不能将组分 A 完全以共沸物的形式从塔顶蒸出，则釜液中有一定量的组分 A。如加入共沸剂过量时，则塔底产品 W 中含有一定量的共沸剂。显然，这两种情况都是不适宜的，如图 2-2-10 所示。

2. 2. 2. 4　回流比（R）

对于共沸精馏，用恩德伍德法计算 R_m 不可靠，可用如图 2-2-11 所示的三角相图求取。

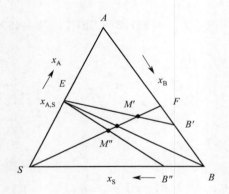
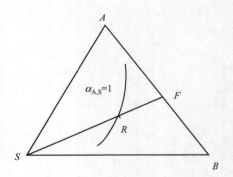

图 2-2-10　共沸剂数量不足或过量的影响　　　　图 2-2-11　三角相图求回流比

提馏段衡浓区液气比：

$$\frac{\overline{L}}{\overline{V}}=\left(\frac{y_A}{x_A}\right)_R=\left(\frac{y_S}{x_S}\right)_R \tag{2-2-43}$$

进料级的物料衡算：

$$\overline{L}=L+qF$$

$$\frac{\overline{L}}{\overline{V}}=\frac{R+qF/D}{(R+1)-(1-q)F/D} \tag{2-2-44}$$

两式联立，可求出 R_m：

$$R_m=\frac{\left[q+(1-q)\left(\dfrac{y_A}{x_A}\right)_R\right]\dfrac{F}{D}-\left(\dfrac{y_A}{x_A}\right)_R}{\left(\dfrac{y_A}{x_A}\right)_R-1} \tag{2-2-45}$$

2. 2. 2. 5　共沸精馏例题

【例 2-4】　现有 95％（质量分数）的乙醇和水组成的二元溶液，拟用三氯乙烯作共沸剂脱除乙醇中的水分，三氯乙烯与乙醇和水能形成三元最低共沸物，共沸物

组成为乙醇 16.1%、水 5.5%、三氯乙烯 78.4%，试求共沸剂的用量。

解： 以 100kg 料液为基准，设共沸剂三氯乙烯用量为 S(kg)，恰好与料液中的水分形成共沸物。

对水作衡算 $$Dx_{D,水} = Fx_{F,水}$$

故 $$D = Fx_{F,水}/x_{D,水} = (100 \times 0.05)\text{kg}/0.055 = 90.9\text{kg}$$

$$共沸剂\ S = Dx_{D,S} = 90.9\text{kg} \times 78.4\% = 71.3\text{kg}$$

若要求釜液中水的含量不超过 0.5%，则 S' 如下算得

对水作衡算： $$100 \times 0.05 = D \times 0.055 + W \times 0.005$$

$$100 + S' = D + W$$

$$S' = D \times 78.4\%$$

故 $$S' = 65.43$$

【例 2-5】 有一粗 γ-丁内酯混合液，由于该组分是热敏感性物质，可以用联产丙酸作共沸剂脱除 γ-丁内酯中的水分。在 $P = 0.200\text{MPa}$（150mmHg）下丙酸、水二元系形成均相共沸物。共沸组成为 $x_丙 = 4\%$（摩尔分数）。加料组成为 γ-丁内酯（1）90%，水（2）10%。$\alpha_{2,1} = 27.82$，$\alpha_{3,1} = 2.74$。要求 γ-丁内酯的回收度为 $E_1 = 98\%$，共沸剂丙酸（3）的回收度 $E_3 = 98.2\%$。试确定共沸剂的用量及分离所需的理论板数。

解： ① 共沸剂丙酸的用量

以 100kmol 进料为基准，将 10% 的水完全与丙酸生成共沸物从塔顶蒸出，所需的丙酸为（以水为基准）

$$Fx_{F_2} = D \times x_{D_2}$$

$$100 \times 10\% = D \times 96\%$$

$$D = 10.42\text{kmol}$$

因此共沸剂用量 $$S = D \times x_{D_3} = 10.42\text{kmol} \times 4\% = 0.42\text{kmol}$$

由于共沸剂的回收度仅 $E_3 = 98.2\%$，尚有 1.8% 的共沸剂残留在釜底的 γ-丁内酯中。所以，实际共沸剂用量为

$$S' = 0.42/0.982\text{kmol} = 0.427\text{kmol}$$

$$取\ S = 0.5\text{kmol}$$

② 在操作条件下 γ-丁内酯（1）、丙酸（3）、水（2）的平均挥发度 $\alpha_{2,1} = 27.82$，$\alpha_{3,1} = 2.74$

最小理论板数 N_m

$$\phi_l = d_l/f_l \quad \phi_h = w_h/f_h$$

$$d_l/w_l = \frac{d_l f_l}{f_l - d_l} = \frac{\phi_l}{1 - \phi_l}$$

$$N_m = \frac{\lg\left(\dfrac{d_l}{w_l}\Big/\dfrac{d_h}{w_h}\right)}{\lg \alpha_{l,h}} = \frac{\lg\left(\dfrac{\phi_l}{1-\phi_l}\Big/\dfrac{1-\phi_h}{\phi_h}\right)}{\lg \alpha_{l,h}}$$

$$=\frac{\lg\left(\frac{0.982}{1-0.982}\times\frac{0.98}{1-0.98}\right)}{\lg 2.74}$$

$$=7.8(块)$$

各组分在塔顶和塔底的分布

各组分在塔底的分布 w_i

$$\frac{d_i}{w_i}=\alpha_i^{N_m}\times\frac{d_h}{w_h}=\alpha_i^{N_m}\times\frac{1-\phi_h}{\phi_h}$$

$$w_i=\frac{Fx_{F_i}}{1+d_i/w_i}$$

$$D=\sum d_i$$

$$W=\sum w_i$$

$$x_{D_i}=d_i/D$$

$$x_{W_i}=w_i/W$$

各组分在塔顶的分布, d_i

$$d_i=Fx_{F_i}-w_i$$

故

组　　分	丙酸	γ-丁内酯	水
塔顶	0.044	0.133	0.823
塔底	1.25×10^{-4}	0.999	3.11×10^{-11}

最小回流比 R_m

$$\sum\frac{\alpha_i x_{F_i}}{\alpha_i-\theta}=1-q$$

$$\sum\frac{\alpha_i x_{D_i}}{\alpha_i-\theta}=R_m+1$$

故 $R_m=2.7$

取 $R=2.7$，计算 $R=2.7$ 下的理论板数 N

按吉利兰图求得 $N=16.7$ 块，$N_精=9$ 块。

2.2.2.6　多元共沸精馏过程

由于共沸剂与原溶液的组分形成的共沸物类型，以及共沸剂的回收方法不同，共沸精馏流程也不同。

系统形成一个二元最低共沸物，如以丙酮为共沸剂分离环己烷和苯的情况属于这一类型。环己烷-苯混合物和丙酮一起送入共沸精馏塔，纯苯从塔釜得到，丙酮-环己烷二元均相共沸物从塔顶馏出，冷凝后进入液-液萃取塔，以水为萃取剂回收丙酮。萃取塔顶馏出相当纯的环己烷，塔底出丙酮-水溶液，送入丙酮精馏塔，塔顶得纯丙酮循环使用，塔釜为纯水，作为萃取剂循环到萃取塔。

多元共沸精馏系统的计算比一般精馏复杂，甚至比萃取精馏更加复杂，表现在：①溶液具有强烈的非理想性。并且，很可能在某一塔段的塔板上分层，成为三相精馏（两液相和一个汽相）。在这种情况下，必须有预测液-液分层的方法且收敛。②由于共沸剂的加入增加了变量，共沸剂/原料之比和共沸剂的进塔位置必须确定。尽管大多数情况下，从塔顶引入共沸剂是最好的，但还不能认为是普遍规律。由于共沸精馏塔中液相分层和浓度、温度分布的突变，对严格计算方法是一个严峻的考验。

2.2.2.7 共沸和萃取精馏的比较

共沸精馏和萃取精馏都是分离液体混合物的操作过程，由于加入了溶剂引起与理想溶液的偏差，根据偏差的大小程度，可分为共精馏和萃取精馏。

(1) 萃取精馏比共沸精馏灵活

共沸精馏的溶剂一定要形成共沸物，所以溶剂的选择范围较窄；萃取精馏溶剂的选择范围较宽，选择余地大。共沸溶剂用量不宜波动，溶剂用量的多少直接影响产品的纯度；而萃取的萃取剂浓度在较宽的范围内操作，均能保证产品的质量。

(2) 能量消耗

就萃取精馏塔本身而言，由于萃取剂的沸点较高，在塔内并不蒸发，而共沸精馏溶剂在塔内气化。因此，萃取精馏能量消耗大。

(3) 溶剂加入方式

萃取精馏的溶剂在塔顶加入，并在加料板上做一定的补充。共沸精馏的溶剂加入方式随溶剂的性质而异，可随物料加入，或在加料板上、下适当的位置加入。

另外，共沸精馏常用来脱除相对含量较少的组分，如醇、酯、苯的脱水，可进行连续或间歇操作。萃取精馏常用来分离物性相似，却相对含量又较大的物系，如C_4分离、C_5分离，常用于大规模连续生产装置。

共沸精馏因受共沸组成的控制，故操作参数的变动范围不如萃取精馏灵活。

有热敏性组分存在时，因共沸精馏可以在比萃取精馏低的温度下进行，故共沸精馏比萃取精馏有利。

2.2.2.8 共沸剂的选择原则

共沸剂的选择对共沸精馏分离过程的效果影响极大。选择共沸剂，首先要考虑共沸剂的选择性要大。此外，还应考虑以下几个方面：

① 共沸剂能显著影响待分离系统中关键组分的气-液平衡关系。

② 共沸剂至少与待分离系统中一个或两个（关键）组分形成二元或三元最低共沸物，而且希望此共沸物比待分离系统中各纯组分的沸点或原来的共沸点低10℃以上，否则难以实现精馏分离。

③ 为使分离流程比较简单，共沸剂回收容易，选用能生成非均相共沸物的共沸剂。

④ 在所形成的共沸物中，共沸剂的比例愈少愈好，汽化潜热愈多愈好。这样不仅可减少共沸剂用量，提高共沸剂效率；也可减少循环量，以降低蒸发所需的热

量及冷凝所需冷却的量。

⑤ 共沸剂易于回收利用。一方面希望形成非均相共沸物，可以减少分离共沸物的操作；另一方面，在溶剂回收塔中，应该与其他物料有相当大的挥发度差异。

⑥ 共沸剂廉价、来源广、无毒性、热稳定性好和腐蚀性小。

2.2.2.9 共沸精馏工业应用实例

在双酚 A 生产中，缩合反应产生的水和过量的苯酚形成大量苯酚-水混合物。由于苯酚和水能形成共沸物，如果采用普通的精馏方法，无法将苯酚和水彻底分离，脱水塔塔顶或塔釜还是苯酚与水的混合物。为此，在苯酚-水物系中加入了一种共沸剂甲苯，甲苯和水形成更易分离的甲苯-水共沸物。该共沸物从脱水塔塔顶蒸出，冷凝后进入分相器，分相器上层富甲苯相返回脱水塔循环使用；分相器下层富水相直接送往生化处理装置继续处理水中的极微量苯酚和甲苯。脱水塔塔釜为甲苯和苯酚的混合物。

脱水塔塔釜物料经过一个普通精馏塔可以很容易地将甲苯和苯酚分离，分离后的甲苯返回脱水塔循环使用，而苯酚回收后供反应系统循环使用。

原料为苯酚和水的混合物，质量比为 85∶15；甲苯为工业甲苯。主要设备有：①脱水塔——填料塔，塔高 22.8m，内径 1m，填料为 BX 型整装填料；②苯酚塔——填料塔，塔高 9m，内径 0.5m，填料为 BX 型整装填料。

将混合物（苯酚-水）和甲苯以 2∶1 进料比（质量比）混合进入脱水塔，给塔釜加热，塔内上升蒸气逐渐升至塔顶。塔顶蒸气冷凝后进入分相器，在分相器上层富甲苯相返回脱水塔作为该塔回流液体，下层富水相收集到储罐，送至生化处理装置，作进一步生化处理。回流液返回脱水塔后气、液两相开始充分接触，轻组分甲苯和水的共沸物连续地从塔顶蒸出，重组分甲苯和苯酚的混合物进入塔釜，调整脱水塔工艺控制参数达到正常后，塔釜开始出料，这时脱水塔转入正常操作。

脱水塔塔釜物料用泵输送到苯酚塔，苯酚塔塔顶蒸出甲苯，经冷凝后部分作为苯酚塔回流，部分返回脱水塔循环使用，塔釜为完全不含甲苯的苯酚用泵输送到反应系统循环使用。

脱水塔和苯酚塔双塔流程的选择如下。

① 在脱水塔分离苯酚-水-甲苯混合物操作中，虽然甲苯和水很容易从塔顶蒸出，但塔釜如果直接生产苯酚，不易保证苯酚中不含甲苯。因此，在设计时允许脱水塔塔釜含一定量的甲苯。塔釜分析结果见表 2-2-1。

表 2-2-1　脱水塔塔釜分析结果　　　　　　单位：%，质量分数

编　　号	苯酚	甲苯	水
1	99.62	0.29	0.09
2	99.68	0.22	0.10
3	99.61	0.30	0.09
平均	99.64	0.27	0.09

② 脱水塔塔釜苯酚-甲苯混合物再经过一个普通精馏塔（苯酚塔）精馏后，塔釜生产出完全不含甲苯的苯酚，塔顶轻组分甲苯部分作为苯酚塔回流，部分返回脱水塔循环使用。

③ 采用双塔流程既可以保证回收苯酚的质量，又能使脱水塔容易操作。

④ 采用双塔流程，共沸剂甲苯可以反复使用，运行很长时间才需补充少量甲苯。

工业应用实例表明，苯酚-水物系选择甲苯作共沸剂是合理的，可以容易地实现苯酚和水的分离。分离后水中含微量甲苯和苯酚，可以直接进行生化处理，且甲苯可以循环使用；选用双塔流程可以保证回收苯酚中不含甲苯，避免甲苯带入反应系统产生不可预见的情况发生；该流程在双酚 A 生产装置连续稳定运行多年，本试验方法可以推广使用。

2.2.3　反应精馏

在一般情况下，化工生产中的反应过程和分离过程分别在两类单独的设备中完成，反应过程在各种形式的反应器中进行，而过剩反应物、产物和副产物之间的分离则在另一类设备中运行。反应精馏过程是把反应和分离结合在一个设备（反应精馏塔）中，两个过程同时进行，而且它们之间具有显著的相互作用。反应精馏过程具有设备投资少、操作费用低、能耗省的优点。

1921 年，Bacchaus 首先提出了反应精馏的概念。反应精馏最早应用于甲基叔丁基醚（MTBE）和乙基叔丁基醚（ETBE）等合成工艺中，现已广泛应用于酯化、烷基化、异构化、叠合过程、氧化脱氢、烯烃选择性加氢、碳一化学和其他反应过程。

随着计算机科学的发展和反应精馏基础理论研究的深入，国内外已成功地开发了可应用于反应精馏的计算机模拟软件，在分析、设计和优化反应精馏工艺上起了很大的作用，使研究程序大大简化。目前，反应精馏过程的模拟大致可分为稳态模拟和非稳态模拟两大类。其中，稳态模拟又以平衡级模型或非平衡级模型为依据。

2.2.3.1　反应精馏的基本原理与特点

反应精馏是在进行反应的同时用精馏方法分离出产物的过程。其基本原理为对于可逆反应，当某一产物的挥发度大于反应物时，如果将产物从液相中蒸出，则可破坏原有的平衡，使反应继续向生成物的方向进行，因而可提高单程转化率，在一定程度上变可逆反应为不可逆反应。

反应精馏技术特点是反应和精馏在同一设备中进行，简化了流程，使设备费和操作费同时下降；对于放热反应过程，反应热全部提供为精馏过程所需热量的一部分，节省了能耗；对于可逆反应过程中，由于产物的不断分离，可使系统远离平衡状态，增大过程的转化率。可使最终转化率大大超过平衡转化率，减轻后续分离工序的负荷；对于目的产物具有二次副反应的情形，通过某一反应物的不断分离，从而抑制了副反应，提高了选择性；在反应精馏塔内，各反应物的浓度不同于进料浓度。因此，进料可按反应配比要求，而塔板上造成某种反应物的过量，可使反应后期的反应速率大大提高，同时又达到完全反应；或造成主、副反应速率的差异，达到较高的选择性。这样，对于传统工艺中某些反应物过量从而需要分离回收的情况，能使原料消耗和能量消耗得到较大节省；在反应精馏塔内，各组分的浓度分布主要由相对挥发度决定，与进料组成关系不大，因而反应精馏塔可采用低纯度的原料作为进料。这一特点可使某些系统内循环物流不经分离提纯直接得到利用；有时反应物的存在能改变系统各组分的相对挥发度，或绕过其共沸组成，实现沸点相近或具有恒沸组成的混合物之间的完全分离。

根据投料操作方式，反应精馏可以分为连续反应精馏和间歇反应精馏；根据使用催化剂形态的不同，反应精馏可以分为均相反应精馏和催化蒸馏；根据化学反应速率的快慢，反应精馏分为瞬时反应精馏、快速反应精馏和慢速反应精馏。

2.2.3.2 反应精馏塔与催化剂

实现精馏操作的主体塔设备主要分为板式塔和填料塔。板式塔由于具有流体力学和传质模型比较成熟、数据可靠、结构简单、造价较低、适应性强和易于放大等特点，在生产领域得到了广泛的应用。20 世纪 90 年代后，产生了一些新型的塔板，主要特点是在保证效率的前提下，通过塔板结构的特殊设计来减少降液管的面积，增大塔板上气液传质面积，并提高塔板的开孔率，从而提高塔板的生产能力。

20 世纪 70 年代石油危机以后，填料塔技术获得长足的进展，性能优良的填料相继问世，特别是规整填料及新型的塔内件不断开发应用和基础理论研究的不断深入，使得填料塔的放大问题得到解决。在填料塔中，使用较多的是金属环格状填料和金属波纹填料。同时，塔内件的设计，如气液分布器设计直接影响整个塔的传质效率和生产能力。在减压精馏条件下，与板式塔相比，填料塔有压降小、分离效率高、生产能力大等优点。

反应精馏塔是反应精馏过程的主要设备，可分为精馏段、反应精馏段和提馏段三个部分。进料位置根据物料组成的沸点不同可高于或低于催化剂床层，其床层为固定床，催化剂在塔中的位置和高度由进料类型及组成、产物和纯度要求决定。催化剂是催化反应的核心，对于催化反应精馏技术来讲，不仅要考虑催化剂的活性、选择性和寿命，对于均相催化剂，如液体酸，还要考虑其一些基本物性对过程的影响和是否适用，比如沸点是否合适，是否会污染产品，是否易于回收等问题；对于非均相的催化剂要考虑催化剂的粒度、形状对精馏过程中传质热的影响，催化剂本身对使用温度的要求以及装填方式、塔内构件等因素。反映精馏技术所用的催化剂多数为固体，它不与反应体系各组分互溶，原料中所含催化剂毒物应易于清除，易在催化剂上结焦的物系不宜采用反应精馏技术，因为反应精馏要求催化剂必须有足够的寿命。

传统精馏与反应精馏的工艺流程差别如图 2-2-12 所示。

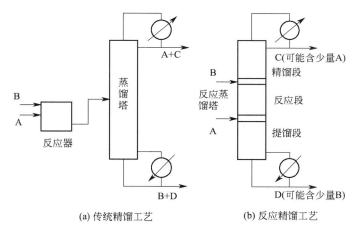

(a) 传统精馏工艺   (b) 反应精馏工艺

图 2-2-12 传统精馏与反应精馏工艺流程的主要部分

固体催化剂既可以加速化学反应，又可作为填料或塔内件提供传质表面。反应精馏技术的关键是反应段催化剂的填装。对于催化精馏过程中的催化剂既起催化作用，又起传递表面的作用，所以不仅要求催化剂有较高的催化效率，同时又要有好的分离效率。目前，用于催化精馏中的催化剂主要是离子交换树脂和分子筛，催化剂必须采取特殊的装填方式，对于催化剂的装填方式根据催化剂的结构分为两种类型，即拟固定床式和拟规整填料式。这两大类型的装填方式中均有成功的应用实例。总的来讲，拟规整填料型的催化剂装填方式更适宜于精馏操作。汽、液接触好，不腐蚀设备，塔内不需要特殊的构件，催化剂利用率高。但是这种装填方式的缺点是：催化剂更换困难，需要停车后人工进塔更换，要求催化剂有较长的寿命。对固体催化剂的要求：①使催化剂床层有足够的空间以进行液相反应和气液传质，这些有效的空间应该达到一般填料所具有的分离效果以及设计允许的塔盘压力降；②具有足够大的表面积进行催化反应；③催化剂小球可膨胀或收缩，但催化剂却没有磨损，催化剂既可以填料方式装入塔内，也可以装在塔板上。常用的方法是将固体催化剂装于用玻璃纤维布缝好的套袋中，再用多层不锈钢网卷成捆扎包填满蒸馏塔截面，同时将各层捆扎包交错叠置以防短路。对于已经出现的各种催化剂结构，可以分为两种类型，即拟固定床式和拟规整填料式。总之，装填方式的改进是以装卸方便，不停车更换催化剂，增加汽、液接触面积，降低压强以及提高催化效率为目的。

2.2.3.3 反应精馏的应用

反应精馏仅适用于反应过程和反应组分的蒸馏分离可以在同一温度条件下进行的化学反应。如果反应组分之间存在有恒沸现象，或者反应物与产物的沸点非常接近时，反应精馏技术则不适用。另外，反应精馏对反应物和产物的挥发度的要求为：产物的挥发度比反应物的挥发度都大或都小；反应物的挥发度介于产物的挥发度之间。只有这样，采用反应精馏才能收到良好的效果。

(1) 烷基化

乙烯与苯烷基化的反应精馏塔由两部分组成，上部填装特殊设计的捆扎包内装Y型分子筛，下部安装精馏塔板，乙烯从催化剂层底部进料，苯从回流罐进塔，过程的特点是反应温度受泡点温度制约，避免反应区热点的生成，提高了催化剂的寿命，副产物二异丙苯和三异丙苯返回反应精馏塔，与苯进行烯烃转移反应生成更多的异丙苯，消除了大量苯的循环，反应热有效利用。与传统工艺比较，反应精馏过程节能50％，投资降低25％。但是催化剂的活性和选择性相差较大，因此必须开发出适合的催化剂。

(2) 叠合过程

采用反应精馏技术可使烯烃分子有选择的叠合，因为精密的温度控制和反应段的宽分布将减少非理想产品的二聚物、三聚物或高聚物的生成，丁烯叠合的反应精馏工艺目前已获工业许可。

(3) 烯烃选择性加氢

已经证明，反应精馏可使不需要的烯烃杂质选择加氢，使其失去化学活性或不有利于精馏分离去除。目前，可应用反应精馏技术的有丁二烯、戊二烯及己二烯选择性加氢。

(4) 酯转移

某些化学反应所使用的酸具有腐蚀性。为了避免酸性腐蚀，可以酯的形式引入酸。例如，甲酸甲酯分解会生成甲酸和甲醇，而甲酸一旦形成就被平衡反应消耗掉，这样避免了甲酸的腐蚀。

(5) 氧化脱氢

如有合适的催化剂，就可使异丁烷氧化脱氢生成异丁烯。

(6) 碳一化学

甲醛与甲醇反应生成甲缩醛，利用反应精馏，比采用常规多步工艺更为简洁。

(7) 醚化反应

甲基叔丁基醚（MTBE）是应用反应精馏技术第一个取得工业成功的产品，该过程与传统流程相比具有无反应器的外部循环和冷却；通过预反应有效脱除催化剂毒物；延长催化剂的使用寿命；充分利用反应放出的热量；反应物转化率高以及产品纯度高等特点。

甲基叔丁基醚的生产工艺流程如图2-2-13所示。

(8) 酯化和水解

乙酸甲酯（MeOAc）合成与水解的催化精馏工艺是近年来国内外研究和开发的热门话题，由于乙酸和甲醇的酯化受化学平衡的限制，且物系中有多个共沸物，故传统流程十分复杂，需多个反应器和精馏塔。

(9) 环氧化物的水解

与环氧乙烷水解生产乙二醇类似，环氧丙烷水解生产丙二醇。水和环氧乙烷分

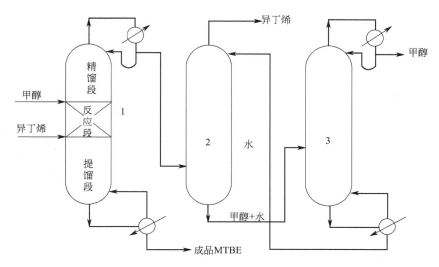

图 2-2-13 甲基叔丁基醚的催化精馏生产工艺流程

1—催化精馏塔；2—水洗塔；3—甲醇回收塔

别在反应段上和下进料。由于环氧乙烷的高度挥发性，塔中反应区的环氧乙烷浓度低，低的反应物浓度和快速从反应区移出产物抑制了二乙二醇的产生，华东理工大学与湖南化工设计院联手开发了生产丙二醇的反应精馏工艺，在云南玉溪天山化工有限公司建成 6000L/a 装置，运行良好，转化率达到 99.9%，选择性为 93%，单耗为 0.853L/L。

(10) 其他反应

其他有可能利用反应精馏方法的领域包括氧化、电化学、合成气反应、从醇和氨选择性地生产胺和羧基化反应。除此之外，通过引入第三组分（即反应夹带剂），反应精馏技术就能用于分离沸点极为接近的混合物。如分离 C_1 芳烃、氯苯胺、甲基吡啶等同分异构体的混合物。

自从催化反应精馏技术成功地应用于 MTBE 的合成之后，许多新的反应精馏过程被开发成功，应用越来越广泛，除前面叙述的精馏工业以外，一些工厂已将该技术应用于丙二醇乙醚的合成，高纯度异丁烯的生产过程采用反应精馏技术已获成功，甲基叔丁基酮（MIBK）和肉桂酸酯的生产技术也已被开发成功。除此之外，许多包括催化反应和精馏分离的化工过程，只要开发出适当的催化剂，都可能成功地应用这一技术，国内外有关反应精馏的文献和报道层出不穷，反应精馏技术的研究至今仍是化学工程领域的一大热点。

反应精馏作为一种新型特殊精馏，因其具有独特的优势而在化学工业中日益受到重视。由于反应段固体催化剂的选择及装填方式对该工艺起关键作用，故国内外在注重工艺开发的同时，也需要在催化剂及填料上多作研究，以取得更大突破。目前，反应精馏技术已在多个领域实现了产业化，对某些新领域的开发也取得了一定进展。随着节能和环保要求日益提高，该技术与先进的计算机模拟软件相结合，在未来几十年将会发挥更大作用，同时会有更好的发展。

2.2.4 分子蒸馏

分子蒸馏是一种特殊的液-液分离技术，它不同于传统蒸馏依靠沸点差分离的原理，而是靠不同物质分子运动平均自由程的差别实现分离。

当液体混合物沿加热板流动并被加热，轻、重分子会逸出液面而进入气相，由于轻、重分子的自由程不同，因此，不同物质的分子从液面逸出后移动距离不同，若能恰当地设置一块冷凝板，则轻分子达到冷凝板被冷凝排出，而重分子达不到冷凝板沿混合液排出。这样，达到物质分离的目的。

在沸腾的薄膜和冷凝面之间的压差是蒸汽流向的驱动力，对于微小的压力降就会引起蒸汽的流动。在 $1\text{mbar}(1\text{bar}=10^5\text{Pa})$ 下运行要求在沸腾面和冷凝面之间非常短的距离，基于这个原理制作的蒸馏器称为短程蒸馏器。短程蒸馏器（分子蒸馏）有一个内置冷凝器在加热面的对面，并使操作压力降到 0.001mbar。

短程蒸馏器是一个工作在 1～0.001mbar 压力下热分离技术过程，它较低的沸腾温度非常适合热敏性、高沸点物。其基本构成：带有加热夹套的圆柱形筒体，转子和内置冷凝器；在转子的固定架上精确装有刮膜器和防飞溅装置。内置冷凝器位于蒸发器的中心，转子在圆柱形筒体和冷凝器之间旋转。

短程蒸馏器由外加热的垂直圆筒体、位于它的中心冷凝器及在蒸馏器和冷凝器之间旋转的刮膜器组成。

分子蒸馏过程是物料从蒸发器的顶部加入，经转子上的料液分布器将其连续均匀地分布在加热面上，随即刮膜器将料液刮成一层极薄、呈湍流状的液膜，并以螺旋状向下推进。在此过程中，从加热面上逸出的轻分子，经过短的路线和几乎未经碰撞就到内置冷凝器上冷凝成液，并沿冷凝器管流下，通过位于蒸发器底部的出料管排出；残液即重分子在加热区下的圆形通道中收集，再通过侧面的出料管中流出。

2.2.4.1 分子蒸馏的基本原理

(1) 分子运动自由程

分子碰撞是分子与分子之间存在着相互作用力。当两分子离得较远时，分子之间的作用力表现为吸引力，但当两分子接近到一定程度后，分子之间的作用力会改变为排斥力，并随其接近程度，排斥力迅速增加。当两分子接近到一定程度，排斥力的作用使两分子分开，这种由接近而至排斥分离的过程就是分子的碰撞过程。

分子有效直径是分子在碰撞过程中，两分子质心的最短距离，即发生斥离的质心距离。

分子运动自由程是一个分子相邻两次分子碰撞之间所走的路程。

(2) 分子运动平均自由程

任一分子在运动过程中都在变化自由程，而在一定的外界条件下，不同物质的分子其自由程各不相同。就某一种分子来说，在某时间间隔内自由程的平均值称为平均自由程。

由热力学原理可推导出：$\lambda_m = \dfrac{KT}{\sqrt{2}\pi d^2 P}$ （2-2-46）

式中　λ_m——平均自由程；

　　　K——玻尔兹曼常数；

　　　T——分子所处环境温度；

　　　d——分子有效直径；

　　　P——分子所处环境压强。

(3) 分子蒸馏的基本原理

根据分子运动理论，液体混合物的分子受热后运动会加剧，当接受到足够能量时，就会从液面逸出而成为气相分子。随着液面上方气相分子的增加，有一部分气体就会返回液体。在外界条件保持恒定情况下，最终会达到分子运动的动态平衡，从宏观上看，达到了平衡。

根据分子平均自由程公式知，不同种类的分子，由于其分子有效直径不同，故其平均自由程也不同，即不同种类分子，从统计学观点看，其逸出液面后不与其他分子碰撞的飞行距离是不相同的。

分子蒸馏的分离作用就是利用液体分子受热会从液面逸出，而不同种类分子逸出后其平均自由程不同这一性质来实现的。

2.2.4.2　分子蒸馏装置

分子蒸馏技术的核心是分子蒸馏装置。液体混合物为达到分离的目的，首先进行加热，能量足够的分子逸出液面，轻分子的平均自由程大，重分子的平均自由程小，若在离液面小于轻分子的平均自由程而大于重分子平均自由程处设置一捕集器，使得轻分子不断被捕集，从而破坏了轻分子的动平衡而使混合液中的轻分子不断逸出，而重分子因达不到捕集器很快趋于动态平衡，不再从混合液中逸出，这样，液体混合物便达到了分离的目的。

分子蒸馏装置在结构设计中，必须充分考虑液面内的传质效率及加热面与捕集面的间距。图 2-2-14 为刮膜式分子蒸馏设备的原理图，其主要结构由加热器、捕集

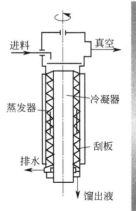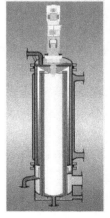

图 2-2-14　刮膜式分子蒸馏
设备原理与剖面图

器、高真空系统组成。

各国研制的分子蒸馏装置多种多样，一套完整的分子蒸馏设备主要包括：分子蒸发器、脱气系统、进料系统、加热系统、冷却真空系统和控制系统。分子蒸馏装置的核心部分是分子蒸发器，从结构上大致可分为三大类：①降膜式：为早期形式，结构简单，但由于液膜厚，效率差，当今世界各国很少采用；②刮膜式：形成的液膜薄，分离效率高，但较降膜式结构复杂；③离心式：离心力成膜，膜薄，蒸发效率高，但结构复杂，真空密封较难，设备的制造成本高。为提高分离效率，往往需要采用多级串联使用而实现不同物质的多级分离。

为了提高分离效率，往往需要采用多级串联使用。已有多级真空分子蒸馏装置申请了专利。该装置在一个蒸发器壳体中，配备有多级真空，从而实现不同物质的多级分离。

我国在 20 世纪 80 年代末才开展刮膜式分子蒸馏装置和工艺应用的研究。该装置形成的液膜薄，分离效率高，但较降膜式结构复杂。它采取重力使蒸发面上的物料变为液膜降下的方式，但为了使蒸发面上的液膜厚度小且分布均匀，在蒸馏器中设置了一硬碳或聚四氟乙烯制的转动刮板。该刮板不但可以使下流液层得到充分搅拌，还可以加快蒸发面液层的更新，从而强化了物料的传热和传质过程。其优点是：液膜厚度小，并且沿蒸发表面流动；被蒸馏物料在操作温度下停留时间短，热分解的危险性较小，蒸馏过程可以连续进行，生产能力大。缺点是：液体分配装置难以完善，很难保证所有的蒸发表面都被液膜均匀覆盖；液体流动时常发生翻滚现象，所产生的雾沫也常溅到冷凝面上。但由于该装置结构相对简单，价格相对低廉，现在的实验室及工业生产中，大部分都采用该装置。

实验室用刮膜式分子蒸馏系统原理如图 2-2-15 所示。

如图 2-2-16 所示，进料液体在真空状态下进入蒸馏器中，利用刮板的转动在内壁上被迅速展开成薄膜，向下运动与蒸发表面充分接触，加热壁和高真空驱使较易挥发的成分（蒸馏物）聚集到距离很近的内置冷凝器表面，同时不易挥发的成分（剩余物）继续顺着蒸馏柱内壁向下运动，并被收集，而分离出来的蒸馏物通过单独的卸料口流出。根据应用，所需的产品会是蒸馏物，或是剩余物。可压缩的低分子量的成分收集在上流部分的为真空系统配备的冷阱中。为了达到高溶剂负荷，还可配备一个外置冷凝器，它可以直接安装在蒸馏器的下流部分。有了外置冷凝器的配合，这样就可以成为典型的"刮膜式蒸馏器"，即 WFE（wiped-film evaporator），或刮膜式蒸馏器的结构。

旋转薄膜蒸馏器的结构如图 2-2-17 所示。它是由上部的驱动部分和下部的蒸发浓缩部分组成，内冷式旋转薄膜蒸发器下部还有内部冷凝器部分。驱动部分由电机齿轮减速器或电机带轮减速器组成。上部和下部的轴封处采用双面机械密封来保证设备的密封性。蒸发浓缩部分由带夹套的蒸发筒体和转子组成。转子带分布器、捕沫器、主轴、沟槽刮板及支架等结构。

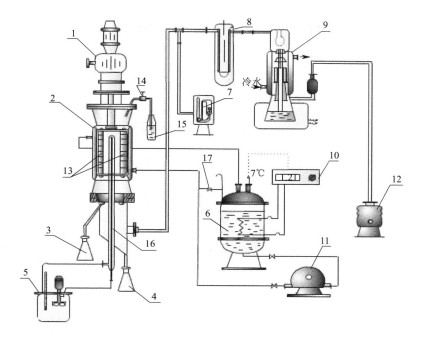

图 2-2-15 实验室用刮膜式分子蒸馏系统原理图

1—变速机组；2—刮膜蒸发器缸；3—重组分接收瓶；4—轻组分接收瓶；
5—恒温水泵；6—导热油炉；7—旋转真空计；8—液氮冷阱；9—油扩散泵；
10—导热油控温计；11—热油泵；12—前级真空泵；13—刮膜转子；
14—进料阀；15—原料瓶；16—冷凝柱；17—旁路阀

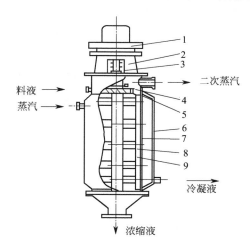

图 2-2-16 刮膜薄膜蒸馏器

1—减速机；2—轴承座；3—机械密封；4—捕沫器；
5—分布器；6—夹套；7—筒体；8—主轴；9—刮板

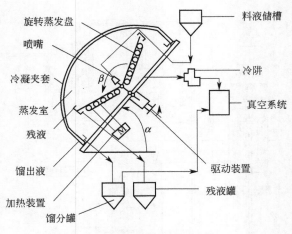

旋转蒸发盘

喷嘴

冷凝夹套

蒸发室

残液

馏出液

加热装置

馏分罐

料液储槽

冷阱

真空系统

驱动装置

残液罐

图 2-2-17　旋转薄膜蒸馏器

分子蒸馏过程可分为如下四步：

① 分子从液相主体向蒸发表面扩散。通常，液相中的扩散速度是控制分子蒸馏速度的主要因素，所以应尽量减薄液层厚度及强化液层的流动。

② 分子在液层表面上的自由蒸发。蒸发速度随着温度的升高而上升，但分离因素有时却随着温度的升高而降低，所以，应以被加工物质的热稳定性为前提，选择经济合理的蒸馏温度。

③ 分子从蒸发表面向冷凝面飞射。蒸气分子从蒸发面向冷凝面飞射的过程中，可能彼此相互碰撞，也可能和残存于两面之间的空气分子发生碰撞。由于蒸发分子远重于空气分子，且大都具有相同的运动方向，所以它们自身碰撞对飞射方向和蒸发速度影响不大。而残气分子在两面间呈杂乱无章的热运动状态，故残气分子的数目是影响飞射方向和蒸发速度的主要因素。

④ 分子在冷凝面上冷凝。只要保证冷、热两面间有足够的温度差（一般为70～100℃），冷凝表面的形式合理且光滑，则认为冷凝步骤可以在瞬间完成，所以选择合理冷凝器的形式相当重要。

2.2.4.3　分子蒸馏技术的特点

鉴于分子蒸馏在原理上根本区别于常规蒸馏，因而它具备着许多常规蒸馏无法比拟的优点。

(1) 操作温度低

常规蒸馏是靠不同物质的沸点差进行分离，而分子蒸馏是靠不同物质分子运动自由程的差别进行分离，因此，后者是在远离（远低于）沸点下进行操作的。

(2) 蒸馏压强低

由于分子蒸馏装置独特的结构形式，其内部压强极小，可以获得很高的真空度。同时，由分子运动自由程公式可知，要想获得足够大的平均自由程，可以通过降低蒸馏压强来获得，一般为 $10^{-1}\,\mathrm{Pa}$ 数量级。

从以上两点可知，尽管常规真空蒸馏也可采用较高的真空度，但由于其结构上的制约（特别是板式塔或填料塔），其阻力较分子蒸馏装置大得多，因而真空度上不去，加之沸点以上操作，所以其操作温度比分子蒸馏高得多。

如某液体混合物在真空蒸馏时的操作温度为 260℃，而分子蒸馏仅为 150℃。

(3) 受热时间短

鉴于分子蒸馏是基于不同物质分子运动自由程的差别而实行分离的，因而受加热面与冷凝面的间距要小于轻分子的运动自由程（即距离很短），这样由液面逸出的轻分子几乎未碰撞就到达冷凝面，所以受热时间很短。另外，若采用较先进的分子蒸馏结构，使混合液的液面达到薄膜状，这时液面与加热面的面积几乎相等，那么，此时的蒸馏时间则更短。假定真空蒸馏受热时间为 1h，则分子蒸馏仅用十几秒。

(4) 分离程度高

分子蒸馏常常用来分离常规蒸馏不易分开的物质，然而就两种方法均能分离的物质而言，分子蒸馏的分离程度更高。

分子蒸馏的挥发度一般用下式表示：

$$\alpha_\tau = \frac{P_1}{P_2}\left(\frac{M_2}{M_1}\right)^{1/2} \tag{2-2-47}$$

式中 M_1——轻组分分子量；

M_2——重组分分子量。

而常规蒸馏的相对挥发度：$\alpha = P_1/P_2$。

在 P_1/P_2 相同的情况下，重组分的分子量 M_2 比轻组分的分子量 M_1 大，所以 α_τ 比 α 大。这就表明分子蒸馏较常规蒸馏更易分离，且随着 M_1、M_2 差别越大则分离程度越高。

从分子蒸馏技术以上的特点可知，它在实际的工业化应用中较常规蒸馏技术具有以下明显的优势：

① 对于高沸点、热敏性及易氧化物料的分离，分子蒸馏提供了最佳分离方法。因为分子蒸馏是在很低温度下操作，且受热时间很短；

② 分子蒸馏可极有效地脱除液体中的低分子物质（如有机溶剂、臭味等），这对于采用溶剂萃取后液体的脱溶是非常有效的方法；

③ 分子蒸馏可有选择地蒸出目的产物，去除其他杂质，通过多级分离可同时分离两种以上的物质；

④ 分子蒸馏的分离过程是物理过程，因而可很好地保护被分离物质不受污染和侵害。

随着工业化的发展，分子蒸馏技术已广泛应用于高附加值物质的分离，特别是天然物的分离，因而被称为天然品质的保护者和回归者。

2.2.4.4　分子蒸馏技术在工业中的应用

分子蒸馏技术在国外已应用的产品有百余种，北京化工大学开发应用的产品也有数十种，其应用范围极为广泛。

(1) 在食品工业中的应用

① 单甘酯的生产　分子蒸馏技术广泛应用于食品工业，主要用于混合油脂的分离。可获得纯度达 90% 以上的单脂肪酸甘油酯，如硬脂酸单甘油酯、月桂酸单甘油酯、丙二醇甘油酯等；提取脂肪酸及其衍生物，生产二聚脂肪酸等；从动植物中提取天然产物，如鱼油、米糠油、小麦胚芽油等。

从蒸馏液面上将单甘酯分子蒸发出来后立即进行冷却，实现分离。利用分子蒸馏可将未反应的甘油、单甘酯依次分离出来。单甘酯即甘油一酸酯，它是重要的食品乳化剂。单甘酯的用量目前占食品乳化剂用量的 2/3。在商品中它可起到乳化、起酥、蓬松、保鲜等作用，可作为饼干、面包、糕点、糖果等专用食品添加剂。单甘酯可采用脂肪酸与甘油的酯化反应和油脂与甘油的醇解反应两种工艺制取，其原料为各种油脂、脂肪酸和甘油。

采用酯化反应或醇解反应合成的单甘酯，通常都含有一定数量的双甘酯和三甘酯，通常单甘酯的含量为 40%～50%，采用分子蒸馏技术可以得到单甘酯 90% 的高纯度产品。此法是目前工业上高纯度单甘酯生产方法中最常用和最有效的方法，所得到的单甘酯达到食品级要求。分子蒸馏单甘酯产品以质取胜，逐渐代替了纯度低、色泽深的普通单甘酯，市场前景乐观，开发分子蒸馏单甘酯可为企业带来丰厚的利润。

② 鱼油的精制　从动物中提取天然产物，也广泛采取分子蒸馏技术，如精制鱼油等。鱼油中富含全顺式高度不饱和脂肪酸二十碳五烯酸（简称 EPA）和二十二碳六烯酸（简称 DHA），此成分具有很好的生理活性，不仅具有降血脂、降血压、抑制血小板凝集、降低血液黏度等作用，而且还具有抗炎、抗癌、提高免疫能力等作用，被认为是很有潜力的天然药物和功能食品。EPA、DHA 主要从海产鱼油中提取，传统分离方法是采用尿素包合沉淀法和冷冻法。运用尿素包合沉淀法可以有效地脱除产品中饱和的及低不饱和的脂肪酸组分，提高产品中 DHA 和 EPA 的含量，但由于很难将其他高不饱和脂肪酸与 DHA 和 EPA 分离，只能使（DHA＋EPA）的纯度到 80%。而且产品色泽重，腥味大，过氧化值高，还需进一步脱色除臭后才能制成产品，回收率仅为 16%。由于物料中的杂质脂肪酸的平均自由程同 EPA、DHA 乙酯相近，分子蒸馏法尽管只能使（EPA＋DHA）到 72.5%，但回收率可达到 70%，产品的色泽好、气味纯正、过氧化值低，而且可以将混合物分割成 DHA 与 EPA 不同含量比例的产品。因此，分子蒸馏法不失为分离纯化EPA、DHA 的一种有效方法。

③ 油脂脱酸　在油脂的生产过程中，由于从油料中提取的毛油中含有一定量的游离脂肪酸，从而影响油脂的色泽和风味以及保质期。传统工业生产中化学碱炼

或物理蒸馏的脱酸方法有一定的局限性。由于油品酸值高，化学碱炼工艺中添加的碱量大，碱在与游离脂肪酸的中和过程中，也皂化了大量中性油使得精炼得率偏低；物理精炼用水蒸气气提脱酸，油脂需要在较长时间的高温下处理，影响油脂的品质，一些有效成分会随水蒸气溢出，从而会降低保健营养价值。

马传国等在对高酸值花椒籽油脱酸的研究中，利用分子蒸馏对不同酸值的花椒籽油进行脱酸，能获得比较高的轻（脂肪酸）、重（油脂）馏分得率，这是目前化学碱炼或物理蒸馏等工艺所不能达到的。对酸值为 28mgKOH/g 和 41.2mgKOH/g 的高酸值油脂用分子蒸馏法脱酸后，油脂的酸值分别下降到 2.6mgKOH/g 和 3.8mgKOH/g，油脂的得率分别为 86％和 80.9％，中性油脂基本没有损失。工艺流程图如图 2-2-18 所示。

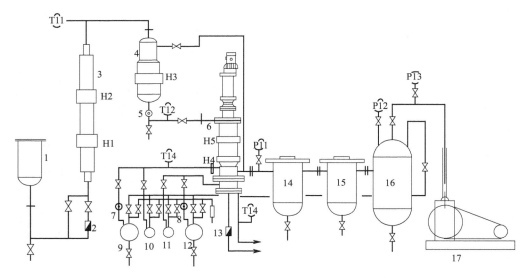

图 2-2-18　SD 0.2 型分子蒸馏工艺流程示意图

1—进料储罐；2—流量计 A；3—预热器；4—脱气器；5—视镜 A；6—分子蒸馏机；
7—视镜 B；8—视镜 C；9,10—接收罐 A；11,12—接收瓶 B；
13—流量计 B；14—冷阱 A；15—冷阱 B；16—储气罐；17—真空泵

工业应用的结果表明，利用分子蒸馏技术对高酸值油脂脱酸具有良好的效果，具有广阔的应用前景。

④ 高碳醇的精制　高碳脂肪醇是指二十碳以上的直链饱和醇，具有多种生理活性。目前最受关注的是二十八烷醇和三十烷醇，它们具有抗疲劳、降血脂、护肝、美容等功效，可作营养保健剂的添加剂，某些国家也作为降血脂药物，发展前景看好。

精制高碳醇，其工艺十分复杂，需要经过醇相皂化，多种及多次溶剂浸提，然后用多次柱层析分离，最后还要采用溶剂结晶才能得到一定纯度的产品。日本采用蜡脂皂化、溶剂提取、真空分馏的方法得到含高碳醇10％～30％的产品。刘元法等对米糠蜡中二十八烷醇的精制研究得出，经多级分子蒸馏后，可得到含高碳醇80％的产品。张相年等利用富含二十八烷醇的长链脂肪酸高碳醇酯，还原得到二十八烷醇。即以虫蜡为原料，在乙醚中加氢化铝锂（LiAlH₄），在70～80℃还原2.5h得到高碳醇混合物，经分子蒸馏纯化，高碳醇纯度可达96％，其中二十八烷醇16.7％。利用分子蒸馏技术精制高碳醇，工艺简单，操作安全可靠，产品质量高。

（2）在精细化工中的应用

分子蒸馏技术在精细化工行业中可用于碳氢化合物、原油及类似物的分离；表面活性剂的提纯及化工中间体的制备；羊毛脂及其衍生物的脱臭、脱色；塑料增塑剂、稳定剂的精制以及硅油、石蜡油、高级润滑油的精制等。在天然产物的分离上，许多芳香油的精制提纯，都应用分子蒸馏而获得高品质精油。

① 芳香油的提纯　随着日用化工、轻工、制药等行业和对外贸易的迅速发展，对天然精油的需求量不断增加。精油来自芳香植物，从芳香植物中提取精油的方法有：水蒸气蒸馏法、浸提法、压榨法和吸附法。精油的主要成分大都是醛、酮、醇类，且大部分都是萜类，这些化合物沸点高，属热敏性物质，受热时很不稳定。因此，在传统的蒸馏过程中，因长时间受热会使分子结构发生改变而使油的品质下降。

用分子蒸馏的方法对山苍子油、姜樟油、广藿香油等几种芳香油进行提纯。结果表明，分子蒸馏技术是提纯精油的一种有效的方法，可将芳香油中的某一主要成分进行浓缩，并除去异臭和带色杂质，提高其纯度。由于此过程是在高真空和较低温度下进行，物料受热时间极短，因此保证了精油的质量，尤其是对高沸点和热敏性成分的芳香油，更显示了其优越性。

此外，利用分子蒸馏技术分离毛叶木姜子果油中的柠檬醛可得到柠檬醛95％、产率53％的产品。对干姜的有效成分的分离中，通过调节不同的蒸馏温度和真空度可得到不同的有效成分种类及其相对含量，调节适宜的蒸馏温度和真空度可获得相对含量较高的有效成分。

② 高聚物中间体的纯化　在由单体合成聚合物的过程中，总会残留过量的单体物质，并产生一些不需要的小分子聚合体，这些杂质严重影响产品的质量。传统清除单体物质及小分子聚合体的方法是采用真空蒸馏，这种方法操作温度较高。由于高聚物一般都是热敏性物质，温度升高，高聚物就容易歧化、缩合或分解。例如，对聚酰胺树脂中的二聚体进行纯化，采用常规蒸馏方法只能使二聚体聚酰胺树脂含量达75％～87％，采用分子蒸馏技术则可以使二聚体聚酰胺树脂含量达90％～95％。在对酚醛树脂和聚氨酯的纯化中，采用分子蒸馏的方法可以使酚醛树脂中的单体酚含量脱除为0.01％，使二异氰酸酯单体含量为0.1％。分子蒸馏技术能极好地保护高聚物产品的品质，提高产品纯度，简化工艺，降低成本。

③ 羊毛脂的提取　羊毛脂及其衍生物广泛应用于化妆品。羊毛脂成分复杂，主要含酯、游离醇、游离酸和烃。这些组分相对分子质量较大，沸点高，具热敏性。用分子蒸馏技术将各组分进行分离，对不同成分进行物理和化学方法改性，可得到聚氧乙烯羊毛脂、乙酰羊毛脂、羊毛酸、异丙酯及羊毛聚氧乙烯酯等性能优良的羊毛脂系列产品。

(3) 医药工业

利用分子蒸馏技术，在医药工业中可提取天然维生素 A、维生素 E；制取氨基酸及葡萄糖的衍生物；以及胡萝卜和类胡萝卜素等。现以维生素 E 为例，天然维生素 E 在自然界中广泛存在于植物油种子中，特别是大豆、玉米胚芽、棉籽、菜籽、葵花籽、米胚芽中含有大量的维生素 E。由于维生素 E 是脂溶性维生素，在油料取油过程中它随油一起被提取出来。脱臭是油脂精炼过程中的一道重要工序，馏出物是脱臭工序的副产品，主要成分是游离脂肪酸和甘油以及由它们的氧化产物分解得到的挥发性醛、酮碳氢类化合物，维生素 E 等。从脱臭馏出物中提取维生素 E，就是要将馏出物中非维生素 E 成分分离出去，以提高馏出物中维生素 E 的含量。曹国峰等将脱臭馏出物先进行甲酯化，经冷冻、过滤后分离出甾醇，经减压真空蒸馏后再在 220～240℃、压力为 $10^{-3} \sim 10^{-1}$ Pa 的高真空条件下进行分子蒸馏，可得到含天然维生素 E 50%～70% 的产品。采取色谱法、离子交换、溶剂萃取等可对其进一步精制。此外，在分子生物学领域中，可以将分子蒸馏技术作为生物研究的一种前处理技术，以保存原有组织的生物活性和制备生物样品等。

综上所述，分子蒸馏技术作为一种特殊的新型分离技术，主要应用于高沸点、热敏性物料的提纯分离。实践证明，此技术不但科技含量高，而且应用范围广，是一项工业化应用前景十分广阔的高新技术。它在天然药物活性成分及单体提取和纯化过程的应用还刚刚开始，尚有很多问题需要进一步探索和研究。

2.2.4.5　分子蒸馏技术在国内外发展概况

分子蒸馏技术，作为一种新型、有效的分离手段，自 20 世纪 30 年代出现以来，得到了世界各国的重视。至 20 世纪 60 年代，已成功地应用于从鱼肝油中提取维生素 A 的工业化生产。至今，美国、日本、德国、苏联（前）等发达国家相继设计制造出多套工业化分子蒸馏装置。据调查，国外已用于 100 多个产品品种的生产。目前，随着人们对天然物质的青睐，回归自然潮流的兴起，新产品的不断出现，分子蒸馏技术得到了迅速发展。

我国分子蒸馏技术的研究起步较晚，20 世纪 80 年代末期，国内引进几套分子蒸馏生产线，用于硬脂酸单甘油酯的生产。北京化工大学从 90 年代初开始对分子蒸馏技术进行开发研究，从小试至中试至工业规模化生产，已先后建立精制鱼油（DHA＋EPA 提取）、α-亚麻酸、天然维生素 E 等多个产品的生产厂，产品均已投放市场，技术不但科技含量高，而且应用范围广，是一项工业化应用前景十分广阔的高新技术。

2.3 膜分离

膜分离技术是适应当代新产业发展的一项高技术，被公认为 20 世纪末至 21 世纪中期最有发展前途的高技术之一。

膜分离是利用天然或人工制备的、具有选择透过性能的薄膜对双组分或多组分液体或气体进行分离、分级、提纯或富集。物质选择透过膜的能力可分为两类：一种是借助外界能量，物质由低位向高位流动；另一种是以化学位差为推动力，物质发生由高位向低位的流动。表 2-3-1 列出了已发展起来的主要膜分离过程的推动力和分离机理。

表 2-3-1　膜分离过程的特性

过程	分离目的	透过组分	截留组分	推动力	传递机理	膜类型
微滤 MF	溶液、气体脱粒子	溶液和气体	$0.02\sim10\mu m$ 粒子	压力差约 100kPa	筛分	多孔膜
超滤 UF	溶液脱大分子，大分子溶液脱小分子	小分子溶液	$1\sim20nm$ 大分子溶质	压力差 $100\sim1000$kPa	筛分	非对称膜
反渗透 RO	溶剂脱溶质，含小分子溶质溶液浓缩	溶剂，可被电渗析截留组分	$0.1\sim1nm$ 小分子溶质	压力差 $1\sim10$MPa	优先吸附毛细管流动、溶解-扩散	非对称膜或复合膜
渗析 D	大分子溶质溶液脱小分子，小分子溶质溶液脱大分子	小分子溶质或较小的溶质	$>0.02\mu m$ 截留，血液渗析中$>0.005\mu m$ 截留	浓度差	筛分微孔膜内的受阻扩散	非对称膜或离子交换膜
电渗析 ED	溶液脱小离子，小离子溶质的浓缩，小离子的分级	小离子组分	同名离子、大离子和水	电势差	反离子经离子交换膜的迁移	离子交换膜
气体分离 GS	气体混合物分离、富集或特殊组分脱除	气体、较小组分或膜中易溶组分	较大的组分	压力差 $1\sim10$MPa、浓度差	溶解-扩散	均质膜、复合膜、非对称膜
乳化液膜	液体混合物或气体混合物的分离、富集、特殊组分脱除	在液膜中有高溶解度的组分	液膜中难溶解组分	浓度差 pH差	促进传递和溶解扩散传递	液膜
支撑液膜	液体混合物或气体混合物的分离、富集	易与载体形成络合物的离子或分子	液膜中难溶解组分	浓度差 pH差	促进传递和溶解扩散传递	支撑液膜
流动液膜	液体混合物或气体混合物的分离、富集	易与载体形成络合物的离子或分子	不与载体形成络合物的离子或分子	化学键	促进传递和溶解扩散传递	液膜

膜分离现象在大自然、特别是在生物体内广泛存在，但人类对它的认识、利用、模拟直至人工制备的历史却漫长而曲折。它之所以能在近 40 年内迅速发展、脱颖而出，首先是由于有坚实基础理论研究的积累。从 1748 年 Nollet 发现膜的渗透现象以来，相继提出了扩散定律、膜的渗析现象（Dialysis）、渗透压理论、Donnan 分布定律、膜电势的研究等等；其次是近代科学技术的发展为分离膜研究提供了良好基础。高分子科学的进展为膜分离技术提供了具有各种分离特性的合成高分子膜材料，电子显微镜等近代分析技术的进展为分离膜的结构与性能关系以及分离机理的研究提供了有效的手段；第三是现代工业迫切需要节能、低品位原料再利用和能消除环境污染的生产新技术，而大部分膜分离过程无相变，因而节能水资源再生、低品位原材料的回收与再利用、污水及废气处理等也都与膜分离过程密切相关。

膜分离技术是利用膜对混合物中各组分选择渗透性能的差异，来实现分离、提纯或浓缩的新型分离技术。组分通过膜的渗透能力取决于分子本身的大小与形状，分子的物理、化学性质，分离膜的物理、化学性质以及渗透组分与分离膜的相互作用关系。由于渗透速度取决于体系的许多性质，这就使膜分离与只决定于较少物性差别的其他分离方法相比，具有极好的分离能力。从经济观点看，目前正处于从微滤（MF）、超滤（UF）、纳滤（NF）、反渗透（RO）、电渗析（ED）、膜电解（ME）、扩散渗析（DD）及透析等第一代膜过程向气体分离（GS）、蒸气渗透（VP）、全蒸发（PV）、膜蒸馏（MD）和膜接触器（MC）等第二代膜过程的过渡时期。

不同的膜分离技术所适用的范围不同，可根据被分离物质的大小选择不同的膜分离技术，如图 2-3-1 所示。微滤膜、超滤膜、纳滤膜和反渗透膜在水中的分离性能见图 2-3-2。

膜分离技术与传统的分离技术不同，它是基于材料科学的发展形成的分离技术，是对传统分离过程或方法加以变革后的分离技术，具有过程简单、操作方便、分离效率高、节能、无污染等优点。

膜分离技术可以和常规的分离或反应方法相耦合，组合成集成技术。如膜过程分别与蒸馏、吸收、萃取等常规化工分离技术相结合，以使各种分离过程在最佳条件下进行；膜分离与化学反应相结合，能在反应的同时不断移去过程中的生成物，使反应不受平衡的限制，以提高反应转化率。采用这种集成技术比单独应用膜分离技术更有效、更经济。

当前膜分离技术的应用几乎涉及国民经济各生产、研究部门以及国防建设领域，其中主要有利用反渗透过滤及微孔过滤技术进行海水、苦咸水的脱盐淡化、低盐度水、自来水的脱盐、纯化、无菌化及制备微电子工业所需的纯水、高纯水，医药工业的精制无菌水、注射用水，食品工业用的无菌水、软化水、锅炉用软化水，化学工业及分析化验室所需纯水、高纯水等。在医疗、医药领域用于疫苗的浓缩与

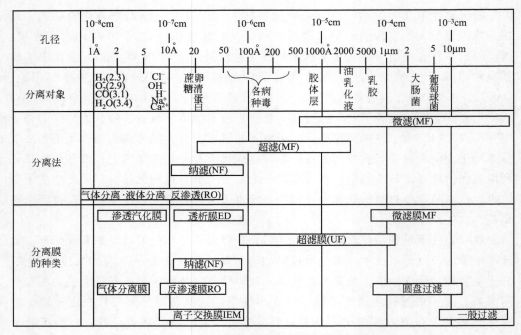

图 2-3-1　按分离物质大小分类的膜分离技术

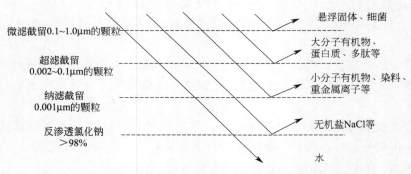

图 2-3-2　微滤膜、超滤膜、纳滤膜和反渗透膜在水中的分离性能

纯化，菌体的去除、分类与化验。在生物工程领域如啤酒的无热除菌过滤、低度酒澄清处理，无菌空气、无菌水的制备。在食品工业领域有果蔬汁的澄清与无热灭菌及浓缩。在环境工程领域主要有：电镀、电泳漆废水、轧钢、切削等乳化油废水的处理，从洗毛废水中回收羊毛脂，高层建筑生活废水的处理与回收，食品加工废水的处理及有价值成分的回收等。在气体膜分离方面，已在工业领域应用的有富氧、富氮空气的制备，从合成氨尾气中进行氮、氢分离以回收氢等。总之，膜分离技术作为一门新兴的化工分离单元，已显示出它的极好的应用前景，并将产生巨大的经济与社会效益，它将推动产业部门的技术改造和建立新的生产工艺，促进高新技术研究的发展。

2.3.1　膜材料与膜组件

1748 年 Abble Nollet 发现水能自然地扩散到装有酒精溶液的猪膀胱内，首次揭示了膜分离现象。人们发现动植物体的细胞膜是一种理想的半透膜，即对不同质点的通过具有选择性，生物体正是通过它进行新陈代谢的生命过程。在 1950 年，W.Juda 首次发表了合成高分子离子交换膜，膜现象的研究才由生物膜转入到工业应用领域，合成了各种类型的高分子离子交换膜。固态膜经历了 20 世纪 50 年代的阴阳离子交换膜，60 年代初的一、二价阳离子交换膜，以及 60 年代末的中空纤维膜以及 70 年代的无机陶瓷膜等四个发展阶段，形成了一个相对独立的学科。具有分离选择性的人造液膜是 Martin 在 60 年代初研究反渗透脱盐时发现的，他把百分之几的聚乙烯甲醚加入盐水进料中，结果在醋酸纤维膜和盐溶液之间的表面上形成了一张液膜。由于这张液膜的存在而使盐的渗透量稍有降低，但选择透过性却明显增大。此液膜是覆盖在固膜之上的，因此称之为支撑液膜。

综上所述，膜分离技术的发展大致可分为三个阶段：20 世纪 50 年代为奠定基础的阶段，主要是进行膜分离科学的基础理论研究和膜分离技术的初期工业开发；60 年代和 70 年代为发展阶段，许多膜分离技术实现了工业化生产，并得到广泛应用；80 年代为发展深化阶段，主要是不断提高已实现工业化的膜分离技术水平，扩大应用范围。一些难度较大的膜分离技术的开发此时也取得了重大进展，并开拓出了新的膜分离技术。

分离膜是膜分离过程中的核心。分离膜必须具有不同物质可以选择透过的特性。分离膜包括两个内容，一是膜材料，二是制膜技术。

目前，大多数的分离膜都是固体膜，无论从产量、产值、品种、功能或应用对象来讲，固体膜都占 99% 以上，其中尤以有机高分子膜材料制备的膜为主。

2.3.1.1　膜材料

(1) 膜的定义

在一种流体相（fluid phase）内或两种流体相之间，有一薄层凝聚相（condensed phase）物质把流体相分隔成两部分，这一薄层物质就是所谓的"薄膜"[或简称膜（membrane）]。显然，这里作为凝聚相的膜可以是固态的或液态的，而被膜分隔开的流体相物质可以是液态的或气态的。膜本身可以是均匀的一相，也可以是由两相以上的凝聚态物质所构成的复合体。然而不论膜本身薄到何等程度，它都必定有两个界面并由这两个界面分别与被其分隔于两侧的流体相物质相接触。

不过，需要指出的是，我们在这里要向大家介绍的不是普通的塑料膜或皂泡膜，而是那些具有一定特殊性能（例如半透、电学、光学、识别及反应等特性）的膜。比如，对于分离膜来说，可将它看作是两相之间的一个半渗透的隔层，该隔层按一定的方式截留分子。因此，两相间的膜必须起到隔层的作用，以阻止两相的直接接触。该隔层可以是固体、液体，甚至是气体，半渗透性质主要是为了保证分离效果。如果所有物质不按比例均可通过，那就失去了分离的意义。膜截留分子的方式有按分子孔径大小截留、按不同渗透系数截留、按电荷截留及按不同的溶解度截留等等。

膜是膜分离技术的核心，膜材料的化学性质和膜的结构对膜分离的性能起着决定性作用。对膜材料的要求是：具有良好的成膜性、热稳定性、化学稳定性、耐酸碱性、耐微生物侵蚀和耐氧化性能。膜可厚、可薄，其结构可以是均质的，也可以是非均质的。膜传递过程可以是主动传递或被动传递。被动传递过程的推动力可以是压力差、浓度差或温度差。另外，膜可以是天然存在的，也可以是合成的，可以是中性的，也可能带电。

(2) 膜的分类

膜的种类繁多，大致可以按以下几方面对膜进行分类：

① 根据膜的材质，从相态上可分为固体膜和液体膜。

② 根据材料来源，可分为天然膜和合成膜，合成膜又分为无机材料膜和有机高分子膜。

③ 根据膜的结构，可分为多孔膜和致密膜。

④ 按膜断面的物理形态，固体膜又可分为对称膜、不对称膜和复合膜。对称膜又称均质膜。不对称膜具有极薄的表面活性层（或致密层）和其下部的多孔支撑层。

⑤ 复合膜通常具有两种不同的膜的功能，可分为离子交换膜、渗析膜、微孔过滤膜、超过滤膜、反渗透膜、渗透气化膜和气体渗透膜等。

⑥ 根据固体膜的形状，可分为平板膜、管式膜、中空纤维膜以及具有垂直于膜表面的圆柱形孔的核径蚀刻膜，简称核孔膜等。

膜的结构决定了分离机理，从而也决定了其应用。如固体合成膜可分成两大类，即不对称膜与对称膜，如图 2-3-3 所示。

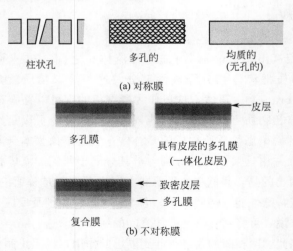

图 2-3-3　对称膜与不对称膜的基本结构

对称膜的厚度（多孔或无孔）一般在 $10\sim200\mu m$ 之间。传质阻力由膜的总厚度决定。降低膜的厚度将提高渗透速度。

不对称膜的发展带来了将膜过程用于大规模工业领域的历史性变化，不对称膜由厚度为 $0.1\sim0.5\mu m$ 的很致密皮层和 $50\sim150\mu m$ 厚的多孔亚层构成，它结合了致密膜的高选择性和薄膜的高渗透速度的优点，传质阻力主要或完全由薄的皮层决定。但由于复合膜中的皮层和亚层是由不同的聚合物材料制成，因此每一层均可独立地发挥最大作用。通常亚层本身也是不对称膜，其上沉积着一个薄的致密层。

(3) 膜材料

膜分离技术的广泛应用与膜的成本和得到难易也有密切的关系。经过三十多年的大量探索研究，已经提出一些选择膜材料的科学依据，如 Lonsdale 的膜材料选择法，溶解度参数相近相溶法，高速液相色谱选择法等。也发现了一些性能优良的高分子材料，如磺化聚砜和聚醚砜，它们的最高使用温度分别为 $120\,℃$ 和 $180\sim200\,℃$，并有较好的机械强度和比较宽的 pH 值使用范围。

合成膜可以进一步分成有机（聚合物）膜和无机膜，其中最主要的膜材料是有机物即聚合物或大分子。选择何种聚合物作为膜材料并不是随意的，而要根据其特定的结构和性质。由于聚合物化学性能、热性能及机械性质的结构因素决定了膜的渗透性能。首先将介绍聚合物是如何形成的，然后将讨论分子量、链的柔韧性及链的相互作用等结构因素及材料性质与膜性质之间的关系。

① 膜材料的基本性质

a. 聚合物　有机聚合物是由一些基本单元即单体构成的高分子化合物。构成长链分子的结构单元数目称为聚合度。因此，长链分子的分子量取决于聚合度及其单体的分子量。最简单的聚合物为聚乙烯，它是由乙烯 $(CH_2\!=\!CH_2)_s$ 聚合而得到的。在聚合过程中，乙烯双键打开，大量的乙烯分子连在一起构成链。聚乙烯是有两个端点的线性聚合物。碳原子的 4 个键形成四面体，—C—C—键的角度为 $109.5°$。聚合物链可以有无穷多种不同的构象，从完全卷曲到完全伸开。

b. 共聚物　如果两种聚合物可以在分子水平互溶，则所得材料被称为均匀混合物。相反，若一种聚合物分散在另一种之中，则为非均匀混合物，此时两种聚合物实际上是不相容的。均混与非均混的性质明显不同。对于均混，两种聚合物的性质均消失了，通常表现出介于两者之间的性质。均混物具有一个玻璃化温度，这也是均混物的特征。对于非均混，则表现出两种聚合物的性质，同时会出现两个玻璃化温度，就是说，A 和 B 两种单体以不同形式互相结合从而构成不同的结构。如结构单元的排列顺序是完全无规则的，这种共聚物称为无规共聚物。无规共聚物的性质取决于 A 和 B 的摩尔比。许多合成橡胶膜，NBR（丁腈橡胶）、SBR（丁苯橡胶）、XPDM（乙烯-丙烯-二烯烃橡胶）、ABS（丙烯腈-丁二烯-苯乙烯橡胶）等均是无规共聚物。多段共聚物是把单体的单段连接而构成的。在这种共聚物中，通常一部分（较小的那部分）分散在另一部分，即连续相中形成了一种区域结构。这些结构的差异，即无规结构相对于区域结构对其物理性质有很大的影响。

c. 链的柔韧性　主链的主要结构特征之一就是链的柔韧性。许多聚合物（如乙烯基聚合物）主链完全由—C—C—键构成。由于可以围绕这种—C—C—键转动，所以这种链是相当柔韧的。相反，如主链是完全不饱和的，即由一个—C＝C—键构成，则根本不可能发生转动，链是刚性的。如主链中既含饱和键，也含有不饱和键，如聚丁二烯 $\{$C—C＝C—C$\}$ ，则仍可能发生绕—C—C—键的旋转，所以链有较好的柔韧性。

另一类聚合物其主链上不含有碳原子，称为无机聚合物。这类聚合物中最重要的是硅橡胶，其主链由硅原子组成，主链为一系列重复的—O—单元。另一类无机聚合物聚磷腈是由磷构成主链（—P＝N—），—Si—O—链非常柔软，而—P＝N＝链则刚性很强。

链的柔韧性还由侧基性质决定，侧基在某种程度上决定了绕主链的旋转是可能的，还是立体禁阻的。另外，侧基性质也明显影响链间的相互作用。最小的侧基为氢原子（—H）。它对绕主链上键的自由旋转没有影响，而链之间的距离及相互作用的影响也是微不足道的。如苯基（—C_6H_5）的存在，减小主链旋转的自由度，并使链间距离增大。

d. 分子量　链长是决定聚合物性质的重要参数。聚合物通常由许多链构成，而各链的长度并不一定相同，存在分子量分布，链长通常可以用分子量表征。聚合物由不同长度的链构成，不存在单一分子量，而只有平均分子量。分子量分布对于膜的制备、尤其是膜的表征十分重要。

e. 链间的相互作用　在线性及带支链的聚合物中，不同链之间只存在次级作用力，而网状聚合物侧链通过共价键连在一起。分子间的次级作用力比一级共价键作用力要弱得多。尽管如此，次级作用力仍对聚合物的物理性质有显著影响，这是因为长短上有许多相互作用点。通常需要考虑的次级作用力是指偶极力、色散力和氢键力等三种。

f. 聚合物的状态　聚合物的状态对于其化学性能、力学性能、热性能及渗透性能是十分重要的。聚合物的状态可定义为聚合物呈现的相态，与低分子量物质相比较，聚合物要复杂得多。无机聚合物可以是橡胶态或玻璃态，两者性质有很大差别。

不同应用场合选择材料的准则是不一样的。当多孔膜用于分离（微滤、超滤膜）时，聚合物的选择并不重要，但对于化学性能、热性能及表面效应无吸附和润湿性。另外，制膜材料也决定了清洗剂的选择，如聚酰胺聚合物会受到含氯清洗剂的损害。

相反，对于致密的无孔膜，聚合物材料的选择直接影响膜的性能，特别是玻璃化温度和结晶度，二者都是十分重要的参数，它们是由前面讨论的链柔韧性、链的相互作用及分子量等结构因素决定的。

g. 聚合物结构对膜的影响　聚合物的物理性质在很大程度上取决于其化学结构链旋转的能力，例如链的柔韧性主要取决于其主链的柔韧性。主链中芳香或杂环基团的存在会大大降低链的旋转能力，而饱和主链则非常柔软，此时侧链基团对柔韧性有很大影响。

h. 玻璃化温度　玻璃化温度是聚合物的一个十分重要的参数，因为在很小的温度范围内聚合物的机械及物理性质会发生很大的变化，聚合物的玻璃态可看成是链的运动受到极大约束的冷冻态。然而，稀释剂或渗透物的存在可能使玻璃化温度降低，这种现象在膜传递及制膜过程中通常会遇到。

i. 热稳定性和化学稳定性　与聚合物相比较，陶瓷由于其非常好的热稳定性和化学稳定性，正成为引入注目的膜材料。然而许多分离过程并不需要太高的温度，大部分可以在 200℃ 以下。耐热聚合物可以在 400℃ 甚至 600℃ 下使用膜。随着温度升高，聚合物的物理、化学性质发生变化直到降解，发生这种变化的程度取决于聚合物的类型。

j. 机械性质　机械性质指在外力影响下材料的变形情况，对于固定在支撑材料上的膜，机械性质并不十分重要，但对于中空纤维膜，机械性质就变得很重要，特别是气体分离过程，使用压力比较高。如当使用压力比较高时（大于 10bar），硅橡胶材料的毛细管膜会破裂。通过选择适当的纤维直径和膜厚度很容易制成能耐更高操作压力的膜。

k. 热塑性弹性体　热塑性弹性体是一类很特殊的材料，其特点在于由两个不互溶的嵌段构成，这造成了相的分离。分相时一个嵌段构成连续相，另一个嵌段作为微区域结构分散在连续相之中。通常分散相是玻璃态或结晶态，聚合物构成热可逆物理交联。

l. 聚电解质　有一类含有离子基团的聚合物即聚电解质，由于固定电荷的存在，在这类聚合物中有着强烈的相互作用，而且反离子会被吸引到固定电荷上。在水和其他强极性溶剂中，聚电解质会离子化。这类聚合物主要用作电渗析等。

电位差为推动力的膜过程中的制膜材料，也可以用于超滤、微滤、反渗透、扩散透析、气体分离或全蒸发等膜过程。带有固定负电荷基团的聚电解质称为阳离子交换膜，因为它可以交换带正电荷的反离子，固定电荷基团带正电时，膜（或聚合物）可以交换带负电的阴离子，此类膜称为阴离子交换膜。

m. 制膜聚合物　到目前为止，已涉及了许多种聚合物，并讨论了决定聚合物物理状态的结构参数。原则上，所有聚合物均可用作膜材料，然而由于聚合物材料的化学和物理性质彼此相差甚远，实际上只有有限的聚合物可用作膜材料。

首先将膜分成用于微滤和超滤的多孔膜和用于气体分离和全蒸发的致密无孔膜两大类。进行这样的分类是因为这两类膜对聚合物材料的要求是不一样的。对于微滤或超滤多孔膜，选择膜材料时主要考虑加工要求（膜制备）、耐污垢的能力以及膜的化学和热稳定性，对于用于气体分离和全蒸发过程的膜，材料的选择直接决定了膜的性能（选择性和通量）。

② 有机膜材料　有机高分子离子交换膜是指其母体由有机高分子化合物所组成的离子交换膜。膜材料主要有醋酸纤维素、芳香族聚酰胺、聚醚砜等。有机膜比无机膜具有更全面的性能，而且制作方便，适用性广，所以目前生产应用的大多数都为有机高分子离子交换膜。

高分子合成膜对于多种待分离物质的选择作用，不仅取决于物质分子的大小、形状和其所用膜的孔径大小、形状、疏散程度和分布情况等，还和膜的分子结构、极性、立体效应及膜与渗透物质间的相互作用等有关。

a. 醋酸纤维素膜　醋酸纤维素（CA）膜是由二醋酸纤维素和三醋酸纤维素的注膜液及二者混合物浇注而成。随着乙酰基含量的增加，盐截留率与化学稳定性增加而水通量下降。CA 膜的化学稳定性差，在运转期间会发生水解，其水解速度与温度及 pH 条件有关。醋酸纤维素膜可在温度为 $0 \sim 30 ℃$ 及 pH 值为 $4.0 \sim 6.5$ 下连续操作。这些膜也会被生物侵蚀，但由于它们具有可连续暴露在低含氯量环境下的能力，故可以消除生物侵蚀。膜稳定性差的结果导致膜截留率随操作时间增长而下降。然而，这些材料的普及是由于它们具备广泛的来源和低廉的价格。

b. 芳香聚酰胺膜　不对称芳香聚酰胺膜最早以中空纤维形式出现。这些纤维是由溶液纺丝而成。由控制纺丝液溶剂的蒸发在纤维外表面形成约 $0.1 \mu m$ 的致密表皮层。余下的纤维结构是约 $26 \mu m$ 厚的一层多孔支撑结构。盐的截留作用发生在致密层，为了进一步提高截留性能，当中空纤维膜用于苦咸水脱盐时，对膜采用聚乙烯基甲基醚（PT-A）进行后处理。

常用的芳香聚酰胺膜有聚对(间)氨基苯甲酰肼间(对)苯二甲酰胺、聚间苯二甲酰间苯二胺、聚 N,N-间亚苯基双(间氨基苯甲酰胺)对苯二甲酰胺。

与纤维素膜相比，芳香聚酰胺膜的特点是具有优良的化学稳定性，能在温度 $0 \sim 30 ℃$、pH 值 $4 \sim 11$ 间连续操作，且不会被生物侵蚀。然而芳香聚酰胺膜若连续暴露在含氯环境中，则易受氯侵蚀，因此，必须对进料液进行脱氯处理。

c. 复合膜　复合膜是最近开发出来的新型反渗透膜，也称为第三代膜。从结构上来说，它是属于非对称膜的一种，实际上只不过是两层（甚至三层）的薄皮复合体。它的制法是将极薄的皮层刮制在一种预先制好的微细多孔支撑层上。

这种膜的最大优点是抗压密性较高和透水率较大。例如，它的透水率在相同条件下，一般比非对称膜约高 $50\% \sim 100\%$。几种典型的复合膜有：三醋酸纤维复合膜、聚酰胺薄膜复合膜等。

d. 薄膜复合膜　美国于 20 世纪 60 年代中期开发了薄膜复合膜，在这些膜结构中，超薄膜层在一多孔织物支撑体上的微孔聚砜表面上形成（即 $2 \mu m$ 厚）。该聚砜上的膜层是由聚酰胺或聚砜的"就地"界面聚合技术产生的。

薄膜复合膜的优点与它们的化学性质有关，其最主要的特点是有较大的化学稳定性，在中等压力下操作具有高水通量、盐截留率高及抗微生物侵蚀等。它们能在温度 0～40℃ 及 pH 值 2～11 之间连续操作。像芳香聚酰胺一样，这些材料的抗氯及其他氧化物的性能差。

③ 无机膜材料　无机离子交换膜主要材料是无机物，它具有耐高温、耐有机溶剂、耐老化的性能，还有抗辐射、抗污染、抗降解、干态下尺寸保持稳定等性能，有很大的使用价值。这些膜的制备一般是通过高温烧结，或以聚四氟乙烯的黏合剂混炼拉片，或使无机材料与其他有机黏合剂溶液混合，然后浇注和复化成型。

无机膜就其表层结构可分为多孔膜和致密膜两大类，致密膜的特点是具有高的选择透过性。例如，Pd 膜和 Pd 合金膜只允许 H_2 渗透；Ag 膜和 Ag 合金膜只允许 O_2 渗透。致密膜的缺点是渗透通量太低，制造成本太高，使其在规模应用上受到限制。

多孔膜的渗透率较致密膜要高，但选择性却较低，主要用于微滤与超滤，当溶质或颗粒体积大于膜孔径时，可以得到很高的选择性。

近年来，分子筛膜成为研究的热点，在多孔材料上再复制超薄分子筛，或在载体上原位合成厚度为纳米级的笼形分子筛。由于分子筛的孔径在 1nm 以下，使得分子筛膜在分离上可达到反渗透的要求。若再将催化活性组分经离子交换引入，便可使之在分子水平上同时具有分离和催化的双重功能，这种双功能型分子筛膜若能合成并推向商品化，将会展现灿烂的前景。

常用的无机膜材料有四种：陶瓷膜、玻璃膜、金属膜（含碳）和沸石膜。金属膜主要通过金属粉末的烧结而制成（如不锈钢、钨和钼），迄今为止尚不太引人注目。陶瓷是将金属（如铝）与非金属氧化物、氮化物或碳化物结合而构成。利用这些材料制成的陶瓷膜是最主要的一类无机膜。

无机膜的应用主要包括液相分离中的微滤膜和超滤膜、气体分离膜和膜反应器三个方面。近年来，随着无机膜制备工艺的发展，适用于各种用途的无机分离膜和膜反应器不断涌现，应用领域也不断拓宽。一般根据膜材料孔径的大小决定其不同的用途。直径在 $100～1000\mu m$ 范围内主要用于微滤，孔径在几微米至 $100\mu m$ 范围内主要用于超滤。目前，许多国家已将无机膜分离应用于食品工业、医药工业、生物工程、化学工业和环保领域等。

目前，全球膜技术以有机膜技术为主，现在实现商品化生产的只有几十种。主要应用的膜材料有：纤维素类，主要有二醋酸纤维素（CA）、三醋酸纤维素（CTA）、醋酸丙酸纤维素（CAP）、再生纤维素（RCE）、硝酸纤维素（CN）。聚酰胺类，主要有芳香聚酰胺（PI）、尼龙 66（NY-66）、芳香聚胺酰肼（PPP）、聚苯砜对苯二甲酰（PSA）。芳香杂环类，聚苯并咪唑（PBI）、聚苯并咪唑铜（PBIP）等。聚砜类，聚砜（PS）、聚醚砜（PES）、磺化聚砜（PSF）、聚砜酰胺（PMDA）。聚烯烃类，聚乙烯醇（PVA）、聚乙烯（PE）、聚丙烯（PP）等。硅橡胶类，聚二甲基硅氧烷（PDMS）、聚三甲基硅烷丙炔（PTMSP）等。含氟高分子，聚全氟磺酸、聚偏氟乙烯（PVDF）等。

纤维类是最早、最多使用的膜材料，主要用于反渗透、超滤、微滤，在气体分离和渗透气化中也有应用。芳香类目前主要用于反渗透。聚酰亚胺类主要用于超滤、反渗透及气体分离膜的制造。聚砜主要用于超滤及微滤，由于其机械强度好，性能稳定，是许多复合膜的支撑材料。硅橡胶类、聚丙烯酸、含氟聚合物多用作气体分离和渗透气化。

④ 膜材料的改性　膜材料改性的常用方法有接枝、共聚、交联、等离子或放射线刻蚀和溶剂化预处理等。

接枝是将具有某些性能的基团或聚合物支链接到膜材料的高分子链上，以使膜具有某种需要的性能。如在主链中引入杂环和芳环基团会大大降低膜柔韧性，这类聚合物具有很好的化学和热稳定性。在主链中还可能存在除碳以外的其他元素，如聚醚和聚酯中的氧，聚酰胺中的氮等。主链中存在与碳原子相连的氧和氯，通常会增加链的柔韧性。但这类聚合物主链中通常也存在杂环和芳烃基团，使得链有很强的刚性。正因为如此，脂肪族聚酰胺和芳香族聚酰胺的性质有很大差异。

交联常用于控制膜的稳定性或机械强度。如聚乙烯醇具有极好的水溶性，是渗透气化透水膜的常用材料。但其高度的水溶性使膜易被溶胀、破坏，为此采用戊二醛等交联剂，使其交联成网状结构，增加膜的耐水性能。

等离子或放射线刻蚀是指对膜的表面进行交联、刻蚀、修正或复合超薄膜的表皮。

溶剂化预处理是指在一定时间、一定的温度下，用某种溶剂对聚合物膜进行预处理，以提高膜的分离性能。

膜材料改性，然后成膜。例如，将聚砜高分子用硫酸磺化，再将磺化聚砜制成表面带负电的分离膜。通过化学反应进行表面改性。例如，聚砜干膜用 $0.05\%F_2$ 和 $99.95\%He$ 气处理进行表面氟化，以增加抗污染能力。

通过膜表面吸附或络合进行改性，发展高分子合金膜。在一般情况下，两种高分子混合要比通过化学反应合成新材料容易些。高分子混合还可以使膜具有性能不同甚至截然相反的基团，在更大范围内调节其性能。技术上的难点使许多热力学性质不一致的高分子不容易达到真正互溶，需要选择合适的高分子和寻找能互溶的工艺条件，这一方面的工作主要结合水溶液分离膜进行。

2.3.1.2　膜的分离性能或效率

膜的分离性能或效率通常用选择性和流动性这两个参数表征。

(1) 选择性

膜对于一个混合物的选择性可用截留率 R 或分离因子 α 表示。对于包括溶剂（通常为水）和溶质的稀溶液以溶质截留率表示选择性比较方便。溶质被部分或全部截留下来，而溶剂（水）分子可以自由地通过膜。截留率 R 定义为：

$$R = \frac{C_f - C_p}{C_f} = 1 - \frac{C_p}{C_f} \qquad (2\text{-}3\text{-}1)$$

式中　　C_f——原料中溶质浓度；

　　　　C_p——渗透物中溶质浓度；

　　　　R——无因次参数，它与浓度的单位无关，其数值在 100%（溶质完全截留，此为理想的半渗透膜）和 0（溶质与溶剂一样，可自由通过膜）之间。

膜对于一个气体混合物和有机液体混合物的选择性通常以分离因子 α 表示。对于含有 A 和 B 两组分的混合物，分离因子 α 定义为：

$$\alpha_{A/B} = \frac{y_A / y_B}{x_A / x_B} \qquad (2\text{-}3\text{-}2)$$

式中　　y_A，y_B——组分 A 和 B 在渗透物中的浓度；

　　　　x_A，x_B——在原料中的浓度。在 SI 制中，物质的量应以 mol 表示，但实际中也常用千克（kg）。浓度表示成质量浓度 C_i 或物质的量。溶液或混合物的组成也可以摩尔分数、质量分数或体积分数表示。

在选择分离因子时应使其值大于 1，那么如果 A 组分通过膜的速度大于 B 组分，则分离因子表示为 $\alpha_{A/B}$；反之，则为 $\alpha_{B/A}$；如果 $\alpha_{A/B} = \alpha_{B/A} = 1$，则不能实现分离。

(2) 流动性

流动性也称通量或渗透速率，表示单位时间通过单位面积的体积流量。当以体积流量表示时，单位为 $m^3 \cdot m^{-2} \cdot h^{-1}$。根据密度和分子量可以很容易地将体积流量转换成质量流量和摩尔流量，通量转换为：

　　　$L \cdot m^{-2} \cdot h^{-1} = \rho\, kg \cdot m^{-2} \cdot h^{-1} = \rho / M\ mol \cdot m^{-2} \cdot h^{-1}$
　　（体积流量）　　　（质量流量）　　　　　（摩尔流量）

2.3.1.3 膜的理化性能

膜的性能可分为物理性能、化学性能和电化学性能。

(1) 物理性能

膜的物理性能主要是指爆破强度、膜厚度、水分和溶胀性等。

爆破强度表示膜在实际应用时所能承受的最大垂直压力。膜厚度是指干态膜的厚度或它在水中充分溶胀后的厚度。膜厚度涉及电能消耗和渗水、穿孔两方面的要求。膜越厚，膜电阻越大，电能消耗就越多；膜太薄，容易出现渗水和膜穿孔。目前常用的异相膜和均相膜干态时的厚度分别为 0.3～0.4mm 之间。水分表示膜在湿态下含水量的百分数，含水量一般在 25%～50% 之间。溶胀性是指膜在水中吸水膨胀和膨胀的膜干燥后又收缩的性能。由于膜的溶胀、膜的厚度、大小和形状会发生变化，膜功能的正常发挥会受到影响。

(2) 化学性能

化学性能主要是指膜的化学稳定性与膜的交换容量。膜在使用过程中会接触到酸、碱盐及氧化剂等介质，因此它必须具有稳定的化学性能。膜的交换容量与粒状离子交换树脂的含义相同。

(3) 电化学性能

对于电渗析，膜的电化学性质主要是指膜的选择透过性与膜的电阻。

膜的选择透过性是反映膜对离子选择透过功能和程度的大小，即阳离子交换膜只允许阳离子通过，而阴离子交换膜只允许阴离子透过的性能。膜的这种选择透过性可解释为：当将阳膜放在水中时，膜中可电离的活性磺酸基团在电离后，使其在膜高分子骨架活性基团的不动离子成为负离子。这些负离子和水溶液中相反电荷的正离子即在膜表面形成双电层。这些负离子所形成的负电荷，就会对膜外水溶液中带正电荷的离子因异相相吸而透过阳膜，而同电荷的负离子则排斥在外。同理阴离子中的不动离子形成正电荷，将使水溶液中的带负电荷的离子透过阴膜。

离子交换膜的选择透过率在理想的情况下才能达到 100%。在实际条件下，总会有少量的同名离子同时透过阴、阳膜。选择透过率可用下式表示：

$$P_+ = \frac{\overline{t_+} - t_+}{1 - t_+} \qquad 或 \qquad P_- = \frac{\overline{t_-} - t_-}{1 - t_-} \tag{2-3-3}$$

式中　P_+，P_-——分别表示阳膜和阴膜的选择透过率；

$\overline{t_+}$，$\overline{t_-}$——分别为阳离子和阴离子在膜中的迁移数；

t_+，t_-——分别为阳离子和阴离子在溶液中的迁移数。

式中的分子表示实际运行条件下阳离子与阴离子在膜中和水溶液中迁移数的差值，而分母表示在理想条件下阳离子和阴离子在膜中和水溶液中迁移数的差值。这一比值愈接近于 100%，就表示膜对同离子的选择性愈好。

膜电阻（又称面电阻）表示膜面电阻的大小与膜相接触性能的强弱，常用单位面积的膜电阻表示，称为膜面电阻（Ω/m^2）。面电阻的大小与膜相接触的溶液的浓度、温度及膜的活性基团中可交换离子的种类和数量有关。

2.3.1.4　膜的制备工艺

膜属于高分子电解质，其制备通常包括成膜、引进交联结构、导入活性离子交换基团等三个过程。

(1) 相转化法制膜

相转化是一种以某种控制方式使聚合物从液态转变为固体的过程，这种固化过程通常是由于一个均相液态转变成两个液态（液液分层）而引发的。在分层达到一定程度时，其中一个液相（聚合物浓度高的相）固化，结果形成了固体本体。通过控制相转化的初始阶段，可以控制膜的形态，即是多孔的还是无孔的。

相转化有不同的方法，如溶剂蒸发、控制蒸发沉淀、热沉淀、蒸气相沉淀及浸没沉淀。大部分的相转化膜是利用浸没沉淀制得的。

(2) 等离子聚合法制膜

等离子聚合是在多孔表面上沉积很薄且致密皮层的另一种方法。通过在高达

$10^8 Hz$ 下的放电位气体电离可以得到等离子体。等离子反应器有两种：①电极位于反应器内部；②线圈位于反应器外部。

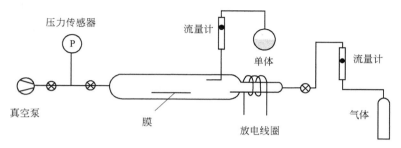

图 2-3-4　等离子聚合设备图

图 2-3-4 所示为利用反应器外线圈放电而实现等离子聚合的一种设备，常称为无电极发光放电。反应器压力维持在 $10 \sim 10^3 Pa$（$10^{-4} \sim 10^3 bar$）。一进入反应器，气体就发生电离。分别进入反应器的反应物由于与离子化的气体碰撞而变成各种自由基，这些自由基之间可以发生反应，所生成的产物的分子量足够大时，便会沉淀出来（如在膜上）。气体及反应单体的流量控制在等离子聚合设备中是十分关键的。通过严格控制反应器中单体浓度（分压）可以制得 50nm 左右的很薄的膜。影响膜厚的其他因素还包括聚合时间、真空度、气体流量、气体压力和频率。所制成的聚合物的结构通常很难控制，一般为高度交联的。

(3) 均质致密膜改性

将均质膜进行化学或物理改性可以大大改变其本征性质，特别是当引入离子基团后对均质膜的性能有很大改变。这类带电膜也可以用于电渗析过程，因为等离子对电渗析过程是必需的。

均质致密膜改性一般有两种方法：一种是化学法，另一种是物理法。化学改性方法是对聚乙烯进行改性。聚乙烯是十分重要的一种本体塑料，但却不太适用于制膜，在这种材料中可很容易引入阳离子交换或阴离子交换基团。这些离子基团可以使其从疏水变成亲水的。除了聚乙烯外，也可以对其他聚合物，如聚四氟乙烯或聚砜进行化学改性，从而使膜的性能有明显的改善，而化学和热稳定性保持不变。化学改性可以使所有类型的本体聚合物的本征性质得到改变。物理改性方法是接枝，这种方法可将多种不同的基团引入高聚物中，从而生成性质完全不同的膜。

(4) 制备方法

① 热压法　如国内目前生产的异相膜和半均相膜，一般是采用树脂与黏结剂混炼、拉片，最后在热压机上于一定的压力下加网热压制成，这种方法即为热压法。热压法的基本设备是压机，热压方式有平板压，也有双辊筒法。

② 涂浆法　通过刮膜机将事先配制好含制膜成分的糊状物均匀地刮在增强材料正反两面上，并垫隔以覆盖材料，然后在密闭状态下加热聚合成膜，此法即为涂

浆法。

③ 浸渍法　浸渍法又叫浸胶法。首先把线链型成膜基材以及添加成分溶于适当的溶剂中成为均匀的胶状液；然后，把增强网材浸入进浸胶机中，让胶液同时均匀地附着在网材上；最后，在机塔内干燥挥发溶剂、凝胶或固化成膜。它与涂浆法最大的不同之处是：浸渍法必须有溶剂挥发过程，但涂浆法是限制溶剂挥发，以确保定量单体聚合。

④ 流延法　将磺化聚苯醚树脂溶于二甲基甲酰胺或二甲基乙酰胺等有机溶液中，呈具有黏性的溶液，然后，用人工的方法，或通过设有可调速度和厚度装置的流延槽，流延在水平的光洁玻璃板或水银面或金属带上，最后，逐步升温加热，使溶剂缓慢、均匀地挥发而成膜。此法工艺简单，无需浸胶和刮浆那样大型特定的装置。主要技术关键在控制膜厚度的均匀性和溶剂挥发速度，防止过急和剧烈挥发而导致起泡和出现气孔，溶液的黏度和稠度也需要掌握适中。

⑤ 含浸法　将聚烯烃或其衍生物的薄膜作为底膜浸入苯乙烯和二苯乙烯等单体中，并在引发剂存在和加热的条件下，产生活化中心，进行链间的连锁反应，生成交联接枝共聚体的基膜。再通过后处理导入离子交换基团与基膜中，以制成离子交换膜，这种方法就是含浸法。

⑥ 辐射接枝法　以同位素 ^{60}Co 的 γ 射线或静电加速器为辐射源，控制伦琴剂量辐照在含浸吸单体的烯烃类高分子薄膜上，并发生连锁反应，生成接枝共聚合的基膜，再经后处理导入离子交换基团制得离子交换膜的方法，这就是辐射接枝法。

⑦ 交聚法　如将聚苯乙烯或聚乙烯咪唑等线链型高分子电解质和无活性的线状高分子物质溶解在同一种溶剂中，流延在平板上，挥发溶剂后，制得膜状物，经交联和处理后制成离子交换膜，即为交聚法。它与上述流延法工艺相同，只是交聚法是在溶剂中多加除主体高分子聚电解质之外的另一种高分子物质，使形成两高分子主链相互交织在一起的交聚物。

⑧ 切削法　把成膜材料加热聚合成块状或棒状物，然后通过机械切削成连续的片。再根据需要导入交换基团制成离子交换膜。切削法制成的膜不含增强材料，是真正的均相膜，导电性能极好。

⑨ 浇注法　在两片平行板模型之间注入单体和交联剂，经聚合成平板膜，根据需要可加入增加网布。

⑩ 直接处理法　将聚乙烯、聚氯乙烯、聚四氟乙烯等高分子薄膜，直接与含有交换基的试剂反应制成离子交换膜。如用聚氯乙烯薄膜放入氯磺酸中反应，然后水解便得阳离子交换膜。

除上述方法外，还有喷涂法（将成膜材料放入适当的溶剂中制成溶液或均匀的悬浮液，然后用毛刷或喷枪喷涂在增强材料上，经加热塑化成膜）、离子移变凝胶法、本体聚合法、吸附法、动态成型法等。目前使用最多的是涂浆法、含浸法、浸胶法和流延法。随着辐射化学的发展，辐射法成膜也开始走向工业应用，为离子交换膜的制备和生产提供了重要的手段。

2.3.1.5 新型膜材料的开发

先进技术发展的重要条件之一是新材料的开发，各种新材料是发展先进科学技术的必要物质基础，膜科学技术的发展也是如此。各种新型膜材料的开发，推动着膜科学技术向纵深发展。各种形状或构型（平板膜、管式膜、塔式膜、中空纤维膜、毛细管膜等）的功能分子膜，如微滤膜、超滤膜、反渗透膜、离子交换膜、透析膜、气体分离膜、渗透蒸发膜和蒸馏膜，以及酶膜反应器等的应用，产生了显著的经济效益和社会效益。因此，在某种程度上可以说，新型膜材料的开发决定着膜技术的发展和应用前景。

总之，开发新型膜材科，改革膜体结构并加强"超薄膜"和"复合膜"的研究已为国内外膜技术的最新发展动向。

2.3.1.6 膜组件

膜器的选择主要是从经济上考虑，这并不意味着最便宜的构型就是最佳选择，因为还必须考虑到具体的应用场合。事实上，具体的应用场合决定了膜组件的功能。

尽管各种膜组件的造价相差很多，但各自有各自的用途。虽然管式膜组件是最昂贵的一种构型，但这种膜组件便于控制和清洗，特别适用于高污染的体系。相反，中空纤维膜组件很容易污染且清洗困难。对于中空纤维膜组件，原料的预处理非常关键。

实际用户通常要在两种或多种相互竞争的不同膜组件中做出选择，如对于海水淡化、气体分离和全蒸发，可以选用中空纤维膜组件，也可选择卷式膜组件。在乳品工业中主要选用管式膜组件或板框式膜组件。

目前工业上常用的膜组件形式主要有板框式、螺旋卷式和管式及中空纤维式四种类型。

(1) 板框式膜组件

板框式膜组件使用平板式膜，这类膜器件的结构与常用的板框压滤机类似，由导流板、膜、支撑板交替重叠组成。图 2-3-5 是一种板框式膜器的部分示意图。其中，支撑板相当于过滤板，它的两侧表面有窄缝。其内部有供透过液通过的通道，支撑板的表面与膜相贴，对膜起支撑作用。导流板相当于滤框，但与板框压滤机不同，由导流板导流流过膜面，透过液通过膜，经支撑板面上的窄缝流入支撑板的内腔，然后从支撑板外侧的出口流出。料液沿导流板上的流道与孔道一层层往上流，从膜器上部的出口流出，即为过程的浓缩液。导流板面上设有不同形状的流道，以使料液在膜面上流动时保持一定的流速与湍动，没有死角，减少浓差极化和防止微粒、胶体等的沉积。

另一种型式的板框式膜器件，它将导流板与支撑板的作用合在一块板上。图中

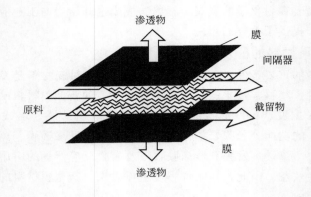

(a) 板框式膜的部分示意图

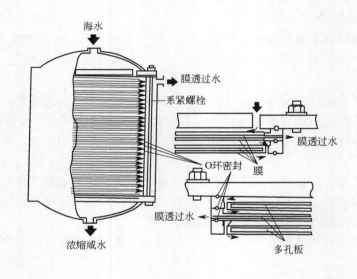

(b) 板框式膜分离装置器的示意图

图 2-3-5　一种板框式膜器的部分示意图

　　板上的弧形条凸出于板面，这些条起导流板的作用，在每块板的两侧各放一张膜，然后一块块叠在一起。膜紧贴板面，在两张膜间形成由弧形条构成的弧形流道，料液从进料通道送入板间两膜间的通道，透过液透过膜，经过板面上的孔道进入板的内腔，然后从板侧面的出口流出。

　　板框式膜组件的优点是组装方便，膜的清洗更换比较容易，料液流通截面较大，不易堵塞，同一设备可视生产需要而组装不同数量的膜。但其缺点是需密封的边界线长，为保证膜两侧的密封，对板框及其起密封作用的部件的加工精度要求高。每块板上料液的流程短，通过板面一次的透过液相对量少，为了使料液达到一定的浓缩度，需经过板面多次，或者料液需多次循环。每板块之间易发生泄漏，成本高。

(2) 卷式膜组件

卷式膜组件也是用平板膜制成的，其结构与螺旋板式换热器类似。如图 2-3-6～图 2-3-8 所示，支撑材料插入三边密封的信封状膜袋，袋口与中心集水管相接，然后衬上起导流作用的料液隔网，两者一起在中心管外缠绕成筒，装入耐压的圆筒中即构成膜组件。使用时料液沿隔网流动，与膜接触，透过液透过膜，沿膜袋内的多孔支撑流向中心管，然后由中心管导出。

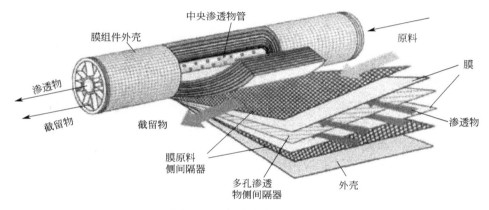

图 2-3-6　螺旋卷式膜示意图

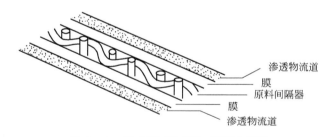

图 2-3-7　卷式膜"包层"截面示意图

螺旋卷式组件的优点是有相对敞开的进水流道，抗污染好，容易清洗，易现场置换，可适用于各种膜材料，能从不同的制造商处购得。

但螺旋卷式膜只具有中等膜面积与体积比，具有产生浓差极化的趋势，在多单元管中，对个别单元的检修困难，在小系统实现高收率困难，需要采用数个不同直径的单元。

目前卷式膜组件应用比较广泛，与板框式膜相比，卷式膜组件的设备比较紧凑，单位体积内的膜面积大。其缺点是清洗不方便，膜有损坏，不易更换，尤其是易堵塞，因而限制了其发展。近年来，预处理技术的发展克服了这一困难，因此卷式膜组件的应用将更为扩大。

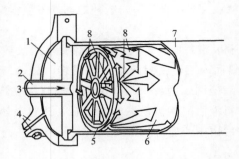

图 2-3-8　螺旋卷式组件中进料液的分流装置

1—端盖；2—进料孔；3—进料方向；4—压紧装置；

5—人字形密封；6—RO筒；7—筒罩；8—侧流

(3) 管式膜组件

管式膜组件由管式膜制成，它的结构原理与管式换热器类似，管内与管外分别走料液与透过液，如图 2-3-9 所示。管式膜的排列形式有列管、排管或盘管等。管式膜分为外压和内压两种。外压即为膜在支撑管的外侧，因外压管需有耐高压的外壳，应用较少；膜在管内侧的则为内压管式膜，亦有内、外压结合的套管式膜组件。

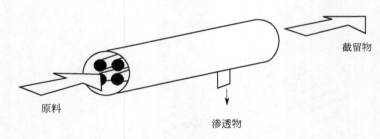

图 2-3-9　管式膜组件示意图

管式装置是把膜（例如纤维素膜）浇注在直径为 $0.32 \sim 2.54\text{cm}$ 的多孔支撑管上制成的。这些支撑管由玻璃纤维、陶瓷、炭、多孔塑料及不锈钢制成。支撑管必须有足够强度承受近料液压力。这些管子被挤压或铸入每一端的管板内，整个管束外围采用低压套管收集透过液。由于每单位管长的回收率很低，为了达到所需的回收率，每个低压套管内放置串联连接的几个管束，其外部以 U 形管相连。

如图 2-3-9 所示，原料总是流经膜管中心，而渗透物通过多孔支撑管流入膜器外壳。陶瓷膜通常安装成这种构型。这种管状膜的装填密度是很低的，一般低于 $300\text{m}^2/\text{m}^3$。陶瓷膜器的一种特殊类型为蜂窝结构，在这种结构中，在诸如"Al_2O_3 瓷块"中开有若干个孔。许多膜管被引入这些孔中。用溶胶-凝胶法在这些管的内表面上覆盖一层很薄的 γ-氧化铝（$\gamma\text{-}Al_2O_3$）或氧化锌（ZnO）皮层，这种蜂窝结构的截面如图 2-3-10 所示。内压型单管式膜组件见图 2-3-11。

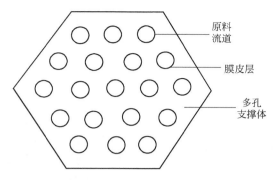

图 2-3-10　蜂窝陶瓷膜器横截面图

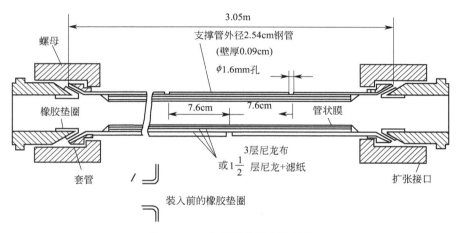

图 2-3-11　内压型单管式膜组件

操作时单个单元操作回收率约 8％～10％。4～7 个单元串联在一个压力容器中，长至 6.7m，回收率可达 50％。在此容器中，一个单元流出的已浓缩的出料液供作下一个单元的进料液。各个单元的透过液管是相互连接的，排出的透过液是所有单元透过液的混合物。系统所需的生产能力及回收率采用将压力容器并联及逐级截留的办法而达到。

管式膜组件的优点是大而轮廓分明的流道，可达高流速，污染趋势低，易清洗，膜可移除及重制，可在高压下操作。但是，管式膜组件的单位体积膜面积少，一般仅为 33～330m²／m³，成本高，膜材料的选择余地很窄。

(4) 中空纤维膜组件

中空纤维膜组件的结构与管式膜类似，即将管式膜由中空纤维膜代替。图 2-3-12 是中空纤维膜装置示意图，它由很多根纤维（几十万至数百万根）组成，众多中空纤维与中心进料管捆在一起，一端用环氧树脂密封固定，另一端用环氧树脂固定，料液进入中心管，并经中心管上下孔均匀地流入管内，透过液沿纤维管内从左端流出，浓缩液从中空纤维间隙流出后，沿纤维管与外壳间的环隙从右端流出。浓缩液流出时只发生了很小的压力降，它可供作后续级的进料液，以增加回收率与加大系统的容量。单个用于苦咸水脱盐的中空纤维透过器在约 50％的回收率下操作。图2-3-13 所示为反渗透（左）和气体分离（右）使用的特殊的中空纤维膜器结构。

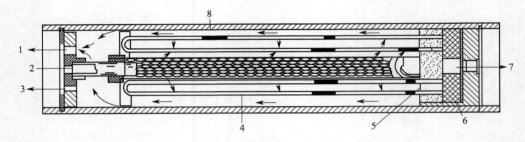

图 2-3-12　中空纤维膜装置

1—盐水；2—进料水；3—采样；4—中空纤维膜；5—环氧管板；

6—多孔支撑塞；7—产品水；8—壳体

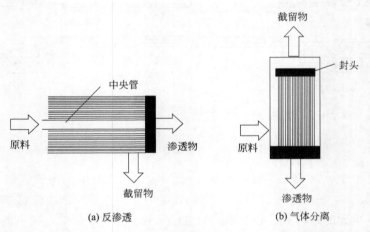

图 2-3-13　反渗透（a）和气体分离（b）使用的特殊的中空纤维膜器结构

中空纤维膜组件具有的优点是单位设备体积内的膜面积大，单个透过器的回收率高，易检修，易现场更换纤维束。但因中空纤维内径小、阻力大、易堵塞，所以料液走管间，渗透液走管内，透过液侧流动损失大，压降可达数个大气压，膜污染难除去。因此，对料液处理要求高，对胶体与悬浮物的污染敏感。

当原料比较干净时，可使用中空纤维膜器，如气体分离和全蒸发。中空纤维膜器也用于海水除盐，此时原料也比较干净，但还是需要进行很有效的预处理。在气体分离过程中，膜器为从外向内流动式，以防止造成太大的压力损失和获得比较大的膜表面积。而对于全蒸发，则使用从内向外流动式以避免纤维内部渗透侧压力上升，从内向外流动式的另一个优点是有利于保护很薄的选择性皮层，而从外向内流动式则可以获得更大的膜面积。

(5) 各式常用膜组件的特点

各式膜组件有其特点，如表 2-3-2 所示。

表 2-3-2　各式常用膜组件的特点

类别	优　点	缺　点	适用规模
板框式	结构紧凑、简单、牢固、能承受高压;可使用强度较高的平板膜;性能稳定,工艺简便	装置成本高,流动状态不良,浓差极化严重;易堵塞,不易清洗,膜的堆积密度较小	适用于小容量规模
螺旋管式	膜堆积密度大,结构紧凑;可使用强度好的平板膜;价格低廉	制作工艺和技术复杂;密封较困难;易堵塞,不易清洗;不宜在高压下操作	适用于大容量规模
管式	膜容易清洗和更换;原水流动状态好,压力损失较小,耐较高压力;能处理含有悬浮物的、黏度高的析出固体及易堵塞流水通道的溶液体系	装置成本高;管口密封较困难;膜的堆积密度小	适用于中、小容量规模
中空纤维式	膜的堆积密度大;不需外加支撑材料;浓差极化可忽略;价格低廉	制作工艺和技术复杂;易堵塞;清洗不易	适用于大容量规模

各式膜组件组成的反渗透装置性能比较如表 2-3-3 所示。

表 2-3-3　各式膜组件组成的反渗透装置性能比较

类　别	膜的堆积密度 /(m^2/m^3)	操作压力 /(kg/cm^2)	透水率 /[$m^3/(m^2 \cdot d)$]	单位体积膜的透水量 /[$m^3/(m^3 \cdot d)$]
板框式	492	56	1.00	502
内压管式	328	56	1.00	335
外压管式	328	70	0.61	220
螺旋卷式	656	56	1.00	670
中空纤维式	9180	22	0.073	670

2.3.2　微孔过滤与超滤

微孔过滤与超滤等均属压力驱动型膜分离技术，目前以微孔过滤的应用最广，经济价值最大，它是现代工业，尤其是尖端技术工业中确保产品质量的必要手段，也是精密技术科学和生物医学科学进行科学实验的重要方法。

2.3.2.1　微孔过滤

微孔过滤（microporous filter membrane，缩写为 MFM，简称微滤）是与常规的粗滤十分相似的膜过程。微滤是采用特种纤维树脂或高分子聚合物制成的微孔滤膜作为过滤介质的过滤过程。滤膜的孔径范围为 $0.1 \sim 10 \mu m$，具有筛网结构，近似于一种多层叠起来的筛网，其厚度为 $100\sim150\mu m$。因此，其过滤机理类似于筛分机理，被分离出来的颗粒基本上被截留在膜表面。微孔过滤推动力为压力，它主要用来截留颗粒大小在 $0.1\sim10\mu m$ 范围的杂质，如病毒等。微滤的操作压力较小，一般小于 $0.3MPa$。

(1) 微孔滤膜的截留机理

微孔滤膜的截留机理因其结构上的差异而不尽相同，通常认为，微孔滤膜的截留作用大体可分为以下几种，如图 2-3-14 所示。

① 机械截留作用：指膜具有截留比它孔径大或与孔径相当的微粒等杂质的作用，此即过筛作用。

② 物理作用或吸附截留作用：如果过分强调筛分作用就会得出不符合实际的结论。除了要考虑孔径因素之外，还要考虑其他因素的影响，其中包括吸附和电性能的影响。

③ 架桥作用：通过电镜可以观察到，在孔的入口处，微粒因为架桥作用也同样可被截留。

④ 网络型膜的网络内部截留作用：这种截留是将微粒截留在膜的内部而不是在膜的表面。

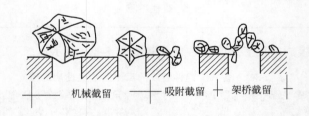

(a) 在膜表面层的拦截

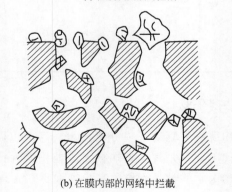

(b) 在膜内部的网络中拦截

图 2-3-14 微孔滤膜各种截留作用示意图

(2) 微孔滤膜的主要特征

① 孔径的均一性。微孔滤膜的孔径十分均匀，例如平均孔径为 $0.45\mu m$ 的滤

膜，其孔径变化范围在 $(0.45 \pm 0.02)\mu m$。

② 空隙率高。微孔滤膜的表面有无数微孔，每平方厘米约为 $10^9 \sim 10^{11}$ 个，空隙率一般可高达 80% 左右，通常是通过压汞法等方法测定液体的吸收量而求得。膜的空隙率越高，意味着过滤所需的时间越短，即通量越大。一般说来，它比同等截留能力的滤纸至少快 40 倍。

③ 滤料薄。大部分微孔滤膜的厚度在 $150\mu m$ 左右，与深层过滤介质如各种滤板相比，只有它们的 1/10 厚，甚至更小，所以，对过滤一些高价液体或少量贵重液体来说，由于液体被过滤介质吸收而造成的液体损失将非常少。其次，还因为微孔滤膜很薄，所以它的重量轻，储藏时占地少，这些都是它的突出优点，其单位面积的质量约为 $5 mg/cm^2$。

(3) 微孔过滤材料

微滤膜所用材料可以是有机的（聚合物）或无机的（陶瓷、金属、玻璃）。目前制成的微孔滤膜材料主要有聚四氟乙烯、聚丙烯、聚酰胺和纤维素四种。采用聚合物材料制备微滤膜的方法包括：烧结、拉伸、径迹蚀刻和相转化。

(4) 过滤方式

孔径范围在 $0.1 \sim 2\mu m$ 的微滤膜比较容易表征，主要的表征方法有扫描电子显微镜（SEM）、泡点法、压汞及渗透实验。微滤遇到的主要问题是通量下降，这是由于浓差极化和污染造成的（污染是由于溶质在孔内或膜表面的沉积）。

为尽可能减少污染，应特别注意操作方式的选择。有两种基本的操作方式，即死端过滤和错流过滤，如图 2-3-15 所示。死端过滤时，原料垂直于膜表面流动，所以被截留的粒子不断累积并在膜表面上形成一层滤饼，滤饼厚度随过滤时间不断增加，通量由于滤饼变厚逐渐下降。错流过滤时，原料沿

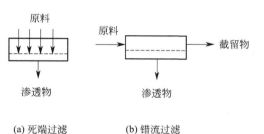

(a) 死端过滤　　(b) 错流过滤

图 2-3-15　死端过滤与错流过滤

着膜表面流动，只有一部分被截留的溶质会累积。就大规模工业应用来说，死端过滤将慢慢被错流过滤替代。

尽管选择了适当的操作方式，通量下降仍无法避免，这是过程的固有现象。膜必须定期清洗，选择膜材料时也必须考虑耐清洗能力。例如，常用的一种化学清洗剂为活性氯。许多聚合物均不耐这类洗涤剂。化学稳定性的另一个要求是耐酸碱性。当用于生物技术等领域时，还要求膜具有抗蒸气消毒能力，当然此时包括膜量外壳材料和封装材料在内的整个膜器均应耐消毒。此外，微滤膜也常用于非水溶液，此时有机溶剂为连续相，化学稳定性就成为头等重要的因素。

从以上讨论可以看出，对于微滤膜除了膜的性能外，其化学和热稳定性十分重要。此外，还应注意污染的控制。

(5) 微孔过滤的应用

20 世纪 70 年代前后是微孔滤膜飞跃发展的时期，美国、英国、法国、西德和日本都有自己品牌的微孔滤膜。其中影响最大的是美国 Millipore 公司。它有 17 家分公司；其次是西德的 Aaetarius 公司，它有 6 家分公司分布在世界各地，从事滤膜和滤器的生产、科研和销售等工作。

20 世纪 50～60 年代，我国一些科研部门对微孔滤膜进行了小规模的试制和应用，但基本上没有形成工业规模的生产能力。70 年代末期，上海医药工业研究院等单位对微孔滤膜进行了较系统的研究。迄今为止，国内已有了商品化的微孔滤膜。

微滤具有厚度薄、滤速快、吸附少和无介质脱落等优点，主要用来从气相和液相物质中截留微粒、细菌、污染物等以达到净化、分离和浓缩的目的。在工业上，微滤广泛用于将大于 $0.1\mu m$ 的粒子从液体中除去的场合。主要的工业应用之一是食品和制药工业中用于饮料和制药产品的除菌和净化，这可在任何温度甚至在低温下进行。微滤也用于半导体工业超纯水的制备过程中颗粒的去除。最新的应用领域是生物技术和生物医学技术领域。在生物技术领域中，微滤特别适用于细胞捕获及膜反应器（包括生物转化与分离相）。在生物医学领域，应用于血浆除去法中将血浆及其有价值的产物从血细胞中分离出来，具有很好的应用前景。

① 实验室中的应用。在实验室中，微孔滤膜是检测有形微细杂质的重要工具，主要用于微生物检测和微粒子检测。

a. 微生物检测。对饮用水中大肠菌群、游泳池中假单胞族菌和链球菌、酒中酵母和细菌、软饮料中酵母、医药制品中细菌的检测和空气中微生物的检测等。

b. 微粒子检测。注射剂中不溶性异物、石棉粉尘、航空燃料中的微粒子和悬浮物与排气中粉尘的检测，锅炉用水中铁分的分析，放射性尘埃的采样等。

② 工业上的应用。微孔滤膜在工业上主要用于灭菌液体的生产，制造超纯水和空气过滤。微孔过滤在电子工业超纯水制造中有两个主要应用：

a. 反渗透及超过滤的前处理。目的是保证反渗透器和超过滤器的进水 SDI（污染指数）值合格。

b. 终端过滤。滤除水中极痕量的悬浮胶体和霉菌等。

(6) 微孔过滤特性小结

微孔过滤的特性与适用范围如表 2-3-4 所示。

表 2-3-4 微孔过滤的特性与适用范围

膜	(不)对称多孔膜	膜	(不)对称多孔膜
厚度	对称膜 $10～150\mu m$	分离原理	筛分机理
	不对称膜 $1\mu m$	分离对象	粒子分离
孔尺寸	$0.05～10\mu m$	膜材料	聚合物、陶瓷
推动力	压力 $<2bar$		

2.3.2.2 超滤

超滤是介于微滤和纳滤之间的一种膜过滤过程，应用孔径为 $10\sim200\text{Å}$（$1\text{Å}=10^{-10}\text{m}$）的超过滤膜来过滤含有大分子或微细粒子的溶液，使大分子或微细粒子从溶液中分离的过程称之为超滤。

超滤的典型应用是从溶液中分离大分子物质和胶体。其特征是相态不变，无需加热，设备简单，占地面积小，能量消耗低，此外，还具有操作压力低，泵与管对材料要求不高等特点。

超滤膜和微滤膜均可视为多孔膜，其截留取决于溶质大小和形状（与膜孔大小相对而言）。溶剂的传递正比于操作压力。溶剂通过多孔膜的对流流动可用 Kozeny-Carman 公式描述。事实上，超滤和微滤是基于相同的分离原理的类似的膜过程。二者主要的差别在于超滤膜具有不对称结构，其皮层要致密得多（孔径小，表面孔隙率低）。因此，超滤的流体阻力要大得多。

(1) 超滤的截留机理

超滤与微滤的基本原理相同，超滤是指在外界推动力（压力）作用下截留水中胶体颗粒，而水和小的溶质粒子透过膜的分离过程。超滤膜的膜表皮层较厚（约 $1\mu m$），空隙孔径在 $0.005\sim0.01\mu m$ 之间。在超滤过程中，溶质被截留的过程可分为三种情况：一是溶质在膜表面和微孔孔壁上被吸附（一次吸附）；二是与微孔孔径大小相当的溶质堵塞在微孔中被除去（堵

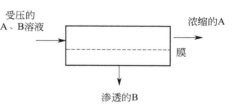

图 2-3-16　超滤器的工作原理示意图

塞）；三是颗粒大于微孔孔径的溶质被机械截留在膜表面，即发生所谓的机械筛分。第三种情况是超滤截留溶质的主要机理。其工作原理示意图如图 2-3-16 所示。

"筛分"理论认为，膜的表面具有无效微孔，在一定的压力作用下，当含有高A、低B分子物质的混合溶质的溶液流过被支撑的膜表面时，溶剂和低分子溶质（如无机盐类）将透过薄膜，作为透过物被搜集起来；高分子溶质（分子量在 500 以上有机物等）则被薄膜截留而作为浓缩液被回收。超滤膜两侧的渗透压力较小，所以超滤的操作压力较反渗透小得多，一般控制在 $0.04\sim0.7\text{MPa}$。

(2) 超滤材料

超滤膜一般由高分子材料和无机材料制备，膜的结构均为非对称的。它都是采用聚合物材料由相转化法制备的。目前商品化的超滤膜有：聚砜/聚醚砜/磺化聚砜；聚偏二氟乙烯；聚丙烯蜡（及有关的本体共聚物）；纤维素（如醋酸纤维素）；聚酰亚胺/聚醚酰亚胺；聚脂肪酰胺；聚醚醚酮。

除了这些聚合物材料外，无机（陶瓷）材料也可以制成超滤膜，特别是氧化铝（Al_2O_3）和氧化锌（ZnO）。

超滤膜的制备有各向同性膜与各向异性膜两种制备方法。

① 各向同性膜的制备。该制法比较简单，首先将高分子膜材料用溶剂直接溶解，所得料液经脱泡后，采取普通的流延法将其刮成薄片，并使溶剂蒸发即可得到均质薄膜。

② 各向异性膜的制备。首先将高分子膜材料、溶剂和添加剂按一定比例配料，待完全溶解后进行真空脱泡，其次以流延法将料液倾倒在玻璃板上，以刮刀刮成一定厚度的薄层，并在适当条件下，控制蒸发速度，另一部分溶剂蒸发掉，最后连同玻璃板一起，将膜置于冰水中凝胶定型。

(3) 超滤膜的评价

在实验室中，膜分离单元称为评价池，它是用小面积的膜来测试膜性能的装置。对流体提供压力与流量可以用泵也可以用具有压力的气源。

超滤膜的评价是利用超滤评价池进行的，有平板膜的，也有中空纤维的。平板膜的超滤评价池见图 2-3-17。

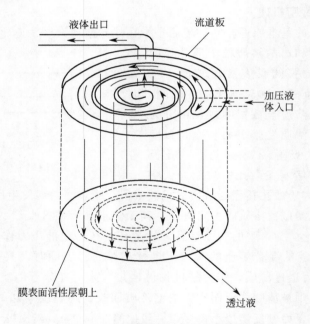

图 2-3-17　平板膜的超滤评价池的流路图

受压筒一般用有机玻璃为材料，设有电磁搅拌的转子，或用电动机带动的搅拌桨。平面膜的薄层流道型超滤池，它的流道深度为 1.5～2.0mm，由于薄层流道中液体的高线速度，大大减轻了膜的浓差极化，从而使膜获得很高的透过流速。

使用超过滤的评价池，主要是了解膜对样品的分离程度，它难以获得工程设计参数，这主要是在评价池中液体物质迁移系数与工业组件中液体物质迁移系统难以相关。

（4）影响超滤的因素

超滤装置一般由若干超过滤组件构成。超过滤组件的形式可分为板框式、管式、螺旋卷式和中空纤维式四种主要类型。影响超滤的因素很多，主要有：

① 操作压力。操作压力直接影响超滤膜的透过速度。实际上，超滤在临界透过通量附近进行，此时操作压力控制在 0.7MPa。

② 流速。提高流速对防止浓差极化，增加设备利用率有利。但是，过大的流速，能耗大，不经济。对于湍流体系，流速为 1～3m/s；对于层流体系，流速通常小于 1m/s。

③ 温度。为降低黏度，增加传质效率，提高透过流量，应在膜设备和被处理物允许的最高温度下进行操作。最高温度，酯为 25℃，电涂料为 30℃，蛋白质为 55℃，制奶工业为 0～55℃。

④ 操作时间。随着操作过程的持续，膜表面逐渐形成凝胶层，导致透过速度下降。透过流量随时间递减程度与膜组件的水力学特性、料液的性质和膜的性能有关。当超滤运行一段时间后，需要进行清洗。

除上述影响因素外，还有料液浓度、料液的预处理、膜的寿命等。

（5）超滤膜的污染、防止及清洗

超滤膜均由厚度不大于 1μm 的表面致密层、中间过渡层和下部大孔支撑层组成。起超滤作用的是表面的致密层，膜组件耐压性较低。

超滤膜在运行过程中，一会产生极化现象，即进水溶液中的大分子不断在膜表面截留，加之这些大分子在水溶液中的扩散系数较小，在膜表面大分子溶质累积速度就快，所以在膜表面处的溶质变化比进水溶质浓度高，导致浓差极化现象；二会形成膜污染。超滤膜污染主要是由有机物、胶体物质在超滤过程中与膜之间产生强烈吸附，在膜表面形成一吸附层所致。一旦吸附层形成，透水通量就会明显下降，膜性能恶化。因此，需对膜进行定期清洗。清洗方法有水力冲洗和化学清洗两种，化学清洗在水力冲洗不能达到较理想效果时才采用。水力冲洗可分为等压冲洗（即膜两侧无压力差）和压差冲洗（反冲洗法）。

化学清洗视清洗剂的作用性质可分为酸洗、碱洗、氧化清洗和生物酶清洗四种。常用的氧化清洗剂有 1%～1.5%H_2O_2 和 0.5%～1.0%的 NaClO。必要时可将水力冲洗与化学清洗结合使用。

（6）超滤的应用

超滤自 20 世纪 20 年代问世后，特别是 60 年代以来，很快从一种实验规模的分离手段发展成为重要的工业单元操作技术。它日益广泛地用于某些含有各种小分子量可溶性溶质和高分子物质（如蛋白质、酶、病毒）等溶液的浓缩、分离、提纯和净化，推动了工业生产、科学研究、医药卫生、国防和废水处理及其回收利用等方面的技术改造和经济建设。

超滤在许多需将大分子组分与低分子量物质分离的场合得到广泛应用，包括食品和乳品工业、制药工业、纺织工业、化学工业、冶金工业、造纸工业和皮革工业等。目前主要应用于乳品（牛奶、乳清制造）、食品（土豆、淀粉和蛋白）、冶金（油-水乳液，电泳漆回收）、纺织（靛蓝）、制药（酶、抗生素等）、汽车（电泳漆）等。在食品和乳品工业中的应用包括牛奶浓缩、干燥、乳清蛋白回收、土豆淀粉和蛋白的回收、蛋产品的浓缩及果汁及酒精饮料的净化。

如在电泳涂漆中的应用，采用超过滤法处理电泳漆，漆液经过超滤，以超滤液代替自来水进行冲洗，冲洗后的带漆水仍回到漆槽内，这样可基本防止污水的排放，同时还可以回收大量漆液。漆液经过滤后，大部分无机盐和有机溶剂可通过超滤膜，如果弃去少量的超滤液就可使溶液组分保持平衡，从而保证产品质量。

迄今为止，超滤膜主要用于水溶液体系，最近的发展是用于非水溶液。此时必须从较为稳定耐用的聚合物制备化学性能好的新膜，无机膜可用于这一领域。它是各种膜分离方法中最早实行工业化生产和应用的一种膜技术。在许多应用领域中，它对改革工艺流程、缩短生产周期、降低生产成本等都显示出很大的优越性，对推动科学技术发展具有积极作用。

(7) 超滤小结

超滤的特点与性能小结如表 2-3-5 所示。

表 2-3-5　超滤的特点与性能

膜	不对称多孔
厚度	实际分离层厚度 $0.1\sim1.0\mu m$
孔尺寸	$1\sim100\mu m$
推动力	压力($1\sim10$bar)
分离原理	筛分原理
分离对象	大分子物质的分离
膜材料	聚合物(如聚砜、聚丙烯腈)、陶瓷(如氧化铝)

2.3.3　纳滤与反渗透

纳滤和反渗透用于将低分子量溶质从溶剂中分离出来，这些低分子量溶质如无机盐或葡萄糖、蔗糖等小分子有机物。这两个过程可视为同一种过程，因为所依据的原理是相同的。超滤与纳滤和反渗透的差别在于分离溶质的大小。反渗透需要使用流体阻力大的较致密的膜。这些小分子溶质可自由地通过超滤膜。事实上，纳滤和反渗透膜可视为介于多孔膜（微滤/超滤）与致密无孔膜（全蒸发、气体分离）之间的过程。因为膜阻力较大，所以为使同样量的溶剂通过膜，就要使用较高的压力，而且需克服渗透压（海水的渗透压大约是 25bar）。

2.3.3.1　纳滤

(1) 纳滤膜的基本概念

纳滤（nanofiltration，NF）膜是 20 世纪 80 年代初继典型的反渗透复合膜之后开发出来的。其定义可表示为：纳滤是介于超滤及反渗透之间的分离过程，纳滤膜只对特定的溶质具有高脱除率，主要去除直径为 1nm 左右的溶质粒子，如对 NaCl 的脱除率在 90% 以上，而反渗透膜几乎对所有的溶质都有很高的脱除率。

纳滤膜的一个重要特征是膜本体带有电荷，在很低压力下仍具有较高脱盐性能，截留分子量为数百数量级。如日东电工的 NTR-7250 膜为正电荷膜，NTR-7450 为负电荷膜。

纳滤膜的微观结构、现场装置及组件如图 2-3-18 所示。

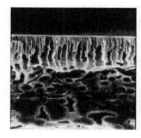  

(a) 电子扫描剖面图　　　　　(b) 现场装置　　　　　(c) 组件

图 2-3-18　纳滤膜的微观结构、现场装置及组件图

(2) 纳滤的分离原理

纳滤的分离原理近似机械筛分。当溶液由泵增压后进入纳滤膜时，在纳滤膜表面发生分离，溶剂和其他小分子量溶质透过纳滤膜，相对大分子溶质（如糖等）被纳滤膜截留，从而达到分离和纯化的目的。

在实际应用中，通常条件下纳滤膜组件是竖直安装在系统上的，与物料流向一致，在物料浓缩过程中，物料在泵的压力下进入纳滤系统，由于纳滤膜的截留性能，水及少部分分子量小的可溶于水的物质可透过膜与原物料分离，形成透过水流，被移送或排放，其他物料则被截留，形成浓缩物料流。在给料泵的作用下，物料仍进行高速连续流动，将浓缩物料输出系统外，进入浓缩循环罐中，进行循环浓缩，同时自行清理了膜孔表面滞留的截留物，从而实现阶段性连续作业，直至达到预定的浓缩分离目的。

(3) 纳滤的特点

纳滤膜结构绝大多数是多层疏松结构，与反渗透相比较，即使在高盐度和低压条件下也具有较高渗透通量。无机盐能通过纳滤膜而透析，使得纳滤的渗透压远比反渗透低。这样，在保证一定膜通量的前提下，纳滤过程所需的外加压力比反渗透低得多。在同等压力下，纳滤的膜通量则比反渗透大得多。此外，纳滤能使浓缩与脱盐的过程同步进行。所以，如用纳滤代替反渗透，浓缩过程能有效快速地进行，并达到较大的浓缩倍数。由于具备以上特点，使得纳滤膜可以同时进行脱盐和浓缩，并且具有相当快的处理速度。

(4) 纳滤膜的应用

与超滤或反渗透相比，纳滤过程对单价离子和分子量低于 200 的有机物截留较差，而对二价或多价离子及分子量介于 200～500 之间的有机物有较高脱除率，基于这一特性，纳滤分离作为一项新型的膜分离技术，愈来愈广泛地应用于电子、食品和医药等行业，饮用水领域主要用于脱除三卤甲烷中间体、异味、色度、农药、合成洗涤剂、可溶性有机物、Ca、Mg 等硬度成分及蒸发残留物质，还用于果汁高度浓缩、多肽和氨基酸分离、抗生素浓缩与纯化、乳清蛋白浓缩、纳滤膜-生化反应器耦合等实际分离过程中。

① 软化水处理。第一台大型纳滤软化设备于 1988 年 4 月在美国佛罗里达州投入使用，至今为止，纳滤膜软化的增长速度最快，在 1992～1996 的四年中，纳滤膜软化装置增加 500%，大大高于其他方法。这是因为纳滤膜不仅可在低压下对水进行软化和适度脱盐，而且可脱除三卤甲烷、色度、细菌、病毒和溶解性有机物。美国大型水厂对各种脱盐方法的经济成本进行统计比较，其结果如表 2-3-6 所示。无论是一次设备投资还是运行、维修费用均以纳滤膜软化为最低。

表 2-3-6　美国大型水厂各种脱盐方法的经济性比较

费　用	纳滤膜软化	陆地水反渗透	可倒极电渗析	反渗透海水淡化	多级闪蒸海水淡化
设备费(相对值)	1	1.5	2.4	4.1	6
运行维修费(相对值)	1	1	1.2	7.2	9

② 饮用水中有害物质的脱除。传统的饮用水处理主要通过絮凝、沉降、砂滤和加氯消毒来去除水中的悬浊物和细菌，而对各种溶解性化学物质的脱除作用很低。随着水源的环境污染加剧和各国饮水标准的提高，可脱除各种有机物和有害化学物质的"饮用水深度处理"日益受到人们的重视。目前的深度处理方法主要有活性炭吸附、臭氧处理和膜分离。膜分离中的微滤（NF）和超滤（UF）因不能脱除各种低分子物质，故单独使用时不能称之为深度处理。纳滤膜由于本身的性能特点，故十分适用于此用途的应用。美国环保局（FDA）曾用大型装置证实了纳滤膜脱除有机物、合成化合物的实际效果。日本也开发膜法水净化系统，该项目的前三年侧重于微滤/超滤膜的固-液分离，后三年重点开发以纳滤膜为核心，以脱除砂滤法不能脱除的溶解性微量有机污染物为目的的饮水深度净化系统。

③ 中水、废水处理。中水一般指将大型建筑物（宾馆、写字楼、商场等）中排出的生活污水处理后用于厕所冲洗等非饮用再利用水。纳滤膜在各种工业废水的应用也有很多实例，如造纸漂白废水处理等。生活废水中，纳滤膜与生物处理（活性污泥）相结合也已进入实用阶段。

随着对环境保护和资源综合利用认识的不断提高，人们希望在治理废水的同时实现有价物质的回收，如大豆乳清废液中含有 1% 左右的低聚糖和少量的盐，亚硫酸盐法制备化纤浆和造纸浆过程出现的亚硫酸钙废液中含有 2% ~ 2.5% 的六碳糖和五碳糖，制糖工业中出现的废糖蜜中含有少量的盐等等。上述这些废液处理过程中都涉及糖和盐的分离问题。根据纳滤膜的特点，可以采用纳滤膜实现糖和盐的分离。

④ 食品、饮料、制药行业。纳滤膜在这一领域中的应用十分广泛，如各种蛋白质、氨基酸、维生素、奶类、酒类、酱油、调味品等的浓缩、精制。日本最早将纳滤用于乳清和牛奶的浓缩，用纳滤技术浓缩牛奶，不但可脱除牛奶中的盐分，而且可脱除一些水分子的杂味物质，使得这种浓缩牛奶口感较好。将纳滤用于调味液的脱色。调味液中的动物水解蛋白和植物水解蛋白通常用离子交换树脂和活性炭进行脱色，一是影响植物水解蛋白的香气，二是使产品的成本加大。而纳滤只截留分子量较大的色素，使植物蛋白、动物蛋白中的氨基酸和香气成分较好地保留住。纳滤还可脱除掉焦糖色素中的亚铵盐和不良气味。

⑤ 化工工艺过程水溶液的浓缩与分离。如化工、染料的水溶液脱盐处理。如分子量在百级的物质的分离、分级和浓缩（如染料、抗生素、多肽、多糖等化工和生物工程产物的分级和浓缩）、脱色和去异味等。利用纳滤的荷电性可对分子量相差无几的氨基酸进行分离。在酶法生产低聚木糖中，低聚糖含量低，且含有 3% 左右的 NaCl，采用传统的离子交换脱盐及真空浓缩技术，需耗大量的酸、碱等，并造成环境污染。而采用纳滤方法则可脱除 95% 以上的 NaCl，使低聚糖的含量达到 80% 以上，且大大降低了能耗和污染排放。

(5) 纳滤特点与性能小结

纳滤的特点与性能小结如表 2-3-7 所示。

表 2-3-7　纳滤的特点与性能

纳滤膜	复合膜	纳滤膜	复合膜
厚度	亚层＝150μm 皮层＝1μm	分离原理	溶解-扩散
孔尺寸	＜2nm	膜材料	聚酰胺(界面聚合)
推动力	压力(10~25bar)		

2.3.3.2　反渗透

反渗透是通过动物细胞的渗透现象中得到启发而开发出来的一种水处理技术，渗透是动植物普遍具有的生理功能。例如，动物通过细胞膜的渗透作用从外界吸收养分，同时向外界排出新陈代谢产物。植物通过细胞膜的渗透作用从土壤中吸收水分及养料。通常，膜材料的渗透是有选择性的，如聚酰胺膜中允许水分子通过而不允许盐通过等。

反渗透技术作为一种水的脱盐技术，近年来已逐渐在国内得到推广应用。反渗透过程是利用半透性膜分离去除水中的可溶性固体、有机物、金属氧化物、胶体物质及微生物。在纯水制备中，原水以一定压力进入膜组件，水透过膜的微小孔径，经收集后得到淡水，而水中的杂质不能通过膜，在浓溶液中浓缩被排出。经上述过程，反渗透膜可除去原水中 98% 以上的溶解性固体、99% 以上的有机物及胶体和几乎 100% 的细菌。当原水中含盐量大于 400mg/L 时，用反渗透工艺进行预脱盐比较经济合理，可以提高整个除盐水系统的制水量，增加了反渗透技术在水处理领域的竞争力。

(1) 渗透、渗透压及反渗透

反渗透的操作原理可用如图 2-3-19 所示进行说明，当用半透膜隔开纯溶剂和溶液时，由于溶剂的渗透压高于溶液的渗透压，纯溶剂通过膜向溶液相有一个自发流动，这一现象叫渗透 [见图 2-3-19(a)]。渗透的结果是溶液侧的液柱上升，直到溶液的液柱上升到一定高度并保持不变，两侧的静压差就等于纯溶剂与溶液之间的渗透压，此时系统达到平衡 [见图 2-3-19(b)]。若在溶液侧施加压力，就会减少溶剂向溶液的渗透，当增加的压力高于渗透压时，便可使溶液中的溶剂向纯溶剂侧流动 [见图 2-3-19(c)]，即溶剂将从溶质浓度高的一侧向浓度低的一侧流动，这就是反渗透。

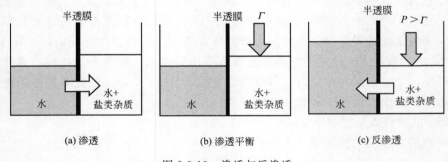

图 2-3-19　渗透与反渗透

反渗透过程必须满足两个条件：其一是应有一种高选择性和高透过率（一般是透过水）的膜；其二是膜两侧的操作压强差必须高于溶液的渗透压差。

① 渗透压。范特霍夫用热力学的方法导出了溶液的渗透压 Γ（MPa）与溶质的种类、浓度、温度之间的关系式。

$$\Gamma = ic_iRT \tag{2-3-4}$$

式中　R——理想气体常数，0.008MPa·L/(mol·K)；

　　　T——热力学温度，K；

　　　c_i——溶液中溶质的物质的量浓度，mol/L；

　　　i——范特霍夫系数，其值等于或大于 1。这是对于实际溶液的非理想性进行校正。

例如，海水的盐浓度按 0.3mol/L 和水中盐类全部按 NaCl 计，则 25℃ 时，海水的渗透压为：

$$\Gamma = icRT = 2 \times 0.3 \times 0.8 \times 10^4 \times (273 + 25) = 1.458 \text{ (MPa)}$$

② 反渗透膜材料。作为反渗透的膜材料应具有以下性能：高水通量、高盐截

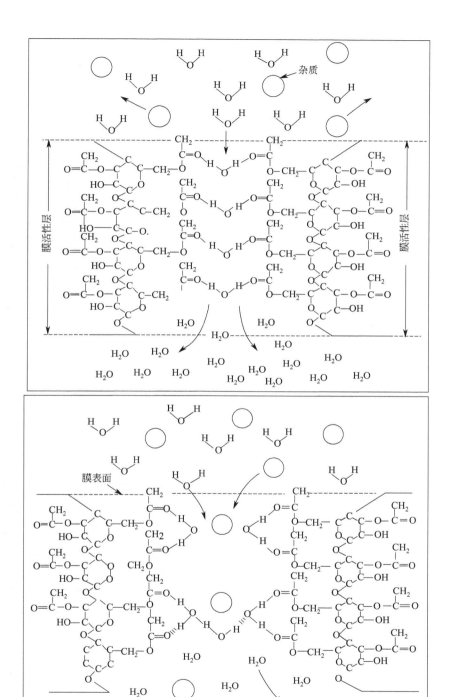

图 2-3-20 结合水-空穴有序扩散模型（氢键理论）

留率、耐氯及其他氧化物、抗生物侵蚀、抗胶体与悬浮物的污染、价格便宜、机械强度高、化学稳定性好及能经受高温等。目前用得比较多的是：醋酸纤维素、芳香聚酰胺、薄膜复合膜等。

③ 反渗透膜透过机理。反渗透膜透过机理目前还没有统一，最主要的有氢键理论、选择性吸附-毛细孔流理论及溶解扩散理论。

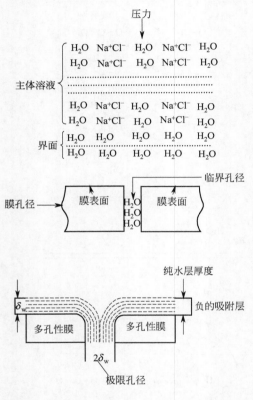

图 2-3-21 选择性吸附——毛细管流理论模型

a. 氢键理论。水在醋酸纤维素（CA）膜中传递的氢键理论示意图见图 2-3-20。当水与 CA 膜接触时，由于把 CA 膜看作是一种无定形的链状聚合物，它有与水等溶剂形成氢键的能力，即形成所谓的"结合水"。因此，在反渗透推动力的作用下，以氢键结合进入 CA 膜分子，由第一个氢键位置断开而移到下一个位置形成另一个氢键，这样水通过一连串的形成氢键和氢键断裂而不断下移，直至离开膜的表皮层进入多孔支撑层。多孔层中含有大量的毛细孔水，水分子能畅通地流出膜外。需指出的是，在表皮层形成的"结合水"，由于它的介电常数非常小，对水中离子无溶剂化作用，这样离子就不能进入"结合水"，从而达到 CA 膜除盐的目的。

b. 选择性吸附——毛细管流理论。选择性吸附——毛细管流理论是在 Gibbs 吸附方程的基础上提出来的，如图 2-3-21 所示。当水溶液与反渗透膜接触时，由于膜的亲水性而选择性地吸附水溶液中的水分子，此时在膜与水溶液界面附近的溶质浓度大幅度下降，在界面上形成一个大约有 1～2 水分子厚（0.5～1.0mm）的纯水分子层，水中溶解盐类被排斥在此水分子层外，离子价数越高，排斥越强烈。在反渗透压力的推动下，此纯水分子层中的水分子通过膜表面的大量细孔不断流出。这些细孔的孔径为 1nm 时，称为临界孔径。反渗透膜表皮的细孔孔径在临界孔径范围内，就能起到除盐的目的。需指出的是，当水中存在有机物时，由于有机物分子不断被膜表面排斥，加之有机物倾向于降低溶液与膜表面张力。因此，一些分子量小于 200 的有机物会聚集在膜表面的水分子层边并透过膜，而分子量在 200 以上的有机物基本上能被除去。

c. 溶解扩散理论。溶解扩散理论认为，当水溶液与反渗透膜接触时，溶剂和溶质与膜相互作用并溶于膜中，然后在化学位差的推动力下，在膜中扩散透过膜。问题是为什么水分子比溶质易透过膜？这可从水分子和溶质的扩散系数不同得到说明。对乙酰基含量一定的 CA 膜（33.6%～43.2%），水分子的扩散系数（5.7×10^{-6}～$13 \times 10^{-6}\ cm^2/s$）比溶质的扩散系数（$2.9 \times 10^{-8}$～$3.9 \times 10^{-11}\ cm^2/s$）大几个数量级。实验证实，随着乙酰基含量的增加，两者扩散系数相差就更大，这时水的透过量就更大，透过的水质就更好。

(2) 反渗透膜的主要特性参数

反渗透膜的基本性能一般包括透水率、透盐率和抗压实性等。

① 透水率。透水率是指每单位时间内通过单位膜面积的水的体积流量，用 F_w 表示。透水率也叫水通量，即水透过膜的速度。对于一个特定的膜来说，水通量的大小取决于膜的物理特性（如厚度、化学成分、孔隙度）和系统的条件（如温度、膜两侧的压力差），接触膜的溶液的盐浓度及料液平行通过膜表面的速度。

对于一定的系统而言，由于膜和溶液的性质都相对恒定，所以透水率就变成一个简单的压力函数：

$$F_w = A(\Delta P - \Delta \Gamma) \tag{2-3-5}$$

式中　A——膜的水渗透系数（体积），表示特定膜中水的渗透能力，$cm^3/(cm^2 \cdot s \cdot atm)$；

　　　ΔP——膜两侧的压力差，atm；

　　　$\Delta \Gamma$——膜两侧溶液的渗透压差，atm。

② 透盐率。透盐率是指通过膜的速度，用 F_t 表示，其值是膜的透盐系数 B 与膜两侧溶质浓度差的函数：

$$F_t = B(C_t - C_p) \tag{2-3-6}$$

式中　C_t——膜高压侧界面上水溶液的溶质浓度，g/cm^3；

　　　C_p——膜低压侧水溶液的溶质浓度，g/cm^3。

由图 2-3-22 可见，盐的通过主要是由于膜两侧存在溶质浓度差的缘故，和透水率不同的是，正常的透盐率几乎与压力无关。一般 F_t 值以小为好，F_t 小说明过程脱盐效率高。

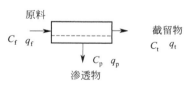

图 2-3-22　膜系统物料平衡示意图

评价膜分离性最常用的指标是脱盐率（也称截留率、排除率或去除率等），通常是以 R_o 来表示，它的含义与透盐率相反，是溶质的截留百分率，一般可用下式表示：

$$R_o = \left(1 - \frac{C_p}{C_f}\right) \times 100\% \tag{2-3-7}$$

式中，C_f 为膜高压侧水溶液本体的溶质浓度，g/cm^3。

③ 压密系数。促使膜材质发生物理变化的主要原因是由于操作压力与温度所引起的压密（实）作用，从而造成透水率的不断下降，其经验公式如下所示：

$$\lg \frac{F_{w_t}}{F_{w_1}} = -m\lg t \tag{2-3-8}$$

式中　F_{w_1}——第 1 小时后的透水率；

　　　F_{w_t}——第 t 小时后的透水率；

　　　　t——操作时间；

　　　　m——压密系数（或称压实斜率）。

m 值一般可采用专门装置测定出来，它应该是越小越好，小的 m 值意味着膜的寿命较长。对普通的反渗透膜而言，m 值以不大于 0.03 为宜。根据有关资料得知，当 $m=0.1$ 时，即一年后，膜的平均透水率只相当于原来的 55%。

(3) 反渗透装置与构型

反渗透装置主要是指整个膜组件，它包括膜、膜支撑体、流体分布槽、盐水和透过液出口的接口及压力容器。一个典型的系统是由安放在增强压力容器中的螺旋卷或中空纤维膜组成，该压力容器的爆破强度为其标准操作压力的 4～6 倍，并有合适的密封以防水的泄漏。

反渗透器的型式有：螺旋卷式、中空纤维式、管式和板框式四种。反渗透装置应具有如下性能：高压下安全可靠，无内、外部泄漏，容易冲洗或清洗，在透过液侧与盐水侧呈最大的压力降，由惰性及抗腐蚀性的材料组成，可长期可靠地操作。

① 反渗透装置的主要性能参数。反渗透装置的主要性能有回收率、脱盐率、溶质透过率和浓缩倍率等。

a. 回收率 Y。在反渗透装置的运行过程中，进水的大部分通过反渗透膜后变成淡化水，而另一部分没有通过膜的水，水中溶质浓缩成浓盐水，淡水（即成品水）量占进水流量分数称为回收率，其表示式如下：

$$Y = \frac{q_p}{q_f} \times 100\% \tag{2-3-9}$$

回收率的大小影响成品水的产量。

b. 脱盐率 R。脱盐率表示式为：

$$R = \frac{C_f - C_p}{C_f} \times 100\% \tag{2-3-10}$$

上述公式适用于膜进水浓度不变的反渗透装置，例如中空纤维式；但对卷式反渗透装置，由于进水在膜表面流动的时间较长，进水侧溶质浓度可能发生变化。因此，以进水侧的溶质平均浓度 C_{av} 来代替进水浓度 C_f，C_{av} 可根据物料平衡求出：

$$C_{av} = \frac{q_f C_f + q_t C_t}{q_f + q_p} \tag{2-3-11}$$

c. 溶质透过率 SP。溶质透过率 SP 是指成品水中溶质浓度 C_p 与进水溶质浓度 C_f 之比，以百分数表示：

$$SP = \frac{C_p}{C_f} \times 100\% \tag{2-3-12}$$

显然，$R+SP=1$。

d. 浓缩倍率 CF。浓缩倍率 CF 是指进水流量与浓盐水流量之比，其表示式为：

$$CF=\frac{q_{f}}{q_{p}}=\frac{100\%}{100\%-Y} \tag{2-3-13}$$

② 反渗透装置的评价。典型的反渗透评价装置主要有间歇式搅拌型、连续式泵型、蜗轮导流槽型及渗透仪型等。

a. 间歇式搅拌型。如图 2-3-23 所示，评价池大体上可分为两部分，一部分由容积为 $200\sim300\text{mL}$ 之间的耐压圆筒以及电磁搅拌的转子组成，另一部分由不锈钢多孔烧结板和它下部的膜透过集水槽组成。膜在底部用"O"形密封圈密封，用螺丝紧固。在膜与不锈钢多孔烧结板之间垫有滤纸或筛网。在评价池的下部装有电磁搅拌器，通过它使液体得到搅拌，从而达到减少浓差极化和使液体浓度均匀的目的。压力由氮气钢瓶供给，并通过稳压阀使压力稳定，通常一个钢瓶可供 $3\sim5$ 个评价池同时使用。这种评价池随着分离进行，试样不断减少、浓度不断增加，因此可在很宽的浓度范围内取得试验数据。这种评价池的使用不需要价钱很高的高压泵，可以很容易测得膜分离性能。

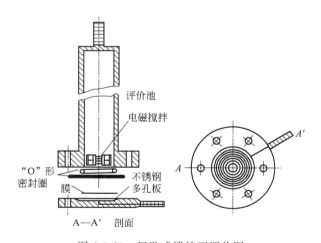

图 2-3-23　间歇式搅拌型评价图

b. 连续式泵型。它是应用较广泛的一种，是用高压泵提供压力与流量并通过流速控制浓差极化。图 2-3-24(a) 是这种型式评价池的剖面结构。图 2-3-24(b) 是连续评价的流程示意图。这种评价池，由于高压泵的容量比间歇式大得多，同时评价池料液入口狭小，使得物料在膜表面有很高的流速，浓度均匀分布。在实验室可将六个评价池串联使用，为了减小料液的浓度的影响，离泵近的评价池用溶质分离率高的膜，离膜远的评价池用溶质分离率低的膜，这样一次就可以获得六种膜性能数据。

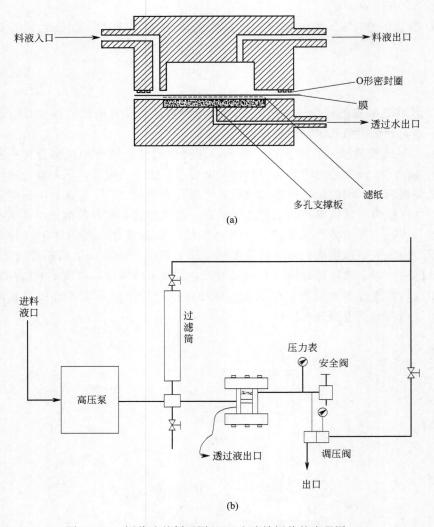

料液入口 → 料液出口 →

O形密封圈

膜

透过水出口 →

滤纸

多孔支撑板

(a)

进料液口

高压泵

过滤筒

压力表

安全阀

透过液出口

调压阀

出口

(b)

图 2-3-24 评价池的剖面图 (a) 和连续评价的流程图 (b)

③ 影响反渗透装置运行的因素。影响反渗透装置运行的参数主要是操作压力、进水 pH 值、温度和反渗透膜的清洁程度。

a. 操作压力。为实现溶液的反渗透,必须从外界施加一个大于进水原液的渗透压。这一外界压力,即操作压力,通常应比渗透压大几十倍。操作压力的大小决定于反渗透装置的水通量和溶质透过率。加大操作压力能提高水通量,同时由于膜被压实,溶质透过率会减小。经验表明,当压力从 2.75MPa 提高到 4.22MPa 时,水的回收率会提高 40%,但膜的寿命将缩短一年。因此,应根据进水原液的浓度、膜性能等来确定操作压力的大小。

b. 给水的 pH 值。一般根据膜材料合理确定给水的 pH 值,例如对于 CA 膜,

pH 值宜控制在 4～7 之间。这是因为在此范围之外，CA 膜易水解与老化。膜的水解与高分子材料的化学结构密切相关。当高分子链中具有易水解的化学基团—CONH、—COOR、—CN 等时，这些基团在酸或碱的作用下会产生水解与降解反应。CA 膜高分子链中的—COOR 较—CONH 基团易在酸碱作用下水解。为控制 CA 膜的水解速度，最佳 pH 值应控制在 4.8 左右。

c. 温度。温度升高，水的黏度下降，导致水的透过速度增加，与此同时溶质透过率也略有增加。温度升高，膜高压侧传质系数增大，使膜表面溶质浓度降低，也使膜的浓差极化现象有所减弱。试验表明，在温度为 15～30℃ 的范围内，温度每升高 1℃，膜的透水能力增加 2.7%～3.5%。在反渗透装置的运行过程中，进水温度宜控制在 20～30℃，低温控制在 5～8℃，因为温度过低，膜的透水能力明显下降；上限控制在不大于 30℃，因为温度高于 30℃ 时，大多数膜的耐热稳定性明显下降，这主要是因为膜的高分子材料发生了化学变化和物理变化。通常，CA 膜和聚酰胺膜的最高允许温度为 35℃，复合膜为 40～45℃，目前开发了一种高温膜，其最高温度可达 80℃。

d. 膜组件的清洗。虽然反渗透装置前一般都设有原水预处理系统，它在很大程度上预防了反渗透的污染，但长期使用后，膜还会在不同程度上被污染。膜表面被污染的原因有：一是被不溶性物质或腐蚀产物所污染，如黏泥、二氧化硅和藻类；二是金属腐蚀产物，如铁的氧化物，膜所允许的铁浓度一般为 0.05～0.1mg/L，大于 $20\mu m$ 的微粒不能进入反渗透；三是被胶体和有机物及一些溶解度小的物质污染，如生物污染等。

一旦膜被污染，其结果是反渗透器进出口压力差增大，产水量下降，为此可用物理的或化学的方法对膜进行清洗。

物理清洗主要有水冲洗，水冲洗是一种最简易的冲洗方法，它能够冲洗掉膜表面易脱洗的污染物。冲洗水可用膜透过水，也可用进料液，采用低压高流速冲洗膜表面 30min，可使膜的透水性能得到一定程度的恢复。但这样处理后的膜，经短期运转，透水性能会再次下降，因此这种清洗方法是不完善的。也可以采用水和空气混合流体在低压下冲洗膜表面 15min，这种处理方法简单，对于初期受有机物污染的膜的清洗是有效的。对于中空纤维膜组件，可采用海绵球清洗，海绵球的直径要比膜管的直径略大一些，在管内用水力让海绵球流经膜表面，对膜表面的污染物进行强制性的去除。这种方法对软质垢几乎能全部去除。但对硬质垢易损伤膜表面，因此该法特别适用于以有机胶体为主要成分的污染膜表面的清洗。

化学清洗主要用于清洗膜表面的铁的化合物、污泥和有机物等。化学清洗方法常用的清洗剂有：

ⓐ 柠檬酸溶液。在高压或低压下，用 1%～2% 的柠檬酸水溶液对膜进行连续或循环冲洗，这个方法对 $Fe(OH)_2$ 污染有很好的清洗效果。

ⓑ 柠檬酸铵溶液。在柠檬酸的溶液中加入氨水或配成不同 pH 值的溶液加以

使用，也有在柠檬酸铵的溶液中加入 HCl，调节 pH 值至 $2\sim2.5$ 再进行使用。例如：在 190L 去离子水中，溶解 277g 柠檬酸铵，用 HCl 调节溶液 pH=2.5，用这种溶液在膜系统内循环清洗 6h，能获得很好的清洗效果。假如把这种溶液加温到 $35\sim40℃$，则清洗效果更好。这种方法对无机物垢也能清洗。该法的缺点是清洗时间长。为了防止在低 pH 值下对醋酸纤维素膜的水解，此时柠檬酸铵 pH 值应调节在 $4\sim5$。

ⓒ 加酶洗涤剂。用加酶洗涤剂对有机物，特别是对蛋白质、多糖类、油脂类污染的清洗是有效的，对加酶洗涤剂来说，在温度为 $50\sim60℃$ 时具有良好的效果，但由于膜耐热性的限制，通常在 $30\sim35℃$ 下用加酶洗涤剂清洗，一般是每十天或每周用 1% 的加酶洗涤剂在低压下对膜进行清洗一次。但用低浓度的加酶洗涤剂时，必须长时间浸渍；当用高浓度的加助洗涤剂时，清洗时间可短一些，然而必须十分注意它们对酸性能的影响。

ⓓ 过硼酸钠溶液。假如在膜的细孔内存在胶体堵塞，则可用分离率极差的物质，如尿素、硼酸、醇等作清洗剂，此时这些物质很容易渗入细孔而达到清洗的目的。

ⓔ 浓盐水。对浓厚胶体污染的膜采用浓盐水清洗是有效的，这是由于高浓度的盐水能减弱胶体间的相互作用，促进胶体凝聚形成胶团。

ⓕ 水溶性乳化液。它对被油和氧化铁污染的膜是十分有效的，一般清洗 $30\sim60min$。

ⓖ 双氧水水溶液。将 0.5L 30% 的 H_2O_2 用 12L 去离子水稀释，然后对膜表面清洗。这种方法对被排水污染的膜具有良好的效果，对有机物污染的膜也具有良好的效果。

④ 反渗透膜的防垢。为了防止浓水端，特别是反渗透压力容器中最后一根膜元件的浓水侧出现 $CaCO_3$、$MgCO_3$、$CaSO_4$、$BaSO_4$、$SrSO_4$、SiO_2 的化学性结垢，从而导致损坏膜元件的性能，同时为了简化系统，减轻劳动强度，更重要的是降低造价，通常选用添加阻垢剂的方法来维持干净膜表面。

常用的阻垢剂是一些有机物，该阻垢剂能有效控制碳酸钙、硫酸钙、硫酸钡、硫酸锶结垢，高达 3.0 LSI 尚不致结垢；进水 pH 值适应范围广（$5\sim9$ 仍属有效范围），可直接添加或稀释使用。

在系统中加阻垢剂的方法是采用电磁驱动隔膜 LMI 计量泵，该泵采用单手动控制，可根据供水流量的大小调节泵的冲程，而泵的频率不变，即按供水量进行跟踪调节。

(4) 反渗透装置的组合方式

根据进水水质、成品水水质要求和装置的水回收率，可将反渗透装置按不同的方式组合起来。在组合时还应考虑到反渗透器本身的特点，常见的组合方式有两种。

① 多级串联组合。多级串联组合主要用于进水含盐量高，成品水水质要求高的现场。多级串联组合方式如图 2-3-25 所示。其流程为：进水经一级反渗透器（RO）后，一级成品水进入中间水相，然后用二级高压泵输入二级反渗透器，二级成品水视用户要求再进入其后续处理系统。在此种组合方式中，二级反渗透器的浓水水质通常要优于进水水质，故它可以回收作为一级进水的一部分。经验表明，用于海水淡化时，水回收率为 30%。

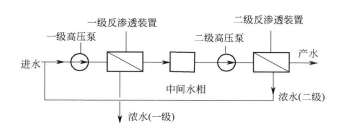

图 2-3-25　多级串联组合

② 多段组合。多段组合主要用于进水含盐量不高和回收率较大的场合。多段组合如图 2-3-26 所示。其特点是：它将第一段反渗透器的浓水作为第二段反渗透器的进水，第二段的浓水又作为第三段的进水，以此类推，这样就组成了多段反渗透装置，各段成品水汇总组成整个系统的成品水。在此种组合方式中，应注意的是，随着各段进水浓度的不断增大，后续多段反渗透膜表面上难溶盐类的析出可能增加。此外，由于溶质浓度增大，渗透压增大，而各段进水压力几乎又相等，使得后几段的透水率下降，溶质透过率增大。这是这种组合的不利之处，但其优点是提高了水的回收率，耗水量下降。

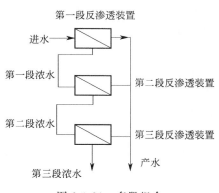

图 2-3-26　多段组合

(5) 反渗透装置的优点

反渗透的主要优点有可以从海水或苦咸水中提取淡水；容易去除有机物、细菌和胶体及溶于水中的其他杂质，获得高纯度的水；由于反渗透过程是一个物理过程，没有相变，因而节能；操作简单，易实现自动化，节省劳力；结构紧凑，占地小，从而降低费用；作为一种浓缩方法，能回收溶解在溶液中有价值的成分。

(6) 反渗透装置的工业应用

反渗透（RO）是膜分离技术的一个重要组成部分，因具有产水水质高、运行成本低、无污染、操作方便、运行可靠等诸多优点，而成为海水和苦咸水淡化，以及纯水制备的最节能、最简便的技术。目前已广泛应用于医药、电子、化工、食品、海水淡化等诸多行业。其工业装置见图2-3-27。

图 2-3-27　反渗透的工业装置

① 海水和苦咸水的淡化。随着工业的发展，世界上许多干旱而又高度工业化的地区，对淡水的需求已成为一个尖锐的问题，海水和苦咸水的淡化工作显得尤为重要。反渗透法和其他生产力法相比较，优点较多，特别是近十几年来，随着反渗透膜性能的迅速改进和提高，现在已发展成为高效能的海水和苦咸水淡化的新工艺。

② 甘蔗糖汁及甜菜糖汁的浓缩。在制糖过程中对稀糖汁的浓缩通常是采用加热蒸发法。但此法需要大量燃料，而且容易发生糖分的热分解。为了克服这种缺点，制糖工业生产已开始采用反渗透法进行浓缩。

根据巴洛（Baloh）等的试验，如果采用反渗透法对甜菜制糖的稀糖汁进行浓缩，则可以节约蒸发罐用能量的 12.7％和糖汁预热用能量的 16.5％（合计节能 29％）。当然，反渗透用泵需要电能，但对全厂的用电量来说，这是个不大的数字。此外，由于加热器的温度为 100～105℃，所以能使蒸汽的压力由常用的 3.5～4.5atm 下降到 1.5atm 左右，从而大大节省了蒸汽。

不过，由于高浓度的糖液具有较高的渗透压（蔗糖的饱和溶液，也即约 67％水溶液，为 200atm 左右），采用反渗透法进行浓缩有一定的限度。据悉，在进行糖液的反渗透浓缩时，当糖的浓度超过 360g/L 后，浓缩能力将急剧下降。

③ 由电镀废液中回收重金属。反渗透膜对高价的重金属离子具有良好的去除效果，特别是重金属的价数越高越容易分离。

反渗透膜对阳离子的拦截顺序为：$Al^{3+} > Fe^{3+} > Mg^{2+} > Ca^{2+} > Na^+ > NH_4^+ > K^+$

反渗透膜对阴离子的拦截顺序为：$SO_4^{2-} > CO_3^{2-} > Cl^- > PO_4^{3-} > F^- = CN^- > NO_3^- > B_4O_7^{2-}$

在电镀行业中，一般都排放含有大量有害重金属离子的废水。由于反渗透对高价的重金属离子显示出良好的去除效果，它不仅可以回收废液中几乎全部的重金属，而且还可以将回收水再利用。因而，采用反渗透法处理电镀废水是比较经济的。

反渗透技术已成为现代工业中首选的水处理技术。反渗透还应用于电子工业，如半导体工业超纯水、集成电路清洗用水、配方用水。食品工业的生产用水。制药行业，如工艺用水、制剂用水、洗涤用水、注射用水、无菌水制备。化学工业，如生产用水、废水处理等等。

(7) 反渗透技术特点与性能小结

反渗透技术的特点与性能如表 2-3-8 所示。

表 2-3-8　反渗透技术特点与性能

反渗透膜	不对称或复合膜
厚度	亚层＝150μm　皮层＝1μm
孔尺寸	＜2nm
推动力	半咸水压力:15～25bar 海水压力:40～80bar
分离原理	溶解-扩散
膜材料	三醋酸纤维素、芳香聚酰胺、聚酰胺和聚醚脲(界面聚合)

2.3.4　电渗析

电渗析也是较早研究和应用的一种膜分离技术，它是基于离子交换膜能选择性地使阴离子或阳离子通过的性质，在直流电场的作用下使阴、阳离子分别透过相应的膜以达到从溶液中分离电解质的目的。主要用于工业用水除盐外，还用于苦咸水淡化，世界上第一台电渗析装置于 1952 年由美国 Ionjcs 公司制成，用于苦咸水淡化，接着便投入商业化生产。随后美国、英国均制造并应用电渗析装置淡化苦咸水，制取饮用水及工业用水，并陆续输送到其他国家。我国在 20 世纪 60 年代初开展电渗析技术，近几年来，在离子交换膜、隔板、电极等主要装置部件与本体结构的研究方面都有创新，装置向定型化、标准化发展，已在废水处理、食品工业及化工产品的精制中发挥着越来越大的作用。

2.3.4.1　电渗析的基本概念

(1) 基本原理

电渗析的基本原理是将被分离的溶液导入有选择性的阴、阳离子交换膜，浓、淡水隔板交替排列在正、负极之间所形成的电渗析器中。被分离的溶液在电渗析槽中流过时，在外加直流电场的作用下，利用离子交换树脂对阴、阳离子具有选择透过性的特征，使被分离溶液中阴、阳离子定向地由淡水隔室通过膜转移到浓水隔室，从而达到纯化、分离的目的。其原理如图 2-3-28 所示。

由图可见，一张阳膜、阴膜与另一张阳膜、阴膜交替排列，由每装阳膜与阴膜间的隔室通入需分离的溶液，并在两端设置电极。以一个单元第 3、第 4 隔室为例，进入图中第 3 隔室需分离的溶液，在直流电场作用下，当溶液中的阳离子移到阳膜边时，由于阳膜只允许阳离子透过，阳离子即透过阳膜进入第 2 隔室。同样，阴离子则向阳极方向移动，由于阴膜只允许阴离子透过，阴离子即透过阴膜进入第 4 隔室。因而从第 3 隔室流出去的水溶液中，阴、阳离子的数量均减少，成为分离纯化产品。进入第 4 隔室水中的离子，在直流场的作用下也作定向移动，阳离子移

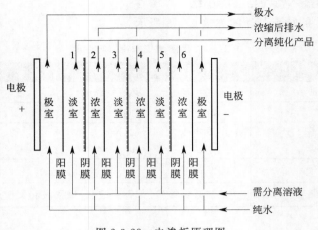

图 2-3-28　电渗析原理图

向阴极遇阴膜受到阻挡，阴离子移向阳极遇阳膜同样受到阻挡，溶液中阴、阳离子均比原来增加，成为浓缩水排放。

淡室水路系统、浓室水路系统与极室水路系统的流体，由水泵供给，互不相混，并通过特殊设计的布、集水机构使其在电渗析内部均匀分布、稳定流动。

从供电网供给的交流电，经整流器变为直流电，由电极引入电渗析器。经过在电极-溶液界面上的电化学反应，完成由电子导电转化为离子导电的过程。

电渗析器通电之后，两端的电极表面上发生电离过程。以食盐水溶液为例，反应如下：

阳极
$$H_2O \longrightarrow H^+ + OH^-$$
$$4OH^- - 4e \longrightarrow O_2 \uparrow + 2H_2O$$
$$2Cl^- + 2e \longrightarrow Cl_2 \uparrow$$

阴极
$$H_2O \longrightarrow OH^- + H_2$$
$$2H^+ + 2e^- \longrightarrow H_2 \uparrow$$

在近电极的隔膜室需要通入极水，以不断排除电离过程的反应物质，保证电渗析正常进行。在阳极，极水呈酸性，并产生初生态氯及氯气，对电极造成强烈的腐蚀。在阴极，极水呈碱性，当极水中有 Ca^{2+}、Mg^{2+} 和 HCO_3^- 时，则生成了 $CaCO_3$ 和 $Mg(OH)_2$ 水垢，结集在阴极上，同时排除氢气。

(2) 离子交换膜的性能

① 离子选择透过性要大。这是评价离子交换膜优劣的主要指标，当溶液的浓度增高时，膜的选择透过性则下降，因此在浓度高的溶液中，膜的选择透过性是一个重要因素。

② 离子的反扩散速度要小。由于电渗析过程的进行，将导致浓室与淡室之间的浓度差增大，这样离子就会由浓室向淡室扩散。这与正常电渗析过程相反，所以

称之为反扩散。反扩散速度随着浓度差的增大而上升，但膜的选择透过性越高，反扩散速度就越小。

③ 具有较低的渗水性。电渗析过程只希望离子迁移速度高，因只有这样才能达到浓缩与淡化的目的。所以要使电渗析有效地进行工作，膜的渗水性应尽量小。

④ 具有较低的膜电阻。在电渗析器中，膜电阻应小于溶液的电阻，如果膜的电阻太大，在电渗析器中，膜本身所引起的电压降就很大，这不利于最佳电流条件，电渗析器效率将会下降。

⑤ 膜的物理强度要高。为使离子交换膜在一定的压力和拉力下不发生变形或裂纹，膜必须具有一定的强度和韧性。

⑥ 膜的结构要均匀。能耐一定温度，并具有良好的化学稳定性和辐射稳定性，膜的结构必须均匀以保证长期使用中，不至于局部出现问题。

⑦ 膜应当是廉价的。这一点虽不属于技术指标，但它对膜的应用和推广具有相当重要的作用。

(3) 过程参数

离子通过膜传递的量正比于电流强度 I(A) 或电流密度 i(A/cm^2)，对许多离子而言，传递所必需的电流为：

$$I = zFq\Delta C_i/\xi \qquad (2\text{-}3\text{-}14)$$

式中　z——价态；

F——Faraday 常数 （1Faraday=96500C）；

q——流量；

ΔC_i——原料与渗透物（稀）之间的浓度差（mol/K）；

ξ——电流效率。

电流效率与腔室对的数目有关，该参数表示了总电流中被有效用于离子传递所占的分数。理论上，1Faraday 电量（即 96500C 或 26.8A 电流）作用 1h 可以传递 1mol 阳离子（等于 23g 钠）到阴极和 1mol 阴离子（等于 35.5g 氧）到阳极。根据 Ohm 定律，可将电流与电位 E 关联：

$$E = IR$$

式中，R 为膜叠堆总的电阻。

R 值等于每个腔室对的电阻 R_{cp} 乘以膜叠堆中所包括腔室对的数目 （N），则有电位 E：

$$E = IR_{cp}N \qquad (2\text{-}3\text{-}15)$$

而腔室对的电阻又是以下四项之和：

$$R_{cp} = R_{am} + R_{pc} + R_{cm} + R_{ic} \qquad (2\text{-}3\text{-}16)$$

式中　R_{cp}——腔室对电阻（单位面积）；

R_{am}——阴离子交换膜电阻；

R_{pc}——渗透物腔室电阻；

R_{cm}——阳离子交换膜电阻；

R_{ic}——原料腔室电阻。

电流密度取决于所施加的电位差和膜叠堆总电阻。提高电流密度可以提高传递离子的数目，但电流密度不能无限提高。

图 2-3-29 为离子交换膜的电流-电压特性曲线。可将曲线分成 3 个区域，1 区为欧姆区，电流或电流密度与电位差关系满足欧姆定律；2 区电流达到一个稳值，表明电阻已经增大，这就是极限电流密度 i_m。极限电流密度（通常单位为 mA/cm²）为传递全部所存在的离子所需的电流。3 区是当电压继续增加，已没有离子可以用来传递电荷，这就是过极限电流区域，此时水将电离产生离子，另外所有非平衡过程均在此区发生。

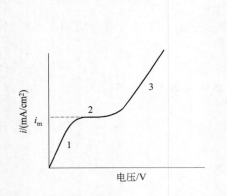

图 2-3-29 离子交换膜的电流-电压特性曲线

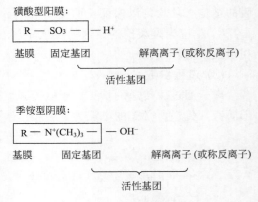

图 2-3-30 膜的结构图

(4) 过程分析

在电渗析进行电解的基本过程发生时，将有许多其他过程伴随发生。这是由于电解质溶液的性质，膜的性质与运行条件所引起的。

① 反离子迁移。所谓反离子如图 2-3-30 所示，是指与膜的固定活性基所带电荷相反的离子，也称平衡离子。在水溶液中，膜上的活性基团会发生解离作用，解离所产生的解离离子（或称反离子如阳膜上解离出来的 H^+ 和阴膜上解离出来的 OH^-）就进入溶液。

膜上留下了带有一定电荷的固定基团，存在于膜微细孔隙中的带一定电荷的固定基团，在直流电场的作用下，反离子透过膜的迁移是电渗析唯一需要的过程。一般简单定义的电渗析过程就是指反离子迁移过程。在这一过程中，离子迁移的方向与浓度梯度的方向相反，所以才能产生脱盐效果。

② 同名离子迁移。所谓同名离子，是指与膜的固定活性基所带电荷相同的离子。在直流电场的作用下，透过膜的迁移为同名离子迁移。其产生的原因是由于唐南平衡，使得离子交换膜的选择透过性不可能达到 100%。同名离子迁移的方向与浓度梯度的方向相同，从而降低了电渗析过程的效率。

③ 电渗失水。在上述反离子与同名离子的迁移过程中，所谓离子的迁移实际上是水合离子的迁移。也就是说，在离子透过膜迁移的同时必然引起水的流失，这部分失水就是所谓的电渗失水。对于高浓度咸水，特别在海水淡化过程中，这一过程是不可忽视的。

④ 浓差扩散。随着离子的迁移，在浓水室与淡水室之间就会形成一定的浓度差。在此浓度差的推动力作用下，浓水室中的离子就会向淡水室扩散，扩散速度随浓度差的增高而增大，这种扩散被称为浓差扩散。

⑤ 水的渗透。这是指淡水室中的水，在渗透压的作用下向浓水室渗透。浓度差越大，水的渗透量越大。

⑥ 水的渗漏。渗漏是溶液透过膜的现象。它是一个物理过程，由膜两侧溶液中的压力差造成。一般来说，应该可以避免。但实际上，由于电渗析装置水流分布的不均匀与流程的增长，渗漏过程总有发生。

⑦ 极化。极化现象在电渗析过程中是一个非常重要的问题。电渗析过程中的极化现象与一般化学的概念不同，它是指在一定电压下迫使膜-液界面上的水解离为 H^+ 和 OH^- 的现象。将中性水解离为 H^+ 和 OH^- 以后，会通过膜迁移，引起浓、淡水液流的中性紊乱，会带来若干难以处理的问题。一般情况下，电渗析装置不宜在极化状态下运行。

2.3.4.2 电渗析装置的结构

电渗析器是由一定数量的离子交换膜对、隔板、极框和两端的电极等组件，并用压板和压紧螺杆组成。膜堆是电渗析最基本的单元。它是由一张阳膜、一张隔板甲、一张阴膜和一张隔板乙所组成的。一定数量的膜对堆叠在一起就组成膜堆。其最外两道各有一极框及电极。然后用铁板及夹具将上述极框、电极隔板及离子交换膜夹紧，再配以进水及出水管道和管件，见图 2-3-31 和图 2-3-32。电渗析要进行工作，必须有水泵、整流器等辅助设备，还必须有进水预处理设施。通常把电渗析器及其辅助设备总称为电渗析装置。可见，一套电渗析装置至少含有一个电渗析器。

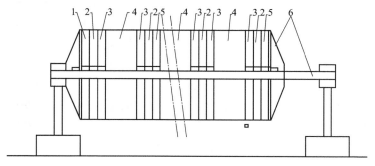

图 2-3-31　立式电渗析器侧面图

1—阳极室；2—导水板；3—压紧框；4—膜堆；

5—阴极室；6—压滤机式锁紧装置

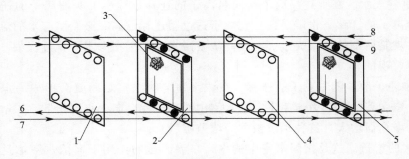

图 2-3-32　电渗析器的内部结构图
1—阴膜；2—浓水隔板框；3—隔板网；4—阳膜；
5—淡水隔板框；6,9—淡水进出方向；7,8—浓水进出方向

(1) 隔板

隔板是隔板框和隔板网的总称。隔板是由 2mm 厚的塑料板制成，隔板中间根据不同流程刻成若干流水槽，流水槽内镶上塑料网，离子交换膜就夹在两隔板间，如此制成多层隔板及离子交换膜。隔板的作用是分隔与支撑膜，在两膜之间形成水流通道，同时使布水均匀。水溶液流过隔板中水流通道时，水流处于紊流状态，这有利于减小膜界面层的厚度，从而减弱运行中产生的极化现象。

(2) 离子交换膜

离子交换膜是电渗析器的心脏部件，使用前需经过充分浸泡，然后剪裁和打孔。电渗析停止运行时，必须充满溶液，以防变质变形。膜的费用一般占电渗析总成本的 40%。

离子交换膜是一种由高分子材料制成的具离子交换基团的薄膜，具有选择透过性。主要是由于膜上孔隙和膜上离子基团的作用，膜上孔隙的作用是在膜的高分子键之间有一足够大的孔隙，以容纳离子的进出和通过。这一些孔隙从正面看是直径为几十埃（Å）到几百埃的微孔；从膜侧面看是一根根弯弯曲曲的通道。由于通道是迂回曲折的，所以其长度要比膜的厚度大得多。这就是离子通过膜的大门和通道。在这一些迂回曲折的通道中作电迁移运动，由膜的一侧进入另一侧。由上述讨论可知，离子交换膜的作用并不是起离子交换的作用，而是起离子选择透过的作用。所以更确切地说，应称之为"离子选择性透过膜"。

(3) 极框

位于电极和膜之间的板，称为极框，其结构与隔板相似，只是没有布水槽和过水槽。它与电极构成阴极室和阳极室，是极水的通道，此外，还起着排气和排沉积物的作用。极框厚度一般为 20mm 左右。

(4) 电极

电极的作用是接通直流电源，产生电渗析所需要的除盐推动力。电极材料主要应满足以下几个要求：能承受阳极反应所产生的初生态氧和氯的腐蚀作用、导电性

能好和过电位低。常用的阳极材料有石墨、磁性氧化铁、镀铂的钛、不锈钢等；阴极材料有铁、石墨、不锈钢等。

电渗析器的辅助设备有整流器、水泵、过滤器、水箱、流量计等。

电渗析装置的工艺流程往往采用不同数量的级和段连接。一般每个淡化器称为一级（或把每对电极之间的膜堆称为一级），每一级之间用侧向隔板分开的膜堆，则称为一段。级与段数增多、可使总流程加长，取得较高的脱盐率。

2.3.4.3　电渗析的技术指标

(1) 除盐率

除盐率是指水经过处理后除去的含盐量与进水含盐量的比值。除盐率主要与电渗析器的本身的性能、进出水水质和运行条件有关。目前电渗析经二级处理后，除盐率可达 90% 左右。

(2) 电流效率

电流效率是评价电渗析器性能的一个重要参数，在系统参数设计与应用中它都是一个重要的因素。影响电流效率的因素很多，包括离子交换膜性能、电渗析器的设计水平与应用条件等方面。其定义是：每个淡水室实际的除盐量与理论除盐量的比值。

$$\eta = \frac{实际除盐量}{理论除盐量} \times 100\% \qquad (2\text{-}3\text{-}17a)$$

$$实际除盐量 = (c_j - c_c)\frac{ubh}{1000}, \ \text{mmol/s} \qquad (2\text{-}3\text{-}17b)$$

式中　u——水流通过膜对的流速，cm/s；

　　　b——水流的宽度，cm；

　　　h——水流的深度，cm；

c_j，c_c——分别为淡水室进、出水的含盐量，mmol/L。

理论含盐量可由法拉第定律求得：

$$理论除盐率 = Lb\frac{i_p/1000}{F}, \ \text{mmol/s} \qquad (2\text{-}3\text{-}18)$$

式中　L——水流道长度，cm；

　　　i_p——每个淡水室的平均电流密度，mA/cm^2；

　　　F——法拉第常数；

$1/1000$——将 mA 转化成 A。

(3) 电能效率

电能效率是指除盐的理论耗电量与实际电量的比值。多年的运行经验表明，利用电渗析进行海水淡化时，理论耗电量约为 $1.0\text{kW} \cdot \text{h/m}^3$，而实际耗电量约为 $32.2\text{kW} \cdot \text{h/m}^3$，电能效率约为 3%。通常电渗析器的电能效率在 $7\% \sim 10\%$。

(4) 浓水循环的浓缩倍数

由电渗析器的工作原理可知，用它对水进行除盐时，成品水（即淡水）和浓水的体积几乎相等。在不考虑浓水回用的情况下，经验表明，要生产 1m³ 淡水，约需耗用给水 2.2～2.5m³。水的利用率只有 40%～45%。因此，浓水回收作为一部分给水使用，是电渗析器应用的一个重要问题，对水资源短缺地区尤为重要。浓水循环不仅提高了水的利用率，而且由于浓水浓度较高而降低了电渗析的电阻，电能消耗有所下降。我国目前运行的电渗析器的浓缩倍率一般控制在 4～5 倍，此时，水利用率约为 75%～85%。

2.3.4.4 电渗析装置的运行

除了电极材料以外，电极的形状以及极室的结构也直接影响电渗析的效率和运行周期，特别是会发生极化现象和因水质不良而引起的离子交换膜污染等。

(1) 电渗析的进水水质要求

实践证明，进水水质的好坏对电渗析器的稳定运行影响很大，主要表现在水中细小微粒的累积，导致出水流阻力升高和水中某些物质污染离子交换膜。为此，提出如表 2-3-9 所示水质要求。

表 2-3-9　电渗析进水水质要求

浊度	耗氧量	游离氯	铁含量	锰含量	水温	污染指数(SDI)
<3mg/L	<3mg/L	<0.2mg/L	<0.3mg/L	<0.1mg/L	5～40℃	<7

为达到上述多项指标值，水进入电渗析前必须对其采用适当的预处理措施。

(2) 电渗析的极化与防止

在电渗析的运行过程中，离子交换膜两侧有极化现象产生。极化现象是指：在一定温度和浓度以及水流速度下，当电流密度上升到某一值时离子交换膜两侧出现浓度差的现象，这一浓度差是由于离子交换膜对水中离子选择透过性导致离子在水中和膜中迁移速度不同，造成淡水室阳膜界面滞流层的离子浓度比主体水溶液中离子浓度小，浓水室阳膜界面滞流层的离子浓度比主体溶液浓度大。

极化现象产生的后果表现为：一是增加电能消耗，一旦极化现象发生，淡水室内离子浓度就很低，电阻增加，电能的消耗也随之增加；二是水分子电离，当淡水室阳膜界面层中离子浓度因极化降低，接近零时，水分子就会电离以满足传导电流的需要。水分子电离出来的 OH^- 和 H^+ 分别通过阴膜和阳膜，结果多消耗了电能，而且还使浓水侧的 pH 值发生变化，即阳膜浓水侧因 H^+ 增多，其 pH 值下降，阴膜浓水侧的 pH 值上升；三是膜界面层结垢，在浓水室的阴膜界面层内离子浓度高，加上高 pH 值，就有可能形成 $CaCO_3$ 和 $Mg(OH)_2$ 沉淀物；而在浓水侧阳膜扩散界面层内阳离子的浓度明显升高，当界面层内某些阳、阴离子的浓度积大于溶度积时，会析出盐类。往往阳膜浓水侧有可能形成 $CaSO_4$ 沉淀物，沉淀物的形成会破坏膜的正常工作，并增加水流阻力和电阻。

(3) 电渗析极化和结垢的防止

防止极化和结垢的方法主要有极限电流法、倒换电极法、定期酸洗和给水软化处理或水中投加阻垢剂法。

① 极限电流法。由于极化现象是在电流密度超过极限电流密度时产生的。因此，只要根据原水水质，将工作电流密度控制在极限电流密度的 $70\%\sim90\%$ 范围内，就可以防止极化现象发生。但由于控制的电流密度较低，电渗析器的除盐效率降低。

② 倒换电极法。电渗析运行一段时间后，倒换电极的极性，即原阴极室转为阳极室，而阳极室转为阴极室，与此同时，浓水与淡水室也相互倒换，因此原有的沉淀物会逐渐溶解或脱落，极化现象得以减轻。一般电渗析倒换电极的周期为 $2\sim24h$ 不等。水的硬度高，盐度也较高的情况下，调换电极极性的周期应该短些，以防止膜堆极化沉淀以及极室中沉淀物的积累。相反，如果水的硬度和盐度都较低，调换电极的周期可以相对长些。

③ 定期酸洗。当膜表面有一定厚度的沉淀物时，就需要对电渗析器进行酸洗。酸洗工艺如下：将 $1\%\sim2\%$ 的盐酸液，用泵输入电渗析器进行循环清洗，清洗时间为 $0.5\sim1h$，然后用给水清洗至出水呈中性。

④ 给水软化处理或水中投加阻垢剂。

2.3.4.5 电渗析技术的主要特点

(1) 电渗析技术的优点

① 能量消耗少。电渗析器在运行中，不发生相的变化，只是用电能来迁移水中已解离的离子。它耗用的电能一般与水中的含盐量成正比，对含盐量为 $4000\sim5000mg/L$ 以下的苦咸水的淡化，电渗析水处理法是耗能少、较经济的技术（包括水泵的动力耗电在内，耗电量为每吨水 $6.5kW\cdot h$）。

② 药剂耗量少，环境污染小。在采用离子交换法水处理时，当交换树脂失效后，需用大量酸、碱进行再生，水洗时有大量废酸、碱排放，而采用电渗析处理水时，仅酸洗时需要少量酸。

③ 设备简单，操作方便。电渗析器是用塑料隔板与离子交换膜及电极板组装而成的，它的主体与配套设备都比较简单；膜和隔板都是高分子材料制成的。因此，抗化学污染和抗腐蚀性能均较好。在运行中通电即可得淡水，不需要用酸、碱进行反复的再生处理。

④ 设备规模和脱盐浓度范围的适应性大。电渗析水处理设备可用于小至每天几十吨的小型生活饮用水淡化水站和大至几千吨的大、中型淡化水站。

⑤ 以电为动力，运行成本较低。

(2) 电渗析技术的缺点

① 对解离度小的盐类及不解离的物质，例如水中的硅酸盐和不解离的有机物等难以去除，对碳酸根的迁移率较小。

② 电渗析器是由几十到几百张较薄的隔板和膜组成的，组装技术要求比较高，往往会因为组装不好而影响配水的均匀性。

③ 电渗析水处理的流程是使水流在电场中流过。当施加一定电压后，靠近膜面的滞留层中电解质的盐类含量较少。此时，水的解离度增大，易产生极化结垢和中性扰乱现象，这是电渗析水处理技术中较难掌握又必须重视的问题。

④ 电渗析器本身的耗水量比较大。虽然采取极水全部回收，以及浓水部分回收或降低浓水的进水比例等措施，但其本身的耗水量仍达 20%～40%。因此，对某些缺水地区来说电渗析水处理技术的应用受到一定限制。

⑤ 电渗析水处理对原水净化处理要求较高，需增加精过滤设备。

2.3.4.6 电渗析的应用

20 世纪 60 年代末，我国采用电渗析和离子交换联合工艺由一般的自来水（含盐 300～5000mg/L）制取纯水或高纯水，也有采用电渗析法直接制取初级纯水（相当于单蒸馏水）的。电渗析除盐效果可根据用户的要求，单级除盐率可达 50%～90%，二级可达 99%。目前，电渗析主要应用于工业锅炉给水，电站锅炉给水，电子工业超纯水，化工用水，制药工业用水，医用手术用水，饮用纯净水等。随着工业的发展，水资源的贫乏，电渗析的应用会越来越被广泛应用于各行各业中，以氨基酸分离为例说明其应用。

(1) 氨基酸的回收

氨基酸同时具有碱性和酸性基团，由于具有两性，所以根据溶液的 pH 值，分子可以带正电，也可能带负电：

$$H_2NCHRCOO^- \Leftrightarrow H_3NCHRCOO \Leftrightarrow H_3NCRCOOH$$

$$\text{(a)} \qquad\qquad \text{(b)} \qquad\qquad \text{(c)}$$

在高 pH 值时，氨基酸带负电（结构 a），在电场作用下将向阳极迁移。在低 pH 值时，氨基酸带正电（结构 c）。所以向阴极迁移。如结构 a 和 c 之间刚好平衡，分子不带电荷（结构 b），此时氨基酸在电场中不会迁移，这时的 pH 值称为氨基酸的等电点。对于某一蛋白质，等电点是一个非常具有特征性的参数，不同的蛋白质具有不同的等电点。

图 2-3-33 给出了如何通过调节 pH 值使不同的氨基酸得到分离。图中电渗析池共有 3 个腔室，其中，中间腔室 pH 值被调节到某一特定（待分离）蛋白质 A 的等电点（IP），一个腔室的 pH<IP，而另一个腔室的 pH>IP。如将一个 pH 值为蛋白质 A 的等电点的蛋白质溶液加入中间腔室，而体系中其他蛋白质由于其各自等电点不同，或带正电或带负电，因而会相应地向阴极或阳极扩散。用此方法通过调节 pH 值可以使各种蛋白质完全得到分离。

(2) 废水处理、有用物质的回收和再生水的回用

电渗析技术已经广泛应用于化工、轻工、冶金和原子能等工业部门，主要用于处理排放废水、造纸废水、电镀废水等，有的还可以从排放废液回收有用物质，回用再生水，实现闭路循环。例如 1986 年 5 月浙江省邮电印刷厂投入运行的一套电渗析和离子交换联合设备，它是一套对含铜废水进行闭路循环处理的装置，经处理

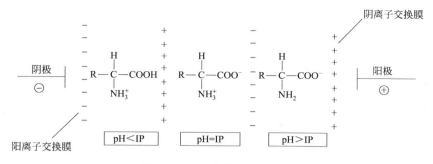

图 2-3-33　电渗析分离氨基酸

后的废水含铜浓度从 100mg/L 降到了 1mg/L，pH 值为 6～7，达到废水排放的标准。而且，经处理后的水质得到净化和软化，该厂已将其作为冲洗用水以代替自来水使用。该工艺设备处理每立方米的废水总耗电量为 5kW·h，若不考虑设备的折旧费，总费用为 0.73 元。它还可以从浓水中用铁屑置换法回收品位在 98% 上的海绵铜。一个年产 5 万平方米电路板的小型工厂每年净得收益可超过 5000 元。

2.3.4.7　电渗析技术特点与性能

电渗析技术的特点与性能小结如表 2-3-10 所示。

表 2-3-10　电渗析技术的特点与性能

膜	阳离子交换膜和阴离子交换膜
厚度	约为几百微米($100\sim500\mu m$)
孔尺寸	无孔
推动力	电位差
分离原理	二乙烯苯和聚苯乙烯或乙烯吡啶的交联共聚
膜材料	磺酸型阳膜、季铵盐型阴膜

2.4　渗透气化

渗透气化（pervaporation，简称 PV）是一种新型膜分离技术。该技术用于液体混合物的分离，其突出的优点是能够以低的能耗实现蒸馏、萃取、吸收等传统方法难以完成的分离任务。它特别适用于蒸馏法难以分离或不能分离的近沸点、恒沸点混合物以及同分异构体的分离；对有机溶剂及混合溶剂中微量水的脱除及废水中少量有机污染物的分离具有明显的技术上和经济上的优势；还可以同生物及化学反应耦合，将反应生成物不断脱除，使反应转化率明显提高。所以，渗透气化技术在石油化工、医药、食品、环保等工业领域中具有广阔的应用前景及市场。它是目前处于开发期和发展期的技术，国际学术界的专家称之为"21 世纪最有前途的高技术之一"。

2.4.1 渗透气化膜分离技术基本原理和特点

渗透气化是利用致密高聚物膜对液体混合物中组分的溶解扩散性能的不同实现组分分离的一种膜过程（见图2-4-1）。液体混合物原料经加热器加热到一定温度后，在常压下送入膜分离器与膜接触，在膜的下游侧用抽真空或载气吹扫的方法维持低压。渗透物组分在膜两侧的蒸汽分压差（或化学位梯度）的作用下透过膜，并在膜的下游侧汽化，被冷凝成液体而除去。不能透过膜的截留物流出膜分离器。

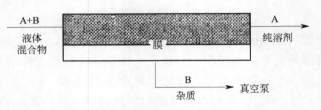

图 2-4-1　渗透气化原理图

与蒸馏等传统的分离技术相比，渗透气化过程的特点是：高效，选择合适的膜，单级就能达到很高的分离度；能耗低，一般比恒沸精馏法节能$1/2 \sim 1/3$；过程简单，附加的处理少，操作方便；过程不引入其他试剂，产品和环境不会受到污染；便于放大及与其他过程耦合和集成。

渗透气化膜的分离过程是一个溶解-扩散-脱附的过程。溶解过程发生在液体介质和分离膜的界面。当溶液同膜接触时，溶液中各组分在分离膜中因溶解度不同，相对比例会发生改变。通常我们选用的膜对混合物中含量较少的组分有较好的溶解性。因此该组分在膜中的相对含量会大大高于它在溶液中的浓度，使该组分在膜中得到富集。大量的实验证明，混合物中两组分在膜中的溶解度的差别越大，膜的选择性就越高，分离效果就越好。在扩散过程中，溶解在膜中的组分在蒸气压的推动下，从膜的一侧迁移到另一侧。由于液体组分在膜中的扩散速度同它们在膜中的溶解度有关，溶解度大的组分往往有较大的扩散速度。因此该组分被进一步富集，分离系数进一步提高。最后，到达膜的真空侧的液体组分在减压下全部气化，并从体系中脱除。只要真空室的压力低于液体组分的饱和蒸气压，脱附过程对膜的选择性影响不大。从上面的介绍中我们不难发现，渗透气化的分离机理同蒸馏完全不同。因此，那些形成共沸的液体混合物，只要它们在膜中的溶解度不同都能用渗透气化技术得以分离。

渗透气化是诸多膜分离过程中唯一存在相转变的膜分离技术。相变过程会消耗大量的能量。但是同蒸馏相比较，渗透气化只是使混合物中含量较少的杂质组分气化，而不需像蒸馏那样将全部混合物液体反复气化、冷却。因此分离过程更加合理，能源消耗大大减少。根据公司提供的资料表明，用渗透气化技术生产无水乙醇，其蒸气耗量只有共沸蒸馏法的 1/2～2/3，生产成本也降低了 1/3 左右。用以衡量渗透气化膜性能的主要参数有两个：一个是渗透液通量，另一个是分离系数。渗透液通量是指每小时被单位面积的膜脱除的渗透液的质量，用 $kg \cdot m^{-2} \cdot h^{-1}$ 来表示。

2.4.2 膜传递过程理论及影响膜分离性能的因素

渗透气化是同时包括传质和传热的复杂过程，用于描述其传递过程机理的模型有多种，如溶解扩散模型、孔流模型、不可逆热力学模型、虚拟相变溶解扩散模型、非平衡溶解扩散模型等。其中普遍认可的是溶解扩散模型。根据此模型，渗透物组分通过膜的传递分为三个步骤，即料液中渗透组分的液体分子在膜上游侧表面溶解；然后扩散通过膜；最后在膜下游侧解吸进入汽相，简称为溶解、扩散、解吸。

该模型假定，扩散是控制步骤，而液-膜界面的溶解及膜-汽界面的解吸速度非常快，膜表面与液相及汽相均处于平衡状态，也就是说过程的速度由渗透物通过膜的扩散来决定。由这一模型来预计渗透通量和分离系数将会出现较大的偏差，因此许多研究人员在致力于研究和改进渗透气化过程的膜传递模型。

影响渗透气化膜分离性能最基本的因素是膜材料的物理化学结构和被分离组分的物理化学性质，被分离组分之间及其与膜材料之间的相互作用。此外，还受膜的厚度、料液温度、料液组成、膜两侧的压力差及料液流速的影响。

2.4.3 渗透气化膜与组件

渗透气化膜的基本特征是具有各相异性形态的能起分离作用的致密薄层。有各种不同的渗透气化膜，按材料分为有机高分子膜和无机膜；按结构分为均质膜、非对称膜和复合膜。均质膜呈结构均一的致密无孔状，通常用自然蒸发凝胶法制成，厚度较大（一般为几十微米），组分透过膜的阻力大，通量小，无实用意义，一般在实验室研究中使用。非对称膜由无孔致密皮层及多孔支撑层组成，皮层的厚度为 0.1～1μm，由同一种材料经相转化方法一次制成。目前尚未制得分离性能很好的非对称渗透气化膜。复合膜是由多孔的支撑层上覆盖一层致密的分离层而成，分离层与支撑层一般由不同的材料制得，分离层的厚度为 0.1μm 到几微米。在多孔支撑层表面制取分离层的方法有浸渍法、涂布法、等离子聚合法和界面聚合法等。复合膜的结构如图 2-4-2 所示。

聚乙烯醇膜　0.5~2μm
聚丙烯腈微孔膜　70μm
聚酯无纺布　100μm

图 2-4-2　聚乙烯醇复合膜结构

按功能分为亲水膜、亲有机物膜和有机物分离膜。亲水膜也称水优先透过膜，由具有亲水基团的高分子材料或高分子聚电解质的分离活性材料制成。最典型的如GFT膜，其分离层由亲水的PVA材料制成。亲有机物膜，也称有机物优先透过膜，采用低极性及低表面能的聚合物作为分离活性材料制成，目前主要有硅橡胶及其改性物、聚取代烃、含氟高聚物及改性物。有机物分离膜即有机混合物分离膜，其膜材料的选择没有普遍原则，必须针对所分离体系的物理化学性质，目前开发较为成功的有芳烃/烷烃分离膜、醇/醚分离膜。

渗透气化分离膜是一种致密的无孔高分子薄膜。它们必须在溶液中有很好的机械强度及耐化学稳定性，同时还必须具有很高的选择性和透过性，以获得尽可能好的分离效果。

根据渗透气化的原理，膜的选择性主要取决于被分离组分在膜中的溶解度。这就要求膜材料同被分离组分有相似的性质，两者的性质越接近，膜的选择性也越高。然而，大量的实验结果表明，渗透气化膜的选择性同膜的渗透性的变化常常是相互矛盾的，选择性好的膜其透过性都比较小，而透过性好的膜其选择性却比较差。选择分离膜时，必须根据具体情况综合考虑。

根据膜材料的化学性质和组成，渗透气化膜可分为亲水膜和亲油膜两大类，即水优先透过膜和有机溶剂优先透过膜。前者主要用于从有机溶剂中脱除水分，而后者则用于从水溶液中脱除有机物或有机溶剂混合物的分离。常用的亲水膜材料有聚乙烯醇、聚丙烯酸、聚丙烯腈、壳聚酪类和高分子电解质如聚乙烯接枝丙烯酸及磺化聚乙烯等。目前在工业上已经商品化的膜是德国公司生产的以聚乙烯醇为主体的复合膜。常用的亲油膜材料有硅橡胶、聚烯烃、聚醚—酰胺等。其中硅橡胶及硅沸石填充的硅橡胶膜在工业上已有生产。

致密膜的溶液透过性很差。用于渗透气化的分离膜都必须尽可能做得很薄，以提高单位膜面积的生产能力。真正有应用价值的渗透气化膜厚度仅几微米。为了使超薄膜有足够的机械强度，它们必须用微孔膜支撑，制成具有多层结构的复合膜。公司生产的复合膜是将溶液涂布在聚酯无纺布支撑的聚丙烯腈微孔膜上制成的，其结构如图 2-4-2 所示。具有分离活性的聚乙烯醇超薄层仅 $0.5 \sim 2 \mu m$ 厚，表面致密、均匀，无针孔。

要提高复合膜在溶液中的稳定性，还必须对膜进行适度的化学或辐照处理，使形成交联结构。公司生产的复合膜所用的交联剂是顺丁烯二酸和戊二醛，其用量为 $1\% \sim 10\%$（摩尔分数）。交联剂可直接加入到溶液中一起涂布，交联温度为 $140 ℃$。改变交联剂或配方，可制得不同牌号的分离膜。

渗透膜组件是渗透气化的关键设备。由于渗透气化必须在较好的真空度下进行操作，因此渗透膜组件密封的好坏是渗透气化分离器能否正常工作的关键。目前国内一些研究渗透气化器的单位往往就是在密封问题上受挫。除了渗透膜组件的密封外，渗透膜组件的设计必须有尽可能大的面积体积比，以提高渗透膜组件的效率。

目前已经在工业中应用的渗透膜组件主要有板框式和卷筒式两种。

板框式渗透膜组件是由不锈钢板框和网板组装而成。板框是由三层不锈钢薄板焊接在一起的，以便在平板间形成供液体流动的流道。这样的设计可获得最大的面积体积比。分离膜安装在板框上，背面用网板隔开。每个渗透膜组件单元由 8～10 组板框组成。通常，小型渗透膜组件的有效面积为 $1m^2$，大型的为 $10m^2$。渗透膜组件用法兰固定后安装在真空室中。操作时，溶液经板框注入溶液腔同分离膜接触，渗透液经网板进入真空室脱除。

板框式渗透膜组件的体积较大，不锈钢用量也多，故设备投资费用较高。但因其制备和安装比较简单、可靠，故目前绝大多数渗透气化器，特别是大型的有机溶剂脱水装置都采用这种结构。板框式渗透膜组件的结构如图 2-4-3 所示。

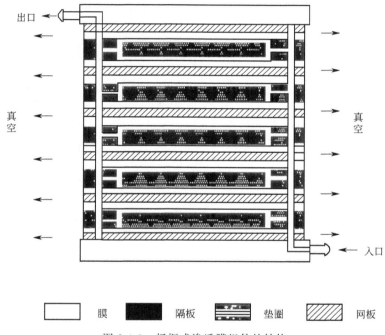

图 2-4-3　板框式渗透膜组件的结构

卷筒式渗透膜组件是将平板膜和隔离层一起卷制而成的，如图 2-4-4 所示。层间用胶黏剂密封。卷筒式渗透膜组件体积小，钢材用量少，因此制造费用较低。但组装和密封的难度很高，因为很难找到一种在高温下，于有机溶剂中性质稳定的胶黏剂，因此至今只在较小型的设备中得到应用。由于这种结构的投资费用较低，如能解决密封难题，将会是今后发展的方向。

2.4.4　渗透气化膜的工业应用

渗透气化过程的研究开始于 20 世纪 50 年代，70 年代能源危机之后，引起了

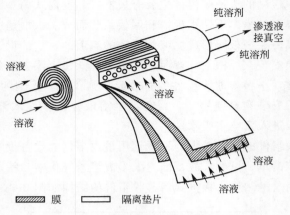

纯溶剂
渗透液接真空
纯溶剂
溶液
溶液
溶液
溶液
溶液
溶液

▨ 膜　　▭ 隔离垫片

图 2-4-4　卷筒式渗透膜组件的结构

世界各国的重视，针对多种体系，特别是乙醇/水体系的分离，进行了大量的研究。近 10 多年来，发达国家投巨资立专项，作为第三代膜技术进行研究和开发，其中，用于有机水溶液脱水的渗透气化技术，于 80 年代初开始建立小型工业装置，80 年代中期实现了工业化应用。1982 年，德国 GFT 公司率先开发成功亲水性的 GFT 膜，板框式组件及其分离工艺成功地应用于无水乙醇的生产，处理能力为 1500L/d 成品乙醇，从而奠定了 PV 的工业应用基础。同年在巴西也建成了日产 1300L 无水乙醇的工厂。随后的几年中，GFT 公司在西欧和美国建立了 20 多个更大规模的装置。1988 年，法国建成了迄今世界上最大的年产 4 万吨无水乙醇的工厂。日本也建立了若干有机溶剂的脱水工厂，用于乙醇、异丙醇、丙酮、含氯碳氢化合物等有机物的脱水。目前世界上已相继建成了 100 多套渗透气化的工业装置。在膜组件方面，已经开发成功了板框式、管式、卷式及中空纤维膜组件。其中，板框式组件是最早开发成功的膜组件。GFT 公司的标准组件由 100 块单板组成，膜的有效尺寸是长和宽各为 0.5m，组件总有效面积为 50m²，由不锈钢作结构材料，能承受高温、腐蚀，适应各种操作条件，在工业上应用最广。

2.4.4.1　二元恒沸有机溶剂的分离

在有机溶剂中有许多恒沸或近沸点的混合液体，若采用普通的精馏手段很难将它们分开，但若采用渗透蒸发法便可解决。例如，对一些结构相似和沸点接近的有机溶剂苯-环己烷、苯乙烯-乙苯及二甲苯异构体等的分离，采用渗透蒸发方法分离效果很好。

工业应用的渗透蒸发法工艺流程如图 2-4-5 所示。

日本的 Rauteubach 等人采用三级串联式渗透蒸发法，对 1∶1 的苯-环己烷进行分离，分离效果的纯度均达到 95%。

2.4.4.2　异丙醇的脱水浓缩

采用渗透蒸发装置（长 7.4m、宽 3.3m、高 3.5m）用于异丙醇（IPA）水溶

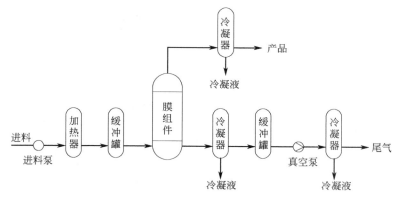

图 2-4-5　工业应用渗透蒸发法工艺流程

液的浓缩（87%～99.7%，质量分数）。该装置的处理能力为 500kg/h，膜材料为聚乙烯醇。运行的流程大体这样：由进料罐送来的原料液首先经过再生器和预热器，使温度提高到 95℃ 并导入膜组件内，膜组件安装在真空容器内，水蒸气透过内部的真空膜以后，再被引出。

2.4.4.3　生产燃料乙醇

采用渗透气化膜技术可以有效地生产燃料乙醇，它是通过膜对乙醇和水的溶解扩散性不同来实现组分分离的，分离过程的驱动力是物料的分压差和浓度差。该技术的突出优点是可以高效分离恒沸物、近沸物体系，比恒沸精馏节能 1/2～2/3，

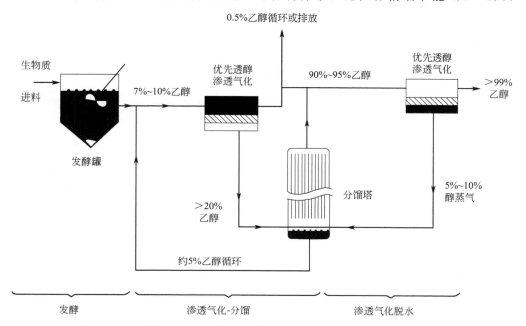

图 2-4-6　连续发酵-渗透气化-精馏耦合工艺生产燃料乙醇的流程示意图

过程简单，操作方便，装置系统性能稳定、可靠、占地面积小，装置高度低。

图 2-4-6 是美国 MTR 公司采用连续发酵-渗透气化-精馏耦合工艺生产燃料乙醇的流程示意图。

目前，渗透气化的研究与工业应用正在继续发展，应用领域遍及醇、酮、醚、酯等多种有机物水溶液的脱水。用渗透气化法除去水中少量有机物的过程也开始在废水处理中应用。随着工业化的进展，PV 技术的研究和开发不断深入，从膜的传递机理，材料膜的制备、表征，以及它们的工业实验到经济评价，在世界范围内广泛开展起来。当前被关注的热点是有机混合物的分离。

我国渗透气化技术已在石油化工、精细化工、医药化工等工业企业推广应用。目前，已建立和正在建设的渗透气化溶剂脱水装置共有 19 套。这些装置的运行结果充分显示出这一新技术具有高效、节能、对环境友好等突出优点，它正在传统产业的技术提升改造、工业企业的节能降耗、有机溶媒的回收方面发挥积极的作用。

2.5　超临界流体萃取

超临界流体萃取是近年兴起的一种新型的分离技术。它利用物质在临界点附近发生显著变化的特性进行物质分离和提取。与传统的分离方法相比，具有一系列的优点。因此，在很多领域内得到应用和研究。

与传统的分离方法不同，超临界流体萃取（SCE）是通过调节 CO_2 的压力和温度来控制溶解度和蒸气压这两个参数来进行分离的，故超临界 CO_2 萃取综合了溶剂萃取和蒸馏的两种功能和特点，从它的特性和完整性来看，可相当于一种新的单元操作。

2.5.1　基本原理

超临界流体是指该流体处在其临界温度和临界压力以上的状态。图 2-5-1 是纯水的相图。

纯 CO_2 的临界压力为 7.35MPa，临界温度为 31.1℃，处于临界压力和临界温度以上状态的 CO_2，被称为超临界 CO_2。这是一种可压缩的高密度流体，是通常所说的气、液、固以外的第四态，它的分子间力很小，类似气体；它的密度可以很大，接近液体，所以这是一个气液不分的状态，没有相界面，也就没有相际效应，有助于提高萃取效率和大幅度节能。

超临界流体的黏度是液体的 100％，自扩散系数是液体的 100 倍，因而有良好的传质特性；在临界点附近，压力和温度的微小变化会引起 CO_2 的密度发生很大的变化，如图 2-5-2 所示。所以，可通过变换 CO_2 的压力和温度来调节它的溶解能力，提高萃取的选择性；通过压降来分离 CO_2 和所溶的产品，省却脱除溶剂的工序。

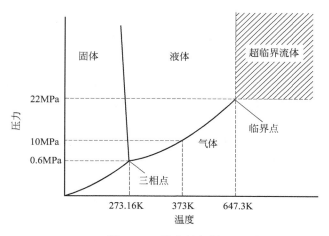

图 2-5-1 纯水的相图

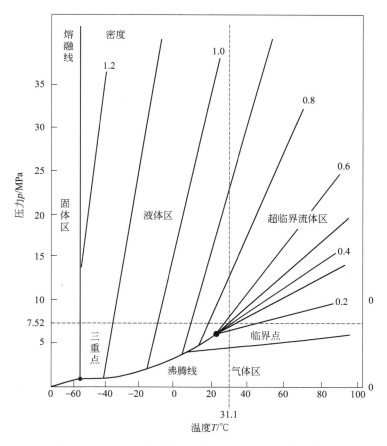

图 2-5-2 纯二氧化碳的密度随温度和压力变化的曲线

SCE 技术也有它的局限性，由 CO_2 的分子结构决定，SCE 对于烃类和弱极性的脂溶性物质的溶解能力较好，对于强极性的有机化合物则需加大萃取压力或使用夹带剂。

SCE 具有操作温度低、无毒、传质性能好、工艺流程简单、具有选择性、无易燃易爆危险、无三废、能耗低等传统分离技术所不可比拟的优点。工艺流程如图 2-5-3 所示。

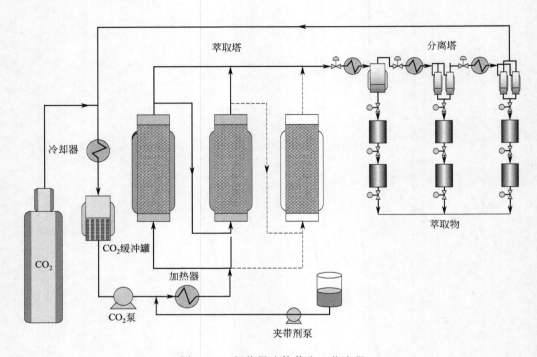

图 2-5-3　超临界流体萃取工艺流程

2.5.2　超临界流体性质

超临界流体是指超过临界温度与临界压力状态的流体。临界点上的流体可以表现出非常奇妙的现象，即所谓的临界涨落——"临界乳光"现象。表 2-5-1 列出了常用的超临界流体二氧化碳、乙烯、乙烷、丙烯、丙烷和氨等的临界值，包括临界温度、临界压力和临界密度。超临界流体最重要的性质是其密度、黏度和扩散系数。当接近临界温度 T_c、对比温度 $T_r = 1 \sim 1.2$ 时，流体有很大的可压缩性。在对比压力 $P_r = 0.7 \sim 2$ 的范围内，适当增加压力可使流体密度很快增大到接近普通液体的密度，使超临界流体具有类似液体对溶质的溶解能力，而且密度随温度与压力的变化而连续变化。一般而言，流体的溶解能力随密度的增大而快速上升。

表 2-5-1　常用超临界流体的临界值

溶剂 \ 物性	临界温度 /℃	临界压力 /MPa	临界密度 /(g/cm³)
乙烯	9.2	5.03	0.218
二氧化碳	31.1	7.35	0.468
乙烷	32.2	4.88	0.203
丙烯	91.8	4.62	0.233
丙烷	96.6	4.24	0.217
氨	132.4	11.3	0.235
正戊烷	197	3.37	0.237
甲苯	319	4.11	0.292

超临界流体的黏度受温度和压力的影响不太大，其黏度比液体要小得多，接近于气体；而超临界流体的扩散系数却比液体大约 100 倍。表 2-5-2 列出了超临界流体和常温、常压下气体、液体的三个基本性质。很明显，超临界流体的密度和液体的密度比较接近，而黏度和扩散能力接近于普通气体，这就意味着超临界流体具有很高的溶解能力和快速达到传质平衡的能力。常见超临界流体的物理性质如表2-5-3所示。

表 2-5-2　常见超临界流体的物理性质

化合物	蒸发潜热(25℃) /(kJ/mol)	沸点 /℃	临界参数		
			T_c/℃	p_c/MPa	d_c/(g/cm³)
CO_2	25.25	−78.5	31.3	7.15	0.448
氨	23.27	−33.4	132.3	11.27	0.24
甲醇	35.32	64.7	240.5	8.1	0.272
乙醇	38.95	78.4	243.4	6.2	0.276
异丙醇	40.06	82.5	235.5	4.6	0.273
丙烷	15.1	−44.5	96.8	4.12	0.22
正丁烷	22.5	0.05	152.0	3.68	0.228
正戊烷	27.98	36.3	196.6	3.27	0.232
苯	33.9	80.1	288.9	4.89	0.302
乙醚	26.02	34.6	193.6	3.56	0.267

表 2-5-3　超临界流体与气体、液体物性比较

流体状态	密度/(g/cm³)	黏度/[g/(cm·s)]	扩散系数/(cm²/s)
气体	$(0.6 \sim 2) \times 10^{-3}$	$(1 \sim 3) \times 10^{-4}$	$0.1 \sim 0.4$
超临界流体	$0.2 \sim 0.9$	$(1 \sim 9) \times 10^{-4}$	$(2 \sim 7) \times 10^{-4}$
液体	$0.6 \sim 1.6$	$(0.2 \sim 3) \times 10^{-2}$	$(0.2 \sim 2) \times 10^{-5}$

基于超临界流体的上述特殊性质，人们开发了很多超临界流体技术，它们主要

包括超临界流体萃取、超临界水氧化技术、超临界流体结晶技术、超临界流体干燥、超临界流体中的乳化和超临界流体中的聚合反应以及其他类型的反应。其中，超临界流体萃取利用超临界流体作为萃取剂，从液体或固体中萃取出待分离组分。超临界流体萃取以 CO_2 为理想的萃取剂，它的化学性质稳定，无毒，无臭，无腐蚀性，不燃，临界温度在 30℃ 左右，临界压力也不高，对许多物质具有良好的溶解能力。因此，超临界 CO_2 已广泛应用于化工、食品、医药等行业中热敏性及易氧化物质的提取。

2.5.3　超临界流体萃取工艺

　　超临界流体萃取的整个萃取过程由萃取段和解萃段组合而成。在萃取段，超临界流体将所需组分从原料中提取出来；然后在解萃段通过改变某一参数或其他方法，使萃取组分从超临界流体中解萃出来，萃取剂再循环使用。根据解萃方法的不同，可以把超临界流体萃取工艺分为两大类型，即等温变压工艺和等压变温工艺。

　　等温变压工艺流程如图 2-5-4（a）所示。萃取剂经压缩升温达到超临界状态，从而获得最大溶解能力（状态点 1），然后加到萃取器中与被萃取的料液接触。由于超临界流体有很高的扩散系数，故传质过程很快达到平衡。此时过程压强维持恒定，温度则自然下降，密度必定增加到状态点 2。随后萃取物流进入分离器进行等温减压分离过程，到达状态点 3，这时超临界流体的溶解能力减弱，溶质也就分离出来。分离后的超临界流体再进入压缩机进行升温加压，回到状态点 1。这样只需不断补充少量溶剂，过程即可反复循环。由于过程压强变化很小，所以需要的能量输入也较省。

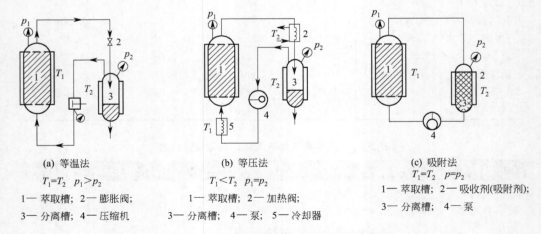

(a) 等温法　　　　　　　　(b) 等压法　　　　　　　　(c) 吸附法

$T_1=T_2$　$p_1>p_2$　　　　　$T_1<T_2$　$p_1=p_2$　　　　　$T_1=T_2$　$p=p_2$

1—萃取槽；2—膨胀阀；　　1—萃取槽；2—加热阀；　　1—萃取槽；2—吸收剂(吸附剂)；

3—分离槽；4—压缩机　　　3—分离槽；4—泵；5—冷却器　　3—分离槽；4—泵

图 2-5-4　超临界流体萃取工艺原理图

　　在等压条件［见图 2-5-4（b）］下，改变操作温度也可达到超临界流体萃取的目的，但温度对萃取能力的影响比压强的影响更为复杂一些。当等压升温时，超临界流体的密度减小，降低了对溶质的溶解能力，但此时溶质的蒸气压会相应提高，又会增加溶解度，两者相互影响的结果就会造成在某一压强范围内，温度升高溶解度增加，而在另一压强范围内，温度升高溶解度反而降低的复杂变化，以至操作条件比较难以把握。

除以上两种主要工艺之外，超临界流体萃取还有一种较为实用的流程，即吸附吸收工艺［见图 2-5-4(c)］。该法是采用某种可吸附溶质而不吸附萃取剂的吸附剂（或吸收剂）使两者分离，而萃取剂气体经压缩后循环使用。这种方法通常用于利用超临界流体来萃取产物中的杂质以纯化产品。

2.5.4 超临界流体萃取技术的应用

超临界流体萃取近年来已在化工、食品、医药等工业中获得了广泛的应用。其中，从石油残渣中回收油品，从咖啡豆中脱除咖啡因，从木浆废液中回收香草醛等都已成功地实现了大规模生产。以下简要介绍几种应用研究实例。

(1) 从天然产物中分离提取有效成分

将超临界流体萃取用于天然产物中有效成分的分离提取，比较典型的实例是从咖啡豆中提取咖啡因。咖啡因存在于咖啡、茶等天然植物中，医药上可用作利尿剂和强心剂。图 2-5-5 所示是用超临界 CO_2 提取咖啡因的工艺流程。将浸泡过的生咖啡豆置于耐压力室中，不断通入超临界流体 CO_2，操作压强达到 $16\sim20MPa$、温度为 $70\sim90℃$、密度为 $0.4\sim0.65kg/m^3$ 时，咖啡因被 CO_2 逐渐提取出来，并随 CO_2 一道进入水洗塔用水洗涤，咖啡因转入水相，CO_2 经加压后回到萃取塔循环使用。洗涤水经脱气后用蒸馏方法回收其中的咖啡因。

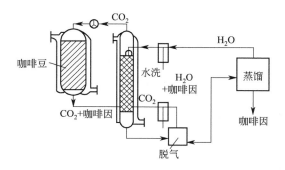

图 2-5-5　用超临界 CO_2 从咖啡豆中提取咖啡因

用超临界流体 CO_2 从大豆中提取豆油也比较成功，表 2-5-4 是超临界流体萃取法萃取豆油与溶剂正己烷萃取豆油的一些产品指标的比较。可以看出，两种方法提取的产品质量基本相同，但超临界流体萃取在较高压力下进行，设备费用较高。

表 2-5-4　超临界流体 CO_2 萃取和溶剂正己烷萃取豆油比较

指　标	正己烷萃取	CO_2 萃取
收率 /%	19.0	18.3
游离脂肪酸 /%	0.6	0.3
不可皂化物 /%	0.6	0.7
铁 /(mg/L)	1.4	0.3
含磷物 /(mg/L)	505	45
大豆中残余油 /%	0.7	1.4

超临界流体萃取还在其他许多天然产物提取方面获得了应用，例如从辣椒里提取辣椒红色素，杏仁中提取杏仁油，紫丁香中提取香精，啤酒花中提取葎草酮和蛇麻酮，烟草中提取尼古丁，茶叶中提取茶碱和茶多酚等等。用超临界 CO_2 萃取这些产物，一般工艺温和，产品不易变质，风味也不易损失。

(2) 分离精制化工产品

超临界流体萃取在化工及炼油工业中的研究十分活跃，如从油品中脱除沥青质就已工业化，而醇类的分离精制则是超临界流体萃取的另一应用领域。表 2-5-5 列出了醇类水溶液用超临界流体 CO_2 萃取分离的中试结果。显然，采用超临界流体萃取时的能耗比达到相同分离要求下采用蒸馏方法的能耗有大幅度的降低（以蒸馏法的能耗为 100% 计）。

表 2-5-5　醇分离的产品纯度与能耗

醇	原料（质量分数）/%	产品（质量分数）/%	常压共沸组成（质量分数）/%	能耗 /%
乙醇	2～15	84～91	95.6	40
异丙醇	2～60	84～95	87.9	17
正丁醇	2～70	91～96	67.9	10

(3) 在石油化工中的应用

由于丙烷溶剂对油的溶解能力随温度上升而下降，当达到或超过丙烷溶剂 96.8℃、4.12MPa 的临界点时溶剂全部气化。因此，在温度高于溶剂的临界温度，即在超临界状态下，溶剂和油的分离效果会更好，这样，溶剂对轻脱沥青油的溶解变成了轻脱沥青油中溶解少量的气相溶剂，大大减轻了溶剂回收的负荷，减少了回收溶剂所需要的能量。采取超临界回收技术，可以使丙烷溶剂的回收量达到总溶剂量的 83.15%，另外，在超临界状态下回收丙烷所需的能量远比采用蒸发回收小，可以使溶剂冷却器负荷减少 57%，加工能耗下降 28%。

超临界法丙烷脱沥青工艺流程如图 2-5-6 所示。

(4) 用超临界流体 CO_2 处理酿酒原料

淀粉类酿酒原料中的脂质含量对酒质影响很大。将各种酿酒原料用超临界 CO_2 进行脱脂，能除去 30% 左右的粗脂质。处理后的原料酿造出来的酒的色度降

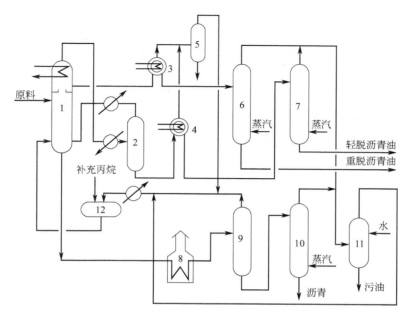

图 2-5-6　超临界法丙烷脱沥青工艺流程图

1—萃取塔；2—临界塔；3,4—丙烷蒸发器；5—泡沫分离塔；

6—重脱沥青油汽提塔；7—轻脱沥青油汽提塔；8—加热炉；9—沥青蒸发塔；

10—沥青汽提塔；11—混合冷凝器；12—丙烷储罐

低，而与提高白酒品质有关的醋酸异戊酯和异戊醇的含量则有所升高，影响质量的紫外吸收能力也下降，从仪器分析和品尝实验的结果都证明，经超临界流体处理工序生产出来的白酒的品质有显著的提高。

(5) 超临界流体萃取在生化工程中的应用

超临界流体萃取因操作条件温和、溶氧性能好、毒性低等特点而十分适合于生化产品的分离和提取。如用超临界流体分离氨基酸、从单细胞蛋白游离物中提取脂类等方面的研究已显示了它的优越性。近年来在许多生化产品的提取方面超临界流体萃取已实现初步工业化。比如从微生物发酵的干物质中萃取 γ-亚麻酸，用超临界流体 CO_2 萃取发酵法生产的乙醇，以及用超临界流体干燥各种抗生素以脱除丙酮、甲醇等有机溶剂，延长了产品的药效。

2.6　双水相萃取

双水相萃取（aqueous two-phase extraction，ATPE）技术始于 20 世纪 60 年代，从 1956 年瑞典伦德大学的 Albertsson 发现双水相体系到 1979 年德国 GBF 的 Kula 等人将双水相萃取分离技术应用于生物产品分离，虽然只有 20 多年的历史，但由于其条件温和，容易放大，可连续操作，目前，已成功地应用于蛋白质、核酸和病毒等生物产品的分离和纯化，双水相体系也已被成功地应用到生物转化及生物分析中。国内自20世纪80年代起也开展了双水相萃取技术的研究。

2.6.1　双水相萃取技术的原理及特点

(1) 双水相的形成

将两种不同的水溶性聚合物的水溶液混合时，当聚合物浓度达到一定值，体系会自然地分成互不相溶的两相，这就是双水相体系。双水相体系的形成主要是由于高聚物之间的不相溶性，即高聚物分子的空间阻碍作用，相互无法渗透，不能形成均一相，从而具有分离倾向，在一定条件下即可分为两相。一般认为只要两聚合物水溶液的憎水程度有所差异，混合时就可发生相分离，且憎水程度相差越大，相分离的倾向也就越大。

与一般的水-有机溶剂体系相比较，双水相体系中两相的性质差别（如密度和折射率等）较小。由于折射率的差别甚小，有时甚至都难以发现它们的相界面。两相间的界面张力也很小，仅为 $10^{-6} \sim 10^{-4}\,\mathrm{N/m}$（一般体系为 $10^{-3} \sim 10^{-2}\,\mathrm{N/m}$）。界面与试管壁形成的接触角几乎是直角。

常用于物质分离的高聚物体系有：聚乙二醇（简称 PEG）/葡聚糖（简称 Dextran）和 PEG/Dextran 硫酸盐体系。常见的高聚物/无机盐体系为：PEG/硫酸盐或磷酸盐体系。

(2) 双水相萃取原理

双水相萃取与水-有机相萃取的原理相似，都是依据物质在两相间的选择性分配，但萃取体系的性质不同。当物质进入双水相体系后，由于表面性质、电荷作用和各种力（如憎水键、氢键和离子键等）的存在和环境的影响，使其在上、下相中的浓度不同。分配系数 K 等于物质在两相的浓度比，各种物质的 K 值不同（例如各种类型的细胞粒子、噬菌体等分配系数都大于 100 或小于 0.01，酶、蛋白质等生物大分子的分配系数大致在 0.1~10 之间，而小分子盐的分配系数在 1.0 左右），因而双水相体系对生物物质的分配具有很大的选择性。

水溶性两相的形成条件和定量关系常用相图来表示，以 PEG/Dextran 体系的相图为例，如图 2-6-1 所示。这两种聚合物都能与水无限混合，当它们的组成在图中曲线的上方时（用 M 点表示），体系就会分成两相，分别有不同的组成和密度，轻相（或称上相）组成用 T 点表示，重相（或称下相）组成用 B 表示。

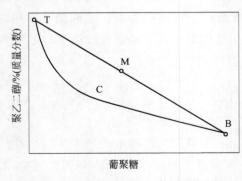

图 2-6-1　PEG/Dextran 体系的相图

C 为临界点，曲线 TCB 称为结线，直线 TMB 称为系线。结线上方是两相区，下方是单相区。所有组成在系统上的点，分成两相后，其上、下相组成分别为 T 和 B。M 点时两相 T 和 B 的量之间的关系服从杠杆定律，即 T 和 B 相重量之比等于系线上 MB 与 MT 的线段长度之比。

(3) 双水相萃取技术的特点

① 系统含水量多达 75%～90%，两相界面张力极低（10^{-7}～10^{-4} N/m），有助于保持生物活性和强化相际间的质量传递，但也有系统易乳化的问题，值得注意。

② 分相时间短（特别是聚合物/盐系统），自然分相时间一般只有 5～15min。

③ 双水相分配技术易于连续化操作。若系统物性研究透彻，可运用化学工程中的萃取原理进行放大，但要加强萃取设备方面的研究。

④ 目标产物的分配系数一般大于 3，大多数情况下，目标产物有较高的收率。

⑤ 大量杂质能够与所有固体物质一起去掉，与其他常用固-液分离方法相比，双水相分配技术可省去 1～2 个分离步骤，使整个分离过程更经济。

⑥ 设备投资费用少，操作简单，不存在有机溶剂残留问题。

2.6.2　双水相萃取的工艺流程

双水相萃取技术的工艺流程主要由目的产物的萃取、PEG 的循环和无机盐的循环三部分构成，其原则流程如图 2-6-2 所示。

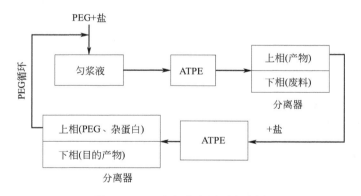

图 2-6-2　双水相萃取原则流程图

(1) 目的产物的萃取

原料匀浆液与 PEG 和无机盐在萃取器中混合，然后进入分离器分相。通过选择合适的双水相组成，一般使目标蛋白质分配到上相（PEG 相），而细胞碎片、核酸、多糖和杂蛋白等分配到下相（富盐相）。

第二步萃取是将目标蛋白质转入富盐相，方法是在上相中加入盐，形成新的双水相体系，从而将蛋白质与 PEG 分离，以利于使用超滤或透析将 PEG 回收利用和目的产物进一步加工处理。

(2) PEG 的循环

在大规模双水相萃取过程中，成相材料的回收和循环使用，不仅可以减少废水处理的费用，还可以节约化学试剂，降低成本。PEG 的回收有两种方法：①加入盐使目标蛋白质转入富盐相来回收 PEG；②将 PEG 相通过离子交换树脂，用洗脱剂先洗去 PEG，再洗出蛋白质。

(3) 无机盐的循环

将含无机盐相冷却，结晶，然后用离心机分离收集。除此之外还有电渗析法、膜分离法回收盐类或除去 PEG 相的盐。

2.6.3 双水相萃取技术的应用

2.6.3.1 分离和提纯各种蛋白质（酶）

用 $PEG/(NH_4)_2SO_4$ 双水相体系，经一次萃取从 α-淀粉酶发酵液中分离提取 α-淀粉酶和蛋白酶 [9]，萃取最适宜条件为 PEG 1000（15%）-$(NH_4)_2SO_4$（20%），pH=8，α-淀粉酶收率为 90%，分配系数为 19.6，蛋白酶的分离系数高达 15.1。比活率为原发酵液的 1.5 倍，蛋白酶在水相中的收率高于 60%。通过向萃取相（上相）中加入适当浓度的 $(NH_4)_2SO_4$ 可达到反萃取。实验结果表明，随着 $(NH_4)_2SO_4$ 浓度的增加，双水相体系两相间固体物质析出量也增加。固体沉淀物即可干燥后生产工业级酶制剂，也可将固体物加水溶解后用有机溶剂沉淀法制造食品级酶制剂。哈里斯用双水相体系从牛奶中纯化蛋白，研究了牛血清蛋白（OSA）、牛酪蛋白、β-乳球蛋白在 PEG/磷酸盐体系中的分配以及 PEG 相对分子质量、pH 值和盐的加入对三种蛋白分配的影响。实验结果表明，增加 NaCl 浓度，可提高分配系数，最佳 pH 值为 5。对 OSA 和牛酪蛋白，可得到更高的分配系数。在含有疏水基葡聚糖中，蛋白质和类囊体薄膜泡囊的分配研究表明，苯甲酰基葡聚糖和戊酰基葡聚糖具有疏水性。

2.6.3.2 提取抗生素和分离生物粒子

用双水相技术直接从发酵液中将丙酰螺旋霉素与菌体分离后进行提取，可实现全发酵液萃取操作。采用 PEG/Na_2HPO_4 体系，最佳萃取条件是 pH=8.0~8.5，PEG 2000（14%）/Na_2HPO_4（18%），小试收率达 69.2%，对照的乙酸丁酯萃取工艺的收率为 53.4%，PEG 不同相对分子质量对双水相提取丙酰螺旋霉素的影响不同，适当选择小的相对分子质量的 PEG 有利于减小高聚物分子间的排斥作用，并能降低体系黏度，有利于抗生素分离。采用双水相技术，可直接处理发酵液，且基本消除乳化现象，在一定程度上提高了萃取收率，加快了实验进程，但引起纯度下降，需要进一步研究和改进。

2.6.3.3 天然产物的分离与提取

中草药是我国医药宝库中的瑰宝，已有数千年的历史，但由于天然植物中所含的化合物众多，特别是中草药有效成分的确定和提取技术发展缓慢，使我国传统中药难以进军国际市场。双水相萃取技术可用于许多天然产物的分离纯化，效果明显。

20世纪90年代以来，双水相萃取还用于天然产物的分离纯化，如表2-6-1所示。

表2-6-1 双水相萃取在天然产物分离中的应用

分离天然产物	双水相体系	分离效率
蜕皮激素(ecdysone)	UNON/Reppal PES	88%~92%
黄芩苷(baicalin)	EOPO/K_3PO_4	分配系数为30~35
谷胱甘肽	EOPO/K_3PO_4	产率达80%以上甘草酸单铵盐
甘草酸	EOPO/K_3PO_4	的总收率达68.4%
甘草素	乙醇/K_3PO_4	收率91%,纯化倍数2.6
银杏黄酮	PEG/K_3PO_4	相比为0.56,萃取率达98.2%

2.6.4 双水相萃取技术的发展方向

尽管双水相萃取技术用于大规模生产具有许多明显的优点，但大量文献表明，ATPE技术在工业中还没有被广泛利用。部分是因为两相间的溶质分配对于具有高度选择性、需要从上千种蛋白中分离一种蛋白这种情况提供了很小的范围。另一方面，如何从聚合相中回收目的产物、循环利用聚合物与盐以降低成本问题还有待进一步研究。目前ATPE技术应用的主要问题是原料成本高和纯化倍数低。因此，开发廉价双水相体系及后续层析纯化工艺，降低原料成本，采用新型亲和双水相萃取技术，提高分离效率将是双水相分离技术的主要发展方向。

双水相萃取是一项可以利用不复杂的设备，并在温和条件下进行简单的操作就可获得较高收率和有效成分的新型分离技术。因此，广泛应用于生物化学、细胞生物学和生物化工等领域。然而有关双水相分配的基础研究还不够，工业化的一些关键问题还没有解决。为此，有必要加强这方面的基础研究，解决大规模萃取生物活性物质的工艺条件和设备方面的问题，促进双水相萃取技术的不断发展。

2.7 液膜分离技术

液膜分离(liquid-membrane separation)技术是20世纪60年代发展起来的，是一项新兴的高效、快速、节能的新型分离技术。和固体膜相比，液膜具有选择性高、传质面积大、通量大及传质速率高等明显的技术特色。因此，受到国内外许多学者的普遍关注，开展了大量的研究工作。近年来，在广泛深入研究的基础上，液膜分离技术在湿法冶金、石油化工、环境保护、气体分离、有机物分离、生物制品分离与生物医学等领域中，已显示出了广阔的应用前景。

应用液膜分离技术实现分离过程时，首先需将两个不互溶相制备成乳状液（emulsion），然后在第三相（连续相）中靠搅拌作用将乳状液打碎成为囊状小球并分散在该相之中。乳状液球的直径一般为 0.1～2mm。当欲由连续相中分离某溶质时，溶质会穿过乳状液膜渗透到囊状小球的液相（称为液膜相）中，并与其中的分散相（直径一般为 1～10μm）进行选择性渗透、化学反应、吸附或萃取等过程以达到分离的目的。

当萃取过程（液膜分离过程）终止后，利用沉降法将乳状液球与连续相分开。有时根据工艺的要求，也可以采用反乳化的方法进一步将液膜相内小液滴与液膜相分离开来。通常，在制备乳状液时，需向液体中加入表面活性剂和添加剂，以增加膜的稳定性、渗透性和选择性。

2.7.1 液膜分离技术的特征

液膜是以分隔与其互不相溶的液体的一个介质相，它是被分隔两相液体之间的"传质桥梁"。通常不同溶质在液膜中具有不同的溶解度（包括物理溶解和化学络合溶解）与扩散系数，即液膜对不同溶质的选择透过，从而实现了溶质之间的分离。液膜分离技术与传统的溶剂萃取相比，具有如下几方面特征。

① 实现了在液膜分离过程中同级萃取与反萃取的耦合，萃取与反萃取分别发生在液膜的左右两侧界面，溶质从料液相被萃入膜相左侧，并经液膜扩散到膜相右侧，再被反萃入接受相，从而实现了二者的耦合。

② 传质推动力大，所需分离级数少，萃取与反萃取同时进行，一步完成。因此，同级萃取反萃取的优势对于萃取平衡分配系数较低的体系则更为明显。

③ 试剂消耗量少。

④ 溶质可以"逆浓度梯度迁移"。

2.7.2 液膜分离技术的原理

液膜分离过程的传质机理是有其特色的，这也是这一技术可能在分离效果和选择性、传质速率和通量上出现明显提高的原因。

2.7.2.1 非流动载体液膜分离机理

(1) 利用液膜对物质作选择性渗透

当液膜中不含有流动载体时，其分离的选择性主要取决于溶质在膜中的溶解度。溶解度越大，选择性越好。这是因为对非流动载体液膜迁移来说，它要求被分离的溶质必须比其他的溶质运动得更快才能产生选择性，也就是说，混合物中的一种溶质的渗透速率要高。为了实现有效分离，必须选择一个能优先溶解一种溶质而排斥所有其他溶质的膜溶剂。

(2) 在膜上或在膜包封的小水滴内发生化学反应

使用非流动载体液膜进行分离时,当膜两侧的被迁移的溶质浓度相等时,输送便会自动停止。因此,它不能产生浓缩效应。为了实现高效分离,可以采取在接受相内发生化学反应的办法来促进溶质迁移,即滴内化学反应的机理,如图 2-7-1 所示。

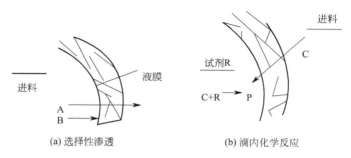

(a) 选择性渗透　　　　　　　(b) 滴内化学反应

图 2-7-1　非流动载体液膜分离机理

2.7.2.2　含流动载体液膜分离机理

使用含流动载体的液膜时,其选择性分离主要取决于所添加的流动载体。载体主要有离子型和非离子型。流动载体负责指定溶质或离子选择性迁移,因此,要提高液膜选择性的关键在于找到合适的流动载体,其迁移机理有以下两种。

(1) 逆向迁移

这种迁移机理是:当液膜中含有离子型载体时,载体在膜内的一侧与欲分离的溶质离子结合,生成络合物在膜中扩散,而扩散到膜的另一侧与同性离子(供能溶质)进行交换。由于膜两侧要求电中性,在某一方向一种阳离子移动穿过膜,必须由相反方向另一种阳离子来平衡。所以待分离溶质与供能溶质的迁移方向相反,而流动载体又重新通过逆扩散回到膜的外侧重复上述步骤,这种迁移称为逆向迁移,它与生物膜的逆向迁移过程类似,如图 2-7-2 所示。

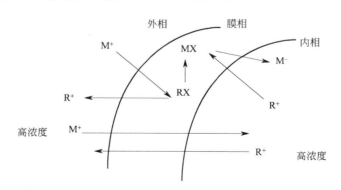

图 2-7-2　液膜分离逆向迁移机理

(2) 同向迁移

当膜中含有非离子型载体时，它所带的溶质是中性盐。例如用冠醚化合物载体时，它与阳离子选择性络合的同时，又与阴离子结合形成离子对一起迁移，这种迁移过程称为同向迁移。由于膜内相中被分离组分的浓度较外相低得多，引起被分离组分向内相释放，而游离的流动载体逆扩散回到膜的外侧重复上述步骤，但内外两相中欲被分离组分的浓度达到平衡时，这种迁移就会被停止，它同样不能达到浓缩效应。为了提高分离效率，也可以采取上述所说的滴内反应机理。

2.7.3　液膜分离技术的类型

液膜分离技术按其构型和操作方式的不同，主要可以分为厚体液膜、乳状液膜和支撑液膜。

(1) 厚体液膜

厚体液膜一般采用 U 形管式传质池，其上部分别为料液相和接受相，下部为液膜相，对三相均以适当强度搅拌，以利于传质并避免料液相与接受相的混合。厚体液膜具有恒定的界面面积和流动条件，操作方便，限于实验室研究使用。

(2) 乳状液膜

如图 2-7-3 所示，乳状液膜有"水-油-水"型（W/O/W）或"油-水-油"型（O/W/O）的两种双重乳状液高分散体系。将两个互不相溶的液相通过高速搅拌或超声波处理制成乳状液，然后将其分散到第三种液相中，就形成了乳状液膜体系。乳液膜的稳定性好，可用于工业分离。

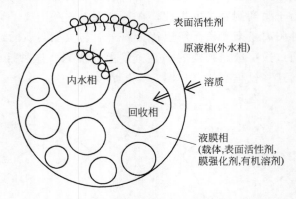

图 2-7-3　W/O/W 型乳状液膜

(3) 支撑液膜

如果液体能润湿某种固体物料，它就在固体表面分布成膜。微孔材料制成的膜片或中空纤维，用膜相溶液浸渍后，就形成了固体支撑的液膜。聚四氟乙烯、聚丙烯制成的微孔膜，用以支撑有机液膜；滤纸、醋酸纤维素微孔膜和微孔陶瓷，用以支撑水膜。支撑液膜的形状、面积和厚度取决于支撑材料，如图 2-7-4 所示。

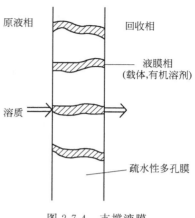

图 2-7-4　支撑液膜

2.7.4　液膜分离技术的应用

液膜分离技术具有良好的选择性和定向性，分离效率很高。因此，它涉及气体分离、金属分离浓缩、烃类分离、氨基酸及蛋白质等诸多研究领域，特别是在处理高浓度有机废水方面，液膜法取得了显著的成绩，其应用前景宽广。

(1) 烃类混合物及其他气体分离

一些物理化学性质相近的烃类化合物用常规的蒸馏法和萃取法分离，既成本高又难以达到分离要求。采用液膜法进行分离具有简便、快速和高效等特点。一般待分离的烃类混合物为有机相，膜相为水相膜。研究者现已对分离苯-正己烷、甲苯-庚烷、正己烷-苯、正戊烷-甲苯、乙烷-庚烷、正己烷-环己烷、庚烷-乙烯等混合体系进行了成功的实验。

Ward 和 Robb 使用亚砷酸钠的饱和碳酸氢铯溶液渗透的多孔醋酸纤维素薄膜，从 O_2/CO_2 混合气体中去除 CO_2，分离系数高达 4100，亚砷酸钠的存在使 CO_2 的渗透率增加了 3 倍，并且 $NaAsO_2$ 很稳定，使这一优良性能可以长期保持。

(2) 金属离子的分离

Rolf Marr 及 Josef Draxler 于 1988 年研究了液膜法提取黏胶纤维工厂中的含锌废水，萃取剂使用二(2-乙基己基磷酸)D2EHPA，稀释剂为煤油。经一次提取可除去 95％的 Zn^{2+}，但 Ca^{2+}、Mg^{2+} 几乎不能被除去。Marr 等在奥地利建立了一套处理量为 $75m^3/h$ 的中型处理装置，他的工作证明液膜法处理含锌废水是成功的。

大连化学物理研究所于 1989 年通过了液膜法提金同时回收 NaH 的实验室工艺流程鉴定，一致认为液膜法是一种高效、快速、简单、节能且成本低的新技术；之后，在中国科学院的组织下在黄华山金矿建立了一套日处理量为 10t 氰化浸出液的中间放大试验的生产装置，具有良好的社会效益和经济效益。

此外，液膜法也适用于处理其他金属离子，如 Cr^{6+}、Hg^{2+}、Cd^{2+}、Fe^{3+}、稀土等。

(3) 含酚废水处理

中科院大连化物所、上海市环保所、华南理工大学等研究单位相继进行了含酚废水的试验研究并部分应用于生产中。张秀娟等建立了以 LMS-2 为表面活性剂，煤油为膜溶剂，NaOH 为内相试剂的乳状液膜体系，处理能力为 500L/h 的酚醛树脂含酚废水液膜工业流程装置，废水起始含酚约 1000mg/L，经过二次液膜处理，出水含酚低于 0.5mg/L，可直接排放，无二次污染。破乳后，可从内水相回收酚钠盐，此技术已应用于工业化生产。汪景文等对太原焦化厂含酚废水采用液膜法进行处理，采用蓝 113B-煤油-NaOH 膜体系，经二级处理，使含酚量为 500～1000mg/L 的废水下降到 0.5mg/L 以下，并已建成一套日处理废水 1.7t 的中试装置。秦非等认为混合型表面活性剂能显著改变含单一表面活性剂的液膜性能，降低液膜的传质阻力，提高液膜的传质效率。因此，运用混合型表面活性剂蓝 113B/Span-80 的膜体系对某染料化工厂的染料废水（苯酚浓度有时可达 $1×10^5$ mg/L 以上）进行液膜法除酚，得到了满意的结果。在废水含酚量为 810～50400mg/L 的广泛范围内，经二级处理，去酚率均可达 99.9% 以上。哈尔滨石油化工厂的戚秀云、李霞应用液膜法处理高浓度苯酚生产废水，在小试成功的基础上，用转盘塔做工业实验。探讨了乳水比、转盘塔停留时间对除酚效果的影响，并通过正交实验找出了转盘塔的最佳工艺参数。实验结果表明，该工艺可使废水酚含量由 3000mg/L 降至 100mg/L 以下，除酚率达 99% 以上。

(4) 液膜分离技术在其他领域中的应用

液膜分离技术除了在前述领域中的应用性研究之外，在诸如生物化工、生物制药等领域中也有可以展望的前景。研究的典型对象包括氨基酸、乙酸和丙酸、柠檬酸、乳酸、青霉素等。宗刚等以 TOA 为膜载体、煤油为膜相有机溶剂、Span-80 为表面活性剂、Na_2CO_3 为内相试剂所组成的液膜体系，利用恒界面反应器对乳化液膜法提取柠檬酸进行了研究，通过考察制乳因素与传质条件对提取率和溶胀率的影响研究，寻找出了液膜萃取过程的最佳膜配方及操作工艺，在此研究基础上还建立了提取柠檬酸的非稳态平板数学传质模型。林立等采用聚胺类为表面活性剂，叔胺为流动载体的乳状液膜提取水溶液中的柠檬酸，同时研究了提取过程中的传质行为，为进一步从发酵液中提取柠檬酸的工艺开发奠定了技术基础。徐占林等采用三辛基甲基氯化铵为流动载体，聚单丁二酰亚胺为表面活性剂，内外相 Cl^- 浓度梯度为推动力，研究了 L-苯丙氨酸在液膜体系中的传递，实现了 L-苯丙氨酸的提取和浓缩。

液膜分离技术与传统萃取分离技术相比属于发展阶段，鉴于液膜溶胀性及破乳效果不够理想，尚没有大规模应用，但其具有操作简便、萃取剂用量少、传质推动力大、传质速率快、分离效果好、富集浓缩倍数高等不可比拟的优势。

2.8　色谱分离

色谱是迄今人类掌握的对复杂混合物分离效率最高的一种方法。作为一种精度高、速度快的分析工具，色谱在医药工业、生化技术和精细化学品的生产方面已成为越来越重要的制备分离的手段。许多情况下，所需的高纯标样只能用制备色谱技术来得到，如外消旋体的分离。随着现代制药行业的快速发展，药物活性成分的分离日益受到关注和重视，而药物活性成分的规模化分离制备技术成为制约现代制药行业发展的瓶颈。

色谱分离技术已从分析规模发展到制备和生产规模，在药物活性成分的分离纯化中发挥了重要作用，并已发展成为大规模分离制备药物特别是中药活性成分的重要方法。工业规模制备色谱是适应科技和生产需要发展起来的一种新型、高效、节能的分离技术。

2.8.1　工业高效制备色谱原理

工业高效制备色谱（high peformance preparative chromatography，HPPC）通常是由多根装填小颗粒填料的色谱柱组成的色谱系统，填料的粒径与操作方式有关，间歇操作时粒径一般为 $15\mu m$ 左右，连续操作时则为 $20\sim30\mu m$，每米板效率在 20000 理论板以上，操作压力为 $3\sim6MPa$。工业高效制备色谱一般在 $5\sim10cm/min$ 的高流速下操作，可以大大提高生产效率，节省产品纯化成本。

2.8.2　工业高效制备色谱工艺

2.8.2.1　模拟移动床色谱

模拟移动床色谱（simulated moving bed，SMB）是连续色谱的一种主要形式，其关键是使固定相与流动相形成逆流移动，然而两相之间的逆流移动在工业过程中并不容易实现，例如固定相的移动会造成填料颗粒的磨损以及填料的分散，流动相流速又受填料颗粒沉降速度的限制等。模拟移动固定相代替固定相的真实移动是模拟移动床色谱的基本思想。

模拟移动床色谱由多根色谱柱组成，柱子之间用多位阀和管子连接在一起，每根柱子均设有样品的进出口，并通过多位阀沿着流动相的流动方向周期性地改变样品进出口位置，以此来模拟固定相与流动相之间的逆流移动，实现组分的连续分离。SMB 色谱由各进出口可将系统分为 4 个带，在分离过程中，尽管进出口的位置变化，但是各带中色谱柱的数目不随时间变化。如 6 柱 SMB 色谱中，色谱柱数目分配为 1/2/2/1，在整个运行周期中保持不变。

SMB 色谱还有一些改进的操作模式。温度梯度 SMB 和溶剂梯度 SMB 分别是通过温度、溶剂组成的变化改变溶质在各带的吸附强度而改善色谱的分离性能。多组分 SMB 是通过增加带的数目而增加能够得到的纯组分数目，如采用四带与五带 SMB 色谱分离纯化三组分体系。此外还有一种称为 "Powerfeed Operation" 的 SMB 色谱操作模式，它的特点是在进出口切换时可改变液体流速。

SMB 色谱技术可用于药物尤其是手性药物的分离，目前已发展到吨级工艺。SMB 色谱技术在生物分离领域也有较广泛的应用，如：从细胞培养液的上清液中分离纯化单克隆抗体，产率达 90% 以上。

SMB 色谱的技术优势主要表现在以下三个方面：①SMB 色谱是一个连续分离过程，易于实现自动化操作和稳定的产品质量控制。与传统的间歇制备色谱相比，SMB

色谱在提高生产能力和降低溶剂消耗量方面都有不同程度的改善，如将 SMB 色谱用于喹啉甲羟戊酸乙酯（DOLE）的拆分中，生产能力可提高 20 倍。多项研究表明，溶剂消耗量可节省 84%～95%。②SMB 色谱技术比其他制备色谱的分离效率高：一方面，生产同样纯度的产品，SMB 色谱的理论板数少得多；另一方面，研究表明当色谱柱效率降低 20% 时，SMB 色谱的生产能力仅降低 10%，而一般的制备色谱生产能力却降低 50%。③对于旋光异构体的分离，SMB 色谱技术可以很容易实现从分析型色谱条件的快速、可靠放大。通过应用分析型色谱，对流动相溶解样品能力、保留时间、选择性进行研究，可以很方便地评价出大规模 SMB 色谱分离的可行性。

　　模拟移动床色谱 SMB（simulated moving bed chromatography）是提纯化合物强大且极具吸引力的分离手段。早在 20 世纪 60 年代就由美国工程公司 UOP 把逆流色谱的概念引入 Sorbex 家族的 SMB 工艺并使之商业化，从而作为一种工业制备工艺取得了长足的发展。由于 SMB 技术减少了为达到特定分离所需的固定相及流动相的体积，成本的节约使色谱分离更加经济可行。但应用于制药及精细化学品的制备分离却一直发展缓慢，主要是由于缺少工艺模拟的模型、有效数值方法和计算机。直到 20 世纪 80 年代在有关 SMB 理论框架的形成和模拟程序的出现加上 PHPLC 在硬件方面的最新进展，才使 SMB 重新焕发出勃勃生机。古典制备色谱有两大缺陷，不连续且溶质稀释。SMB 的出现打破了这些局限。SMB 是一种模拟真实移动床（或逆流色谱）的重要分离工艺。在 SMB 中，固相逆流移动由进样和溶剂入口与残液和提取物出口的周期性切换来模拟，如图 2-8-1 所示，相当于柱子朝与切换方向（即流动相流动的方向）相反的方向移动。

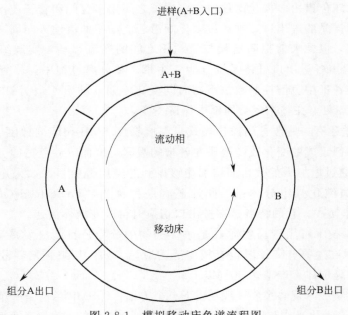

图 2-8-1　模拟移动床色谱流程图

模拟逆流的实现避免了因固相的物理移动导致的缺点。工艺具连续性，可以将二元样品分离为高度纯净的两个组分，并完全回收。可高效拆分分离因子相对较小的化合物。SMB 与 HPLC 相比主要的优势在于溶剂消耗大量减少；收集到的产品稀释度小；填料更加有效利用。因此，SMB 提纯成本比 HPLC 更少。当然，SMB 也有难以克服的问题，一是 SMB 是一种二元分离器，这限制了它的应用范围；二是设备的复杂性，可能比 HPLC 更难使用和维护，一般要用 8～16 根性能相似的柱子，致使优化提纯条件更加复杂。

尽管如此，SMB 还是方兴未艾，尤其是应用于外消旋溶液的分离（一种典型的二元分离），更是 SMB 技术最理想的用武之地。FDA（美国食品与药品管理局）已宣布出于药物审批的目的，将认为两种对映异构体是不同的化学品。Lehoucq 等则对 SMB 在手性分离方面的应用进行了探讨，并提出一基于实验数据的逆流模型，发现模型与实际系统吻合良好。也正是由于对纯手性化合物的市场需求趋势，驱使填料制造商去开发用于手性分离的特殊固定相，包括分子压印、蛋白质相和环糊精等。

2.8.2.2 超临界流体色谱

超临界流体色谱（super-critical fluid chromatography，SFC）因使用超临界流体（通常为 CO_2）作为流动相而得名，与其他色谱分离过程相比具有独特的优势。通过改变操作温度或压力，可使单一流动相用于多种用途的分离，简单降压使 SC-CO_2 气化就可收集到产品；流动相回收简便，成本低廉，易于实现梯度操作。目前 SFC 已用于许多工业领域的提取过程，最常见的是提取香料和咖啡因工艺。间歇 SFC 在鱼油提取分离、从发酵液提取 CyclospoTin A、分离叶绿醇异构体等方面的应用，表明其在降低溶剂用量和提高分离效率方面具有优势。

间歇 SC-CO_2 制备工艺中，CO_2 是循环使用的。液体 CO_2 通过泵加压输送，受热后变为超临界 CO_2。在超临界条件下，分离过程在色谱柱中完成。色谱系统出口压力降低时，CO_2 又成为气体状态，在气相中收集各纯组分。气体 CO_2 通过适当的设备得到净化、冷却后成为 CO_2 液体流入储罐中，继续循环使用。在许多分离过程中还需要加入改良剂以调节 SC-CO_2 的溶解能力，如加入 2%～3%的甲醇或乙醇，可大大提高 SC-CO_2 对极性物质的溶解度。

SC-CO_2/SMB 色谱综合了 SFC 和 SMB 这两种分离技术的优势，解决了 SMB 色谱进行梯度操作的困难。图 2-8-2 为 SC-CO_2/SMB 色谱梯度操作原理。

以 SC-CO_2 作为流动相，通过控制 SMB 系统中不同带的平均压力，可容易地实现梯度洗脱。例如：为了提高 I 带的效率，应增加洗脱剂的洗脱强度，以使吸附作用强的组分易于解吸，这时就要提高 SC-CO_2 压力；相反，在Ⅳ带应降低洗脱强度，以使吸附作用弱的组分能够进行吸附，而使Ⅳ带效率提高，从而由 I 带到Ⅳ带的平均压力依次降低。SC-CO_2/SMB 色谱纯化 1,2,3,4-四氢-1-萘酚的工艺数据表明，当压力梯度为 10～25MPa 时，与等度压力操作相比，前者生产能力为后者的

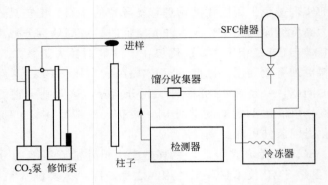

图 2-8-2   SC-CO$_2$/SMB 色谱梯度操作原理

3 倍，而溶剂消耗量却不足后者的 1/5。

超临界流体色谱的应用存在以下限制因素：

① 费用相当昂贵。例如色谱柱应能承受相当高的压力变化（如 30～31MPa），而且色谱柱在承受压力的增加时要防止对填料的损坏。目前动态轴向压缩柱能满足此要求，但也不能完全解决费用昂贵的问题。

② SC-CO$_2$ 不可能溶解所有物质，通常需加入改良剂以改善溶解性能，但同时部分抵消了其一些优势。

2.8.3   制备色谱装置

液相色谱是将分离填料填装在色谱柱内，以液体流动相进行洗脱，利用药物不同活性成分与填料相互作用力的差异进行分离。在液相制备色谱分离中，一般将柱压力低于 0.5MPa 的称为低压制备色谱，压力为 0.5～2MPa 的称为中压制备色谱，压力为＞2MPa 的称为高压制备色谱。

低压制备色谱通常有两种模式，一种是在柱上方加压，另一种是在柱下方减压。除了加减压外，其他的与经典柱色谱法基本一致。减压一般是用真空泵来完成，加压一般用空气泵、氮气钢瓶、蠕动泵等完成。在低压制备色谱中使用的是颗粒较大的填料，因此其分辨率是有限的。

中压制备色谱是利用恒流泵抽送流动相，带着样品流经色谱柱，实现对样品的分离。中压制备色谱系统由溶剂瓶、恒流泵、进样阀、色谱柱、检测器、记录仪和馏分收集器等部分组成。其色谱柱一般是由耐压的强化玻璃制成，填料颗粒大小比低压制备色谱所用填料小，分离效率更高。

2.8.3.1   高效液相制备色谱柱

制备型 HPLC 由于采用细的填料、高压操作，所以色谱柱多用不锈钢制作，目前所使用的柱结构型式主要有空管柱、轴向压缩柱和径向压缩柱。

(1) 空管柱

空管柱结构与分析柱相同，常用空管柱内径为 10～100mm，采用匀浆填充技术填装色谱填料。随空管柱直径的增大，用匀浆法填充色谱柱的难度也越来越大，当内径＞100mm时，用匀浆法填充难以得到理想的效果。

（2）轴向压缩柱

轴向压缩柱是采用活塞压缩床层，以使色谱柱内填料均匀、密实，得到更高的柱效。它源于1976年Godbille等人的研究工作，其后在1990年后得到了迅速的发展。其原理是通过活塞的上下移动来装柱、维持柱压和卸柱，活塞周边配置了特殊设计的密封圈，能允许活塞上下自由移动，同时又能保持高的密封性。在柱内的两端均配有多孔不锈钢滤板和能使样品及洗脱液在柱截面上均匀分布的分散器。液流分散器保证了大量样品尽可能地瞬时分散在柱截面上，进而快速均匀地进入柱床，克服了柱中心样品局部过浓的现象，保证了色谱柱的高效。

根据在分离制备过程中提供给活塞的压力是否持续，可将轴向压缩柱分为静态和动态两种，静态轴向压缩柱的效果比动态的差，但是设备比动态便宜。动态轴向压缩柱在使用过程中，活塞始终产生一定的压力压缩填料，随时消除产生的死空间，色谱柱柱床均匀、性能稳定、密度高、柱效高。采用动态轴向压缩柱工艺装填的色谱柱现已基本上主宰了整个制备型色谱柱市场，国内已有动态轴向压缩柱制备色谱系统产品。

聊城万合工业制造有限公司自主研发了高效液相轴向加压（自振）制备层析柱系统，配套高压输液泵和检测器，通过计算机自动控制，成功开发了高效液相层析中药提取装备。图2-8-3为高效液相轴向加压（自振）制备色谱柱（HPLC-C200型）系统的示意图，图2-8-4为色谱柱柱体图，图2-8-5为汇流板结构示意图。

柱系统具有如下特点：①采用精密的机械抛光、电抛光技术和圆柱化技术，使柱壁的表面粗糙度$Ra \leq 0.025\mu m$，达到了国外同类产品的制造水平，并保证了其柱管的圆柱度达$2\mu m$，从而最大限度地减少了装柱和使用过程中的管壁效应，并可保证重复装填多次后仍保持初次装填时的良好密封性能和柱效。②柱体部分和固定机架采用弹簧连接方式和铰轴连接方式的组合，在人工做干式固相填料时，可以通过手动振动和摆动柱体部分，将填料在加压前在柱体中呈均匀布置，以利于在液压轴向加压后，使填料在柱体中密度均匀。③通过柱端的汇流板流道分级布置，实现进出样品均匀分布，进一步提高柱效。

（3）径向压缩柱

径向柱色谱使用双管的色谱柱，填料装在管壁可压缩的高聚物柱管内制成柱芯，再将装有填料的柱芯放入不锈钢外套中，利用气体或液体施压于柱芯外壁和不锈钢外套之间，压紧柱芯内的填料，使色谱柱得到径向压缩。该技术由Little等于20世纪70年代中期发明，目的是消除颗粒间及颗粒与管壁间的空隙。

径向色谱柱的结构如图2-8-6所示，图中表明进入到径向色谱柱的样品和流动相并非如传统的轴向色谱柱从柱的一端流向另一端，而是沿径向流动，即样品和流动相是从色谱柱的周围流向柱圆心。

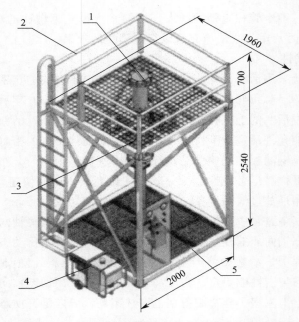

图 2-8-3 高效液相轴向加压制备色谱柱系统的示意图

1—轴向加压层析柱；2—主框架结构；3—层析柱体振荡机构；
4—加压液压站；5—保压用皮囊式蓄能器

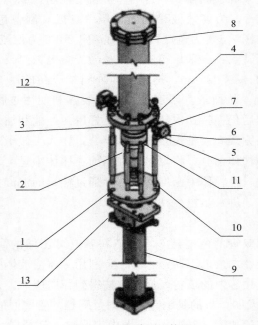

图 2-8-4 色谱柱柱体图

1—连接法兰；2—拉杆；3—长拉杆；4—支撑轴；5—连接挡板；6—转动定位盘；
7—定位销轴；8—层析柱体；9—加压油缸；10—销紧螺母；11—层析柱加压活塞体组件；
12—柱体铰接轴承座；13—外六角连接螺母

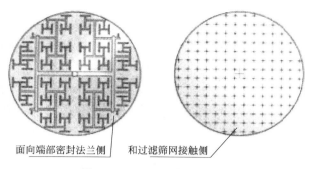

面向端部密封法兰侧　　　和过滤筛网接触侧

图 2-8-5　汇流板结构示意图

径向色谱　　　　　　　　　　径向色谱

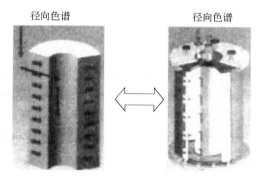

图 2-8-6　径向色谱柱的结构

径向压缩柱的主要缺点是柱芯长度固定，不如轴向压缩柱可以任意调节。此外直径较大的色谱柱中径向经常出现粒度梯度，造成流动相径向流速分布不均匀。由于径向扩散太慢，不能抵消柱截面积流速差异所产生的浓度梯度，所以径向流速是峰展宽的一个重要来源。径向压缩柱主要是由 Waters 公司生产，并已有预制柱出售。

2.8.3.2　高效液相制备色谱填料

色谱柱的性能往往决定了整个仪器设备的性能，而色谱填料的类型和尺寸又决定了色谱柱的性能，因此对于柱填料的选择十分重要。

(1) 制备色谱中对填料的要求

一般来说，分析型色谱柱填料也可以用于制备型色谱柱中，但是制备色谱中使用的量大，而且需要反复装柱。因此，对于制备色谱填料有一些特殊的要求：①机械强度高；②负载量高，单位重量的填料负载量高可以处理更多的样品；③可大量供应，批间的重现性好；④粒径大小合适，分布范围窄；⑤化学稳定性好，选择性好，无毒，易于填充，价格合理等。

一般情况下，很难找到符合所有要求的填料，因此新型填料的开发以及对原有填料的改性一直以来都是色谱研究的热点，也是制备色谱攻关的难题。

(2) 填料的种类

目前在制备色谱中，使用最多的就是硅胶及其衍生物的键合固定相填料。虽然硅胶及其衍生物使用的较多，但它们也有其缺点。例如，硅胶对极性物质特别是对碱性溶质产生非特异性吸附，导致峰严重拖尾。

为了克服上述缺点，人们对高纯硅胶及其键合固定相进行了潜心的开发，得到了金属杂质含量极低的高纯硅胶及其键合固定相。例如 Eka ChemicalsAB 的 Kromasilò 系列、GL Sciences 的 Inertsil ò 系列及 DAISO 的 DAISOGEL 系列等。

近年来又发展了整体柱色谱，它是原料经过聚合或固化在色谱柱内，形成的一整块连续的多孔填料。整体柱色谱具有传质快、谱带展宽小、孔隙度及渗透性好的特点，在高流速下压力远低于颗粒填充柱，是一种很值得深入研究的色谱填料。

2.8.4 色谱分离技术的应用

色谱是从混合物中分离组分的重要方法之一。色谱技术甚至能够分离物化性能差别很小的化合物，当混合物各组成部分的化学或物理性质十分接近，而其他分离技术很难或根本无法应用时，色谱技术愈加显示出其实际有效的优越性。如在消旋体处理等许多方面，所要求的产品纯度标准只有使用色谱技术才能达到。因而，在医药、生物和精细化工工业中，发展色谱技术进行大规模纯物质分离提取的重要性日益增加。

2.8.4.1 色谱分离技术在发酵工业中的应用

在发酵工业中，发酵液中含有氨基酸、有机酸等产物及色素、菌体、蛋白质、盐等大量杂质。为得到高纯度产品，就必然面临繁多的分离提纯工作。色谱技术在分离提取的各个工艺环节都起着重要作用，不仅可以提高经济效益，更可减少污染。而一般的分离技术根本无法完成如此复杂成分的提纯分离工作。

发酵液中常含有各种杂质，如色素、酶蛋白和盐类等，可通过传统的活性炭吸附和离子交换树脂法予以去除。经过几十年的研究和发展，我国生产的离子交换树脂品种齐全，已完全能适应发酵行业的各种除杂需求。因此，工厂中的除杂工艺基本都采用了离子交换树脂分离方法。脱色后的发酵液送入柱中进行离子交换，以除去脱色后发酵液中残留的蛋白质、有色物质和盐类。离子交换柱一般都是阳、阴串联，阳离子交换树脂大多数选用 732 强酸性苯乙烯系阳离子交换树脂，阴离子交换树脂常采用 711 强碱性苯乙烯系阴离子交换树脂。经离子交换树脂处理的发酵液，盐类可降低到原来的 1/10，对有色物质及能产生颜色的物质去除彻底。因而，不但产品澄清度好，而且久置也不变色，有利于产品的保存。柠檬酸生产中，粗柠檬酸溶液中含有 Ca^{2+}、Mg^{2+}、Fe^{2+} 等阳离子和 S^{2-} 等阴离子，利用离子交换树脂脱盐，先后用阳、阴离子交换柱去除阳、阴离子，然后进行浓缩处理，结晶出柠檬酸。

味精中含 Fe^{2+}、Zn^{2+} 过量，不符合食品标准。因此，生产过程中必须将其除去。目前，国内除 Fe^{2+}、Zn^{2+} 的方法主要用 Na_2S 和离子交换树脂法两种，Na_2S 除铁在味精母液中含铁量高，味精成品中还含有 $1\sim2mg/L$ 铁离子；而离子交换树脂除铁后，母液中含铁量在 $3mg/L$ 以下，味精成品基本无铁离子。可见，离子交换法可明显提高产品纯度。

2.8.4.2　色谱分离技术在淀粉糖工业中的应用

淀粉糖经水解后的产品液中还存在许多其他的单糖、多糖、聚合糖和/或多元醇。我国许多厂家没有采用组分分离工艺，或采用的分离工艺只能分离出其中的一个主要组分，在提取出部分产品后由于杂糖、醇和/或其他杂质在母液中的富集而无法继续利用。如能将它们分离纯化可得到各种产品，可大大增加产品价值。例如，用阳离子交换色谱柱法将麦芽糖生产的糖浆分为麦芽糖和麦芽三糖。

麦芽糖生产中产生的大量含麦芽糖 70%、麦芽三糖以上糖分为 30% 的高麦芽糖浆，便可采用阳离子交换色谱柱法分离成两部分。一部分中麦芽糖含量纯度为 97.5%，用于直接生产结晶麦芽糖；另一部分含麦芽三糖 65% 以上，麦芽糖 30% 左右，再经处理后可生产麦芽三糖产品。国外使用色谱技术于糖醇分离，已变得非常普遍，几乎为所有公司采用。有些公司甚至专门从我国或其他地方收购纯度低的糖醇产品，通过色谱分离获得高纯度产品高价销售。

工业高效制备色谱的应用在近 10 年来发展迅速，许多大中型制药企业都已采用了不同规模的制备色谱。目前随着设备加工设计能力的提高、新型高效填料的不断出现以及适宜的模型软件的设计，高效制备色谱将逐渐成为一个新的工业操作单元，在医药、生物和精细化工工业迅速发展的重要性将日益增加。在我国由于经济和制造技术方面的原因，制备色谱技术的研究和应用还相当薄弱，规模也相对较小，为了适应中医药现代化及生物工程等领域分离纯化的迫切要求，应当尽快加强这方面的研究、开发和推广工作。

参 考 文 献

[1] 朱宪，刘群，周忠华. 理论塔板数的简捷算法. 化学工程，1992 (1)：70-73.
[2] 李咏成. 简捷法求算多组分精馏过程的理论级数. 化工设计，1993, 3 (5)：27-28.
[3] 朱宪，刘群. 一种新的理论塔板数简捷算法. 化学世界，1991 (6)：272-276.
[4] 曾平. 估算精馏理论塔板数的新方法. 大学化学，1997, 12 (2)：55-59.
[5] 宁英男. 多元精馏中组分在塔顶塔底预分配关系的计算机计算. 化工设计通讯，1995, 21 (1)：53-56.
[6] 周少华，唐麟书. 精馏塔 MESH 方程组求解的一种双重迭代法. 化工学报，1992, 43 (6)：705-711.
[7] 宋海东，王秀英. 模拟复杂精馏过程的新算法. 石油化工，1997, 26 (12)：817-822.
[8] 许松林，王树楹. 模拟精馏过程的新方法——三维非平衡混合池模型应用. 化学工程，1996, 24 (3)：13-16.
[9] 邵之江，张余岳. 面向方程联立求解的精馏塔模拟与优化一体化算法. 化工学报，1997, 48 (1)：46-51.
[10] 漆志文，张瑞生. 非均相催化精馏过程模拟. 华东理工大学学报，1998, 24 (3)：279-285.
[11] 杨霞. 精馏过程动态模拟与仿真的研究. 硕士学位论文，青岛化工学院，1998.

[12] 叶庆国. 分离工程. 北京：化学工业出版社，2009.

[13] 刘建新，肖翔. 萃取精馏技术与工业应用进展. 现代化工，2004，24（6）：14-17.

[14] 刘金海. 苯酚-水混合物的共沸精馏分离. 齐鲁石油化工，2005，33（4）：271-272.

[15] 孙伟民. 间歇萃取精馏技术的进展. 广州化工，2012，40（20）：21-23，37.

[16] 杨海涛. 萃取精馏技术在环己醇生产中的应用. 化工生产与技术，2006，13（3）：41-42.

[17] 刘雪暖，李玉秋. 反应精馏技术的研究现状及其应用. 化学工业与工程，2000，17（3）：164-168.

[18] 陈文伟，陈钢，高荫榆. 分子蒸馏的应用研究进展. 西部粮油科技，2003（5）：35-37.

[19] 马传国，王兴国，张根旺，刘元法，乔国平. 分子蒸馏对高酸值花椒籽油脱酸的初步探讨. 中国油脂，2001，26（3）：50-52.

[20] 陈洪钫，刘家祺. 化工分离过程. 北京：化学工业出版社，1995：236-241.

[21] 冯武文，杨村，于宏奇. 一种新型分离技术——分子蒸馏技术. 化工生产与技术，2000，7（4）：6-10.

[22] 刘家祺. 传质分离过程. 北京：高等教育出版社，2005.

[23] 时钧，袁权，高从堦. 膜技术手册，北京：化学工业出版社，2001.

[24] 陈翠仙，韩宾兵，李继定. 渗透气化膜分离技术及其研究、应用进展. 科技导报，2000，（6）：10-12.

[25] 平郑骅. 渗透气化的原理和应用（上）. 上海化工，1995，20（5）：4-6.

[26] 孙本惠. 膜分离技术在酒类生产中的应用概述. 膜科学与技术，2007，27（1）：1-6.

[27] 陈翠仙，李继定，潘健，张庆武. 我国渗透气化技术的工业化应用. 膜科学与技术，2007，27（5）：1-4.

[28] 武汉大学. 化学工程基础. 第2版. 北京：化学工业出版社，2009：273-283.

[29] 陈维杻. 超临界流体萃取的原理和应用. 北京：化学工业出版社，1998：160.

[30] 张东杰. 丙烷脱沥青工艺节能技术应用. 节能，2004（6）：47-48.

[31] 杨善升，陆文聪，包伯荣. 双水相萃取技术及其应用. 化学工程师，2004（4）：4-7.

[32] 谭天伟，沈忠耀. 双水相萃取技术新进展，化工进展，1990（4）：38-41.

[33] 谭天伟. 天然产物分离技术. 化工进展，2003，22（7）：665-668.

[34] 王学松. 液膜分离技术及其进展. 化工进展，1990（6）：1-6.

[35] 陈茂濠，李彦旭. 液膜分离技术及应用进展. 广东化工，2009，36（10）：101-103.

[36] 石国亮，李增波，郭雨. 液膜分离技术及其应用研究进展. 化学工程师，2009（5）：48-50.

[37] 王华，韩金玉，常贺英. 新型分离技术——工业高效制备色谱. 现代化工，2004，24（10）：63-65.

[38] 孙培冬，何丽梅，毛明富等. 色谱分离技术在发酵工业中的应用. 食品与发酵工业，2002，28（5）：77-79.

[39] 王学军，赵锁奇，王仁安. 制备色谱技术进展. 青岛大学学报，2001，16（4）：92-97.

[40] 柳仁民，王海兵，周建民. 制备色谱技术及装备研究进展. 机电信息，2011，（2）：10-15，41.

3 气-液分离技术

气-液分离技术是从气流中分离出雾滴或液滴的技术。该技术广泛应用于石油、化工、（如合成氨、硝酸、甲醇生产中原料气的净化分离及加氢装置重复使用的循环氢气脱硫），天然气的开采、储运及深加工，柴油加氢尾气回收，湿法脱硫，烟气余热利用，湿法除尘及发酵工程等工艺过程，用于分离清除有害物质或高效回收有用物质。气-液分离技术的机理有重力沉降、惯性碰撞、离心分离、静电吸引、扩散等，依据这些机理已经研制出许多实用的气液分离器，如重力沉降分离器、惯性分离器、纤维过滤分离器、旋流分离器等。

3.1　重力沉降分离

气-液重力沉降分离是利用气液两相的密度差实现两相的重力分离，即液滴所受重力大于其气体的浮力时，液滴将从气相中沉降出来，被分离。它结构简单、制造方便、操作弹性大，需要较长的停留时间，分离器体积大，投资高，分离效果差，只能分离较大液滴，其分离液滴的极限值通常为 $100\mu m$，主要用于地面天然气开采集输。经过几十年的发展，该项技术已基本成熟。当前研究的重点是研制高效的内部填料以提高其分离效率。此类分离器的设计关键在于确定液滴的沉降速度，然后确定分离器的直径。重力沉降分离器一般有立式和卧式两类，如图 3-1-1 所示。

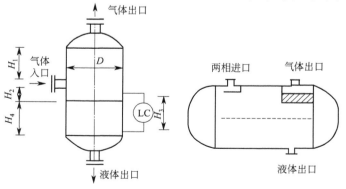

图 3-1-1　立式和卧式重力沉降气-液分离器简图

此类分离器的设计关键在于确定液滴的沉降速度，然后确定分离器的直径。

3.2 惯性分离

气液惯性分离是运用气流急速转向或冲向挡板后再急速转向，使液滴运动轨迹与气流不同而达到分离。此类分离器主要指波纹（折）板式除雾（沫）器，它结构简单、处理量大，气流速度一般在 $15\sim25$ m/s，但阻力偏大，且在气体出口处有较大吸力造成二次夹带，对于粒径小于 25 μm 的液滴分离效果较差，不适于一些要求较高的场合。

其除液元件是一组金属波纹板，如图 3-2-1 所示，波纹板间形成"Z"字形气流通道。其性能指标主要有：液滴去除率、压降和最大允许气流量（不发生再夹带时），还要考虑是否易发生污垢堵塞。因为液滴去除的物理机理是惯性碰撞，所以液滴去除率主要受液滴自身惯性的影响。它通常用于：

① 湿法烟气脱硫系统，设在烟气出口处，保证脱硫塔出口处的气流不夹带液滴；

② 塔设备中，去除离开精馏、吸收、解吸等塔设备的气相中的液滴，保证控制排放、溶剂回收、精制产品和保护设备。

2000 年徐君岭等对图 3-2-1(a) 所示的折板分离器进行了数值模拟，分析得到液滴运动轨道主要集中在上坡拐道的下壁面与下坡拐道的上壁面，当液滴直径大于 50μm 时，分离效果明显。

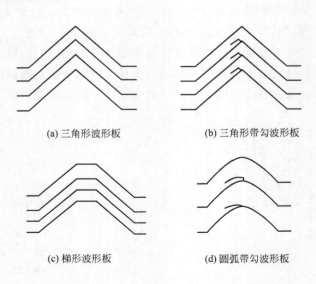

(a) 三角形波形板　　　　　　(b) 三角形带勾波形板

(c) 梯形波形板　　　　　　(d) 圆弧带勾波形板

图 3-2-1　除雾（沫）器常见板形

现在波纹板除雾器的分离理论和数学模型已经基本成熟，对其研究集中在结构优化及操作参数方面来提高脱液效率。2005 年杨柳等对除雾器叶片形式作了比较，发现弧形叶片（见图 3-2-2）与折板形叶片的除雾效率相近，但弧形除雾器的压降明显小于折板形的，故弧形叶片除雾器的综合性能比折板式除雾器要好。

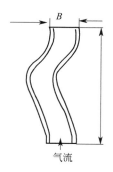

图 3-2-2　弧形叶片

3.3　过滤分离

通过过滤介质将气体中的液滴分离出来的分离方法即为过滤分离，其核心部件是滤芯。如图 3-3-1 所示，以金属丝网和玻璃纤维较佳。气体流过丝网结构时，大于丝网孔径的液滴将被拦截而分离出来。若液滴直接撞击丝网，它们也将被拦截。直接拦截可以收集一定数量比其孔径小的颗粒，除液滴直接撞击丝网外，还有以下因素：①从某个方向看，大多数非常小的悬浮液滴的形状都是不规则的，

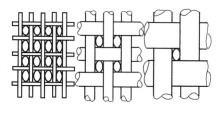

图 3-3-1　金属丝网

它们可以桥接在孔上；②如果 2 个或多个颗粒同时投向 1 个孔时，也会产生桥接现象；③1 个液滴一旦被 1 个孔拦截下来，则这个孔至少会被局部阻塞，就可以将粒径更小的液滴分离出来。

过滤型气液分离器具有高效、可有效分离 0.1～10μm 范围小粒子等优点，但当气速增大时，气体中液滴夹带量增加；甚至，使填料起不到分离作用，而无法进行正常生产；另外，金属丝网存在清洗困难的问题。故其运行成本较高，现主要用于合成氨原料气净化除油、天然气净化及回收凝析油以及柴油加氢尾气处理等场合。

对丝网的研究由 York 和 Poppele 开始于 20 世纪五六十年代，Robinson 和 Homblin 的试验结果表明：在达到相同的分离效果的情况下，丝网除雾器相比旋风分离器、纤维丝床、叶片式惯性分离器具有最低的总压损失。2006 年史永红对

丝网气-液分离器的分离机理进行了详细分析，在此基础上给出了丝网气-液分离器的分离效率和压降计算公式。

3.4 离心分离

气-液离心分离主要指气液旋流分离，是利用离心力来分离气流中的液滴，因离心力能达到重力数十倍甚至更多，故它比重力分离具有更高的效率。虽没有过滤分离效率高，但因其具有存留时间短、设备体积及占地面积小、易安装、操作灵活、运行稳定连续、无易损件、维护方便等特点，成为研究最多的气-液分离方式。其主要结构类型有管柱式、螺旋式、旋流板式、轴流式等。

3.4.1 管柱式旋流气-液分离器（GLCC）

管柱式旋流分离器（gas-liquid cylindrical cyclone，GLCC）是一种新型分离装置，如图 3-4-1 所示。它既没有可移动部件，也无需内部装置。气液混合物由切向入口进入旋流分离器后形成的旋流产生了比重力高出许多倍的离心力，由于气液相密度不同，所受离心力差别很大，重力、离心力和浮力联合作用将气体和液体分离。液体沿径向被推向外侧，并向下由液体出口排出；而气体则运动到中心，并向上由气体出口排出。这一成本低、重量轻的新型分离器在替代传统容器式分离器方面具有很大的吸引力。

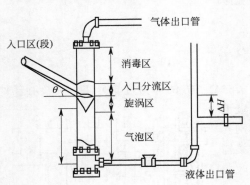

图 3-4-1 GLCC 分离器结构

在油和气的流量分别为 16000m³/d 和 1980Mm³/d、分离压力为 680kPa 的分离工况下，若分别采用管柱式旋流分离器、传统容器型立式和卧式分离器，模拟计算表明管柱式旋流分离器结构尺寸为 1.5m×6m，相当于同等规模的传统立式分离器（2.7m×10.5m）的一半左右，相当于传统卧式分离器（5.8m×29m）的四分之一左右。

GLCC 可用于多相流量计量。经过 GLCC 分离后的气-液两相分别用单相流量计计量，然后再合并，避免了多相流测量中的问题；GLCC 在地面和海上油气分离、井下分离、便携式试井设备、油气泵、多相流量计、天然气输送以及火炬气洗涤等具有巨大的潜在应用。

管柱式旋流分离器，在欧美陆上及海上油气田开发中已有多个成功应用的实例。

3.4.2　螺旋片导流式气-液分离器（CS）

1996 年 Franca 等研制了螺旋片导流式气-液旋流分离器，直接在井口将气液进行分离，增加了采油回收率，分离后的气体和液体用不同的管道输送各相，降低了多相流输送时易出现的断续流、堵塞和沉积等典型问题。它主要用于石油天然气开采中的油气、气液分离，压缩空气的净化处理，航空宇宙中的氦气分离。尤其在海上、偏远地区油井及远距离油气输送方面具有较广泛的前景。

2004 年周幅彦等用计算流体力学方法，分别对螺距和螺旋个数各不相同的 9 个螺旋结构流场进行数值模拟，通过分析螺旋结构参数对压降的不同影响，在达西公式的基础上拟合出压降的简化计算公式，为工程设计提供了一种较准确的设计方法。

3.4.3　旋流板式气-液分离器

旋流板式气-液分离器的主体为一圆柱形筒体，上部和下部均有一段锥体，如图 3-4-2 所示。在筒体中部放置的锥形旋流板是除液的关键部件。旋流板由许多按一定仰角倾斜的叶片放置一圈，当气流穿过叶片间隙时就成为旋转气流，气流中夹带的液滴在惯性的作用下以一定的仰角射出而被甩向外侧，汇集流到溢流槽内，从而达到气液分离的目的。其中，叶片数量、仰角 α 和径向角 β 是旋流板的三个重要参数（见图 3-4-3）。

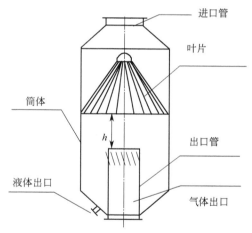

图 3-4-2　旋流板式气-液分离器结构示意图

该设备一般可分离气体中 $5\sim75\mu m$ 直径的液滴，其优点是压力降小，不易堵塞；其缺点是调节比小，气体流量减小时，分离效率显著下降。

3.4.4　轴流式气-液旋流分离器

如图 3-4-4 所示，轴流式气-液旋流分离器与切向入口式旋流器相比其离心力是靠导向叶片产生的，从而使旋转流保持稳定，并有助于维持层流特性，且阻力损失较小。另外，此分离器结构简单、过流面积大，中间流道的连接和管柱整体结构形式简单，能够与常规坐封工艺和起下作业工艺吻合，显著降低了加工制造难度和加工成本及现场操作技术难度，适宜于井下狭长空间环境的安装操作，是用于井下气液分离的理想分离设备。

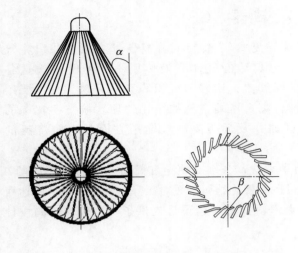

图 3-4-3　旋流板结构示意图

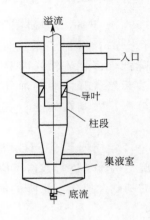

溢流

入口

导叶

柱段

集液室

底流

图 3-4-4　轴流式气-液旋流
分离器结构示意图

2007 年中国石油大学多相流实验室研制了 100mm 轴流式气-液旋流分离器，并进行了性能实验。实验过程中发现，短路流和二次流夹带对于分离器的分离效率影响较大，采用合理的溢流管结构形式可以减少短路流和二次流夹带，提高分离效率。

3.4.5　应用实例

图 3-4-5 所示的液体分离装置，是在现有的惯性分离方法的基础上，在惯性分离的钢性壁的内壁与惯性分离发生器之间的合适位置设有防止液滴破碎的丝网状可透丝网柔性层，利用丝网使液速降低和对液滴的捕捉收集能力，并通过气体和液体透过丝网柔性层的多次折流提高分离效率。这样：①可以避免液滴直接碰到刚性壁上而破碎；②由于丝网（或类似物）使透过的气速降低也可减少液滴相互碰撞而破碎，并可顺利着壁；③由于丝网（或类似物）具有一定的捕捉收集能力，从而减少液滴被带走。此为离心分离、惯性分离和过滤分离的组合应用。

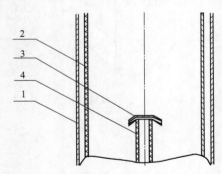

图 3-4-5　设有可透丝网柔性层的气-液分离器

1—刚性分离壁；2—可透丝网柔性层；3—液体惯性分离发生器；4—进料管

2006 年西南石油大学发明的一种天然气脱硫脱水净化装置如图 3-4-6 所示，主要由天然气管道、溶剂储罐、位于天然气管道上的雾化喷射泵和气-液分离器组成，它可直接安装在天然气集输管线上，利用溶剂储罐的高度差、溶剂储罐与雾化喷射泵之间的压力差以及溶剂自身重力，将溶剂注入天然气集输管线中，省去了吸收塔、闪蒸罐、换热器等多个设备，控制容易、操作和维护方便，无需电能，尤其适合偏僻边远单井生产的天然气的净化处理。

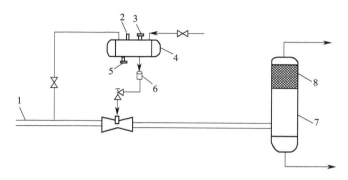

图 3-4-6　一种天然气脱硫脱水净化装置
1—天然气管道；2—放空口；3—压力表口；4—溶剂储罐；5—排污口；
6—过滤器；7—气-液分离器；8—聚结过滤器

我国各个行业需要进行气-液分离的场合众多，气-液分离的方法设备也相当多，不同的方法设备具有不同的优缺点，但各种方法都具有相当的局限性，应用范围比较狭窄，不具有通用性，并且大多数分离设备的分离机理并不十分清楚。开发高效低阻具有普遍实用性的气-液分离技术，和多种分离技术的组合应用，以及研究分离机理将是今后气-液分离技术的研究重点。

参 考 文 献

[1]　任相军，王振波，金有海．气液分离技术设备进展．过滤与分离，2008，18（3）：43-47.
[2]　魏伟胜，樊建华，鲍晓军，石冈．旋流板式气液分离器的放大规律．过程工程学报，2003，3（5）：390-395.
[3]　曹学文，林宗虎，黄庆宣，寇杰．新型管柱式气液旋流分离器．天然气工业，2002，22（2）：71-75.

4 固-液分离技术

　　固-液分离技术广泛应用于各个行业，如选矿、造纸、医药卫生、环境保护、食品等。传统的固-液分离技术主要集中在过滤、压滤、重力沉降、浮选等方面。随着矿物资源的不断开采和利用，矿石日趋"贫、细、杂"，有用矿物经选别作业的后期处理日渐困难。许多选矿厂通过助磨剂的添加等措施，解决了微细矿粒的单体解离问题，前段选别作业能够很好地回收有用矿物，而后期则大大地损失了有用矿物。如东鞍山铁矿浓缩机溢流跑浑水最高可达到 5% 的固体含量，其结果一是损失严重；二是给附近造成环境污染。同时，全球水资源急剧短缺，生存环境日益恶化，于是，人们对固-液分离技术提出了更高要求，并倾注了很多心血去研究开发新的分离技术。

　　传统的固-液分离技术中，占主导地位的是过滤、沉降、筛分、干燥和离心沉降技术，其中，沉降技术又分为浓缩和澄清。首先，对于过滤技术，工业上基本使用圆盘过滤机，利用真空使固液分离，形成滤饼，滤液循环再用，但对黏性微细粒物料脱水效果差。实验室则用滤纸过滤来分离晶体与滤液。其次，是沉降。沉降技术应用的范围较广，在选矿厂、水厂中随处可见，如各式各样的沉淀地、澄清池、浓缩池等。沉降过程以及所用的机构机械设备比较简单，使得重力沉降在各种固-液分离技术中是最便宜的。这是因为它用较少的金属构件，能处理高水流速率，而且溢流常能达到较高的澄清度。有些难以过滤的物料能借沉降法有效地分离。而干燥分离技术多用于寒冷地区的精矿脱水，以防冻车。筛分分离技术应用最为普遍，主要用于大块物料的脱水。

　　传统的固-液分离技术虽然对世界各国的工业发展起过非常重要的作用，但时代的发展却要求有更为先进、更为精确的固-液分离技术应用于现代工矿企业乃至家庭生活中。

4.1 过滤

　　在金属矿山中，随着选矿工业的发展，矿产资源日益贫化、细化，一些选矿厂采用了细磨工艺，细黏物料日益增加，使浮选过滤变得更加困难。选煤也是如此，小于 0.5mm 粒级煤的含量逐年增加。因此，精矿和精煤脱水问题日益突出，是亟待解决的问题，引起有关人员的关注。国内外有关科研院所、制造厂和使用部门在不断改进连续真空过滤机，连续加压过滤机在许多公司得到成功应用，而且在工艺和节能方面得到某些优化和改进的基础上，发展了蒸汽加压过滤技术和陶瓷过滤技术，出现了新型过滤机。这些新型连续式过滤设备具有滤饼水分低、形成快、处理能力大、压气消耗少、能耗低等优点，在生产实践中取得了良好的效果。

过滤是固液分离过程中的一种常用方法，其过滤原理为：流体通过过滤介质时，将悬浮于液体中的固溶物和胶体物截流在介质表面或介质中，进而达到固液分离的目的。按照介质截流固溶物的方式又分表面过滤和深层过滤。表面过滤是指固溶物以滤饼的形式沉积于过滤介质的进料一侧，一般这种方法多用来处理固溶物含量较高的悬浮液，如固溶物含量大于 1%，如图 4-1-1(a) 所示；深层过滤则是将固溶物沉积于过滤介质的内部，多用于处理固溶物含量<1%的悬浮液，如图 4-1-1(b)所示。

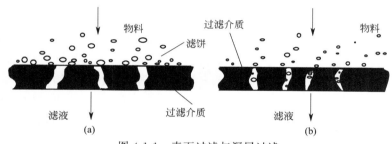

图 4-1-1　表面过滤与深层过滤

4.1.1　盘式真空过滤机

盘式真空过滤机又称为蝶式真空过滤机，是一种高效的过滤设备，由于占地面积小、处理能力大、造价低、易于大型化、技术成熟、工作可靠和操作方便等优点，在国外已完全取代了筒式真空过滤机。盘式真空过滤机在国外发展很快，制造的产品已形成系列，生产的规格齐全，最大规格的过滤面积已达 480 m²。国内开发的 ZPG 系列盘式真空过滤机主要用于选煤厂和选矿厂对悬浮液进行过滤脱水。

4.1.1.1　盘式真空过滤机的过滤原理

盘式真空过滤机的过滤原理是利用在真空作用下过滤盘内外两侧形成的压力差，使料浆中的液相通过过滤盘上的滤布，其中的固相颗粒截留在滤布上，液相由真空系统排出，达到固液分离的目的。过滤盘表面两侧的压力差由真空系统所产生的负压来形成。工作原理如图 4-1-2 所示。

4.1.1.2　盘式真空过滤机的结构

盘式真空过滤机利用滤盘内外两侧的压力差，使料浆中的液相通过滤布，其中的固相颗粒截留在滤布上，达到固液分离的目的。过滤机主要由槽体、主传动装置、过滤盘、分配阀、卸料装置和搅拌传动装置等几部分构成。

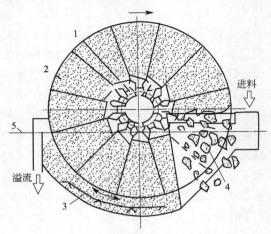

图 4-1-2　盘式真空过滤机工作原理图
1—滤液管；2—滤饼；3—搅拌器；4—滤饼卸落；5—液面

盘式真空过滤机结构如图 4-1-3 所示。过滤面由多个单独的扇形片组成若干个（一般 10～12 个）圆盘而构成。每一个扇形片为单独的过滤单元，由滤布做成布袋套在扇形片上形成滤室。工作时，过滤盘由调速电机通过减速器及开式齿轮传动来驱动，使之在装满料浆的槽体中以一定的转速顺时针转动。当过滤圆盘的某一滤扇处在过滤吸附区时，料浆中的固体颗粒借真空的作用附着在过滤盘上形成滤饼。搅拌器往复摆动防止固体沉淀。而滤液则经滤液管及分配头排出。当这一滤扇从矿浆液位中脱离而进入脱水区后，滤饼在真空的抽吸力作用下，水不断与滤饼分离，进一步从滤液管及分配头排出，滤饼因此而干燥。进入卸料区后，滤饼用反吹风和刮刀自滤盘上卸下，落入排料槽，由集矿皮带运走。整个作业过程连续不断地进行。

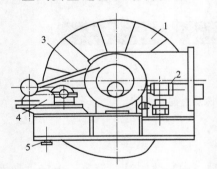

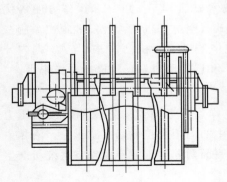

图 4-1-3　盘式真空过滤机结构图
1—过滤机；2—主传动机构；3—搅拌器；
4—搅拌机传动机构；5—瞬时吹风系统

扇形片由螺栓固定在主轴（空心轴）上，拆卸及更换滤布方便，甚至可以在过滤机运转过程中进行，生产检修方便。图 4-1-4 为盘式真空过滤器的外形。

图 4-1-4 盘式真空过滤器的外形

4.1.1.3 盘式真空过滤机的应用实例

针对我国铁精矿过滤作业存在的问题和吸收国外先进技术经验,国内科研单位开发了 ZPG 系列盘式真空过滤机。1997～1998 年,酒泉钢铁集团公司选矿厂用这种设备过滤焙烧磁选铁精矿和强磁选铁精矿。当给矿浓度 50.9%、真空度 0.061MP 时,滤饼水分为 13.91%,过滤系数为 0.77t/(m² · h)、滤液浓度为 2.5%。在相同条件下,较 40m² 内滤式真空过滤机滤饼水分降低 2.29%,过滤系数提高 0.37t/(m² · h),滤液浓度降低 3.5%,取得显著效果。

徐州铁矿集团选矿厂于 2007 年和 2009 年初先后更新了两台 ZPG-48 型盘式真空过滤机。经过四年多的使用实践证明,该盘式过滤机发挥了极大的作用,原使用的真空永磁过滤机过滤后铁精矿含水量为 12.5%,弱磁性矿回收为 30%,而使用盘式真空过滤机后铁精矿含水量为 10% 以下,下降了至少 2.5%,弱磁性矿回收为 95%,增收了 65%。彻底解决了弱磁性矿的流失问题,取得了巨大的经济效益。

4.1.2 陶瓷过滤机

陶瓷过滤机是由芬兰奥托昆普公司于 20 世纪 80 年代中期研制的一种高效节能型过滤设备;它不用滤布,只利用陶瓷板中的毛细现象达到固体与液体分离;具有处理能力强、滤饼水分较低、节能效果好、生产成本低、自动化程度高、环保效果好和操作维护简便等优点,是一种具有发展前途的高效节能型过滤设备,在世界各地有色金属选矿厂对铜、锌、铝、铅、镍及硫等精矿脱水过滤中获得广泛应用。这种过滤机兼备了常规真空盘式过滤机和压滤机两者的优点,结构简单,滤饼水分低,能耗低,滤液清澈,自动化程度高,处理能力大(一般为圆盘式真空过滤机的 3 倍),无滤布损耗,减少维修费用,设备结构紧凑,安装费用低,且生产成本更低。目前,全世界有多个国家使用,我国广东凡口铅锌矿首先使用,目前已有许多矿山选厂使用这种设备。

目前又开发出加压型陶瓷过滤机以满足高海拔地区使用,其过滤机理和工艺效果有新的突破。我国是能源相对短缺的国家,开发低能耗陶瓷过滤机,潜在市场很大,势在必行。

4.1.2.1 陶瓷过滤机的原理

陶瓷过滤机独特之处是利用毛细效应原理用于脱水过滤,用亲水性材料和烧结氧化铝制成陶瓷过滤板上布满了直径 $1.5\mu m$ 和 $2\mu m$ 小孔,每一个小孔即相当一个毛细管。这种过滤板经与真空系统连接后,当水浇注到陶瓷过滤板时液体将从微孔中通过,直到所有游离水消失为止。而微孔中水阻止气体通过,形成了无空气消耗的过滤过程。当陶瓷过滤板浸入过滤矿浆中时,在无外力作用下,借助毛细效应产生自然力进行脱水过程,过滤板堆积固体颗粒形成滤饼。滤液通过过滤盘进入滤液管连续排出,直到排干为止。整个过程只需一台很小的真空泵,就能获得处理能力大和滤饼水分低的效果。

陶瓷过滤机运用陶瓷的毛细现象,在抽真空时,只能让水通过,空气和矿物质颗粒无法通过,保证无真空损失,极大地降低了能耗和物料水分。工作过程主要分为 6 个区,即吸浆区、过滤区、淋洗区、干燥区、卸料区、反冲洗区,反复循环。

4.1.2.2 陶瓷过滤机的结构

TC 系列陶瓷过滤机主要由主机部分(机架和矿浆槽、主驱动轴、分配阀、卸料装置、陶瓷板)、搅拌系统、清洗系统(超声波清洗装置、反冲洗装置、化学清洗装置)、真空系统、控制系统等组成。图 4-1-5 是陶瓷过滤机结构图。

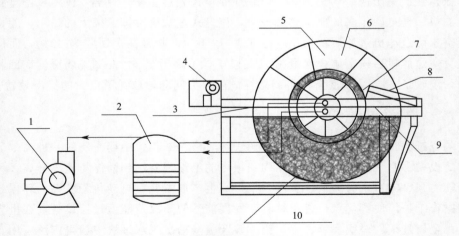

图 4-1-5 陶瓷过滤机结构图

1—真空泵;2—滤液罐;3—料浆槽;4—搅拌减速机;5—陶瓷板;
6—干燥区;7—刮刀;8—卸料区;9—反冲洗区;10—吸浆区

陶瓷过滤机用于磷精矿脱水,滤饼水分稳定在 10% ~13% ,比带式过滤机低

10%。滤饼干燥，水分低，解决了产品流失、运输困难和环境污染等问题。陶瓷过滤机自动化程度高、真空度高、生产效率高、运行成本低、维护工作量少，是磷精矿脱水设备中较为理想的一种设备。

4.1.2.3　陶瓷过滤机应用实例

2009年6月，贵州川恒化工有限责任公司在磷精矿脱水中正式投入使用TC系列陶瓷过滤机一台。来自选别工艺的矿浆先进入高架式 ϕ18m 浓密机，浓密机底流通过料浆泵送入陶瓷过滤机矿浆箱。经实测，其处理能力、滤饼水分和矿浆水分的关系见表4-1-1。

表 4-1-1　处理能力、滤饼水分和矿浆水分的数据

w(矿浆水分)/%	真空度/MPa	w(滤饼水分)/%	处理能力/[kg/($m^2 \cdot$ h)]
45	0.065	12.9	273
40	0.065	12.4	289
38	0.065	11.9	303
35	0.065	11.3	318
33	0.065	10.7	330
30	0.065	10.3	342

由表可见，当矿浆水分在45%以下时，滤饼水分为10%～13%，过滤机处理能力达270～350kg/($m^2 \cdot$ h)。在一定范围内，过滤机处理能力随矿浆水分的降低而增加，滤饼水分受矿浆水分影响波动较小。

与带式过滤机相比，陶瓷过滤机的使用大大提高了过滤性能。其主要特点有：

① 真空度稳定，滤饼水分低，生产效率高。采用高效真空泵配合陶瓷过滤板，吸水不吸气，真空度损失极小，基本稳定在0.065MPa；滤饼水分稳定在10%～13%，能满足产品质量要求。带式过滤机在切换真空时易漏气，造成真空度损失较大，且不稳定，滤饼水分较高，一般在18%～20%，不能满足产品质量要求，需要增加干燥炉烘干工艺。

② 能耗低，节能效果显著。与带式过滤机相比，能耗节省约50%以上。使用陶瓷过滤机过滤1t精矿耗电1.60kW·h，吨矿电费0.912元；带式过滤机耗电2.50kW·h，吨矿电费1.425元。

③ 自动化程度高，维修量少。由于整个系统实现了自动化控制以及滤盘结构简单、运动部件少，因而摆脱了繁重的日常维护工作，如更换滤布等；带式过滤机更换滤布较为频繁，且设备部件较多，维修较为频繁，尤其是气路经常出现问题。

④ 滤液清澈，产品流失少。陶瓷过滤机的陶瓷板微孔小于2 μm，微细颗粒极难通过，滤液清澈透明，固体含量低，既减少了精矿流失，又能提高浓密机有效处理能力，同时也利于环保；带式过滤机是采用滤布过滤，滤布孔径较大，那些微细颗粒很容易通过，滤液清澈度无法保证，精矿经常流失，造成浓密机二次处理量增大。

4.1.3 带式压榨过滤机

带式压榨过滤机是世界上一种发展较快的污泥脱水设备，它结构简单、操作方便、能耗低、噪声小、可连续作业，因而美国、英国、德国以及奥地利等国相继对它进行了研究和开发应用。应用范围除了城市废水处理的污泥脱水外，已普及到造纸和纸浆、选矿、选煤、化工、制药和食品等行业，以及工业废水污泥处理，它是一种消耗功率小、处理量大、连续操作的过滤设备。

我国从20世纪80年代引进该类设备以后，在创新基础上自主生产开发了这一产品。目前，已公布了带式压榨过滤机的国家机械行业标准（JB/T 8102—2008）和《环境保护产品技术要求 污泥脱水用带式压榨过滤机》（HJ/T 242—2006），规定了带式压榨过滤机的型式与基本参数、技术要求、试验方法、检验规则、标志、包装、运输和储存等要求。

4.1.3.1 带式压榨过滤机结构原理

带式压榨过滤机结构原理如图4-1-6所示，是借助于两条环绕在按顺序排列的一系列辊筒上的滤带实现挤压脱水的设备。设备系统主要包括：重力脱水区、楔形压榨区、压榨脱水区、给料混凝系统、过滤压榨脱水系统、卸料装置、冲洗装置、接水装置、张紧装置和纠偏装置等，影响其脱水效果的主要因素是过滤压榨脱水系统。

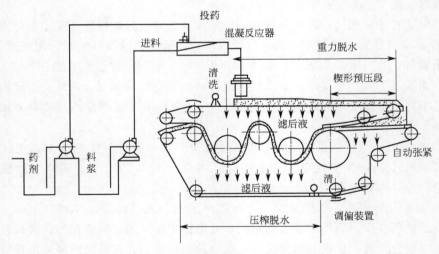

图 4-1-6　带式压榨过滤机结构原理图

带式压榨过滤机的过滤属于表面过滤，但与传统的表面过滤（板框过滤和真空过滤）又有所不同。传统的表面过滤要求过滤介质的孔径小于或等于待滤料浆中固体物质的粒径；而带式压榨过滤机则是利用高分子絮凝剂能快速聚集固体微粒的机理，将细小颗粒絮凝成大絮团，再用孔径比待滤物料中固体物质的粒径大得多的过滤介质去过滤，以达到高效过滤的目的。

4.1.3.2 带式压榨过滤机脱水的工艺流程

待脱水的污泥首先由泵送入混凝反应器中，与化学絮凝剂进行充分的化学絮凝反应，形成絮团后流入重力脱水段；在重力的作用下脱去大部分自由水，而后污泥进入楔形预压段。在此阶段中，一方面使污泥平整，另一方面使污泥受到轻度挤压，逐渐受压脱水，为后面的压榨脱水做好准备；然后，污泥进入"S"形压榨脱水段，在此段污泥被夹在上、下两层滤网中间，经过若干由大到小的辊筒的反复压榨和剪切脱水，使污泥形

图 4-1-7　带式压榨过滤机设备图

成滤饼状，最后通过卸料装置将滤饼卸掉，卸料滤饼的滤带经过自动清洗装置清洗后，再参加新的工作循环，即完成了污泥脱水工作，设备如图 4-1-7 所示。

滤带是一个柔性体，其工作中会因为多种原因产生跑偏现象，系统设计了自动调偏装置。滤带长度是一定的，当滤饼厚度变化时，通过自动张紧装置来保证滤带的恒张力。

4.1.3.3 带式压榨过滤机的设备结构

带式压榨过滤机是利用双层滤带夹持着待滤物料在脱水辊上进行压榨脱水的，其脱水过程一般分为重力脱水区、楔形预压脱水区和挤压及压榨脱水区三个区。从能量转换的角度上来看，带式压榨过滤脱水过程是用化学能和机械能相结合的方法进行化学絮凝机械压榨的脱水过程。

(1) 重力脱水段

重力脱水段的主要作用是脱去物料中的自由水，使物料的流动性减小，为下步过滤作准备。其结构在设计上分为两层。经过絮凝预处理后的物料，首先进入第一层重力脱水段，在物料自身重力的作用下脱去大量的自由水，剩余表面稀泥，经过翻转机构的翻转，将稀泥翻到第二层重力脱水段，进行再次重力脱水，使物料变成半固态。

(2) 预压脱水段

预压脱水段是由若干个直径相同的辊筒组成，上、下两层排列的辊筒分别托住上、下两条滤网，下层辊筒是固定的，上层辊筒可以是固定的，也可以做成可调的。这样，就可通过调节上层辊的高度，来调节上、下滤网之间所形成的"楔形"空的角度的大小，对不同的物料施加不同的压力为压榨脱水做好准备。

(3) 压榨脱水段

压榨脱水段是由若干个不同直径的辊筒组成，两条滤带呈"S"形依次环绕于辊筒之间，辊筒的直径由大逐渐变小，形成一定的压力梯度，使物料所受的压强由

小逐渐加大。这样，经过预压脱水后的物料，在挤压力和剪切力的作用下，达到逐步脱水的目的，最后形成滤饼而排掉。

(4) 张紧装置

张紧装置是带式压榨过滤机的重要组成部分，既可方便地安装与拆卸滤带，又能保证带式压榨过滤机的处理效果。因为物料的性质和对滤饼含水率的要求不同，使张紧的压力也不同。一般来说活性污泥为0.30MPa，煤泥为0.40MPa。

(5) 调偏装置

在滤带的行走过程中，由于物料在滤网上布料厚度不均、滤网厚度的差异和辊筒之间的累积平行度的误差，造成滤网跑偏。如果不能及时地调整，轻者会影响设备的运行效果，使处理能力减小，严重的会使滤网破损断裂，设备停机。因此通常带式压榨过滤机都设有滤带单支点调偏机构。

(6) 清洗装置

为使带式压榨过滤机能连续有效地工作，设备上设有自动清洗装置，该装置利用喷嘴的水力冲击滤网，从而使滤带自动再生。

4.1.3.4 带式压榨过滤机的应用开发

(1) 滤带清洗再生技术的开发

滤带再生效果的好坏将影响到滤饼剥离和脱水效率。传统采用高压水喷洗滤带的方法。这种方法的最大缺点是用水量大，每小时需 $5 \sim 10 t/m$（水压 $0.8 \sim 1.0 MPa$），清洗下来的污泥混入清洗液回流，增加了水处理系统的负荷。国外开发出了一种滤带超声波清洗新技术。这种超声波清洗机构装置在滤带返回的一定部位，部分返回滤带浸入清洗水槽内，由超声波发振装置发出的振波从行走着的滤带反面（非滤带承载面）向滤带辐射，使附着在滤带面上的污泥浮离于水槽水中，然后由设在超声波发振器后的高压清洗喷嘴辅助喷洗，使滤带完全再生。

(2) 高效絮凝技术的开发

絮凝剂的添加量、添加及其对各类污泥的适用性等絮凝处理方法的高度化，已成为各类重点研究的课题之一，日本对二液法的研究取得了不少成果。二液法就是采用不同离子型的高分子絮凝剂或者不同种类的（有机或无机）絮凝剂进行污泥调质的方法，有一段加药与二段加药之分。一段加药是在重力脱水前或者重力脱水过程中先后添加絮凝剂；二段加药是在重力脱水前在悬浮污泥中添加高分子絮凝剂能使污泥形成粗大絮团，促进游离水分离；重力脱水后在浓缩污泥中添加无机絮凝剂能提高污泥絮团强度，增强污泥挤压剪切脱水能力。因此，二段加药对调节污泥性状，对防止污泥从滤带两侧溢出和滤带跑偏、折皱，对提高滤饼剥离性能和降低滤饼含液量以及提高脱水处理效果等都有一定作用。

4.1.3.5 带式压榨过滤机应用实例

马鞍山钢铁集团公司针对 $2500m^3$ 高炉煤气洗涤水瓦斯泥脱水问题，采用DYQ式带式压榨过滤机在水处理站进行污泥脱水试验。安装过程中，进料管通过调节罐与二次浓缩池底部泥浆管相连，滤饼卸料口直接通至料坑，因而避免了因通过皮带机、干燥筒引起的堵塞现象，也消除了皮带机、干燥自身影响系统正常运转的因素，减少了停机检修工作量。大大降低了滤饼的含水率，因含水率高而发生的如二次倒运、晒干和运输等问题得到解决，生产出的瓦斯泥进入料坑后，可以直接吊装上车，运至原料部门。

试验结果表明，污泥滤饼含水率为 22%，运行成本降低了 33%。这说明高炉的煤气洗涤水污泥脱水处理中应用带式压榨过滤机是可行的，它具有附属设备少、节电、产泥量大，滤饼含水率低和维护管理方便等特点。当然，带式压榨过滤机也存在更换滤布困难和滤布昂贵等不足。

山东博兴酒厂采用带式压榨过滤机应用于"厌氧-好氧"酒糟消化污泥的处理上，也取得了较好的效果。

中国石油吉林石化公司采用 DYQ2000 XB 型带式压滤机应用于 30 万吨/年乙烯工程 A/O 工艺废水处理工程化学污泥脱水，通过生产性能与考核测试确定了最佳带速、带张紧压力、投泥量、投药量和产泥量等指标，应用结果表明，经济效益和环境效益显著。

4.2　沉降

沉降分离是利用物质重力的不同将其与流体加以分离。空气的尘粒在重力的作用下，会逐渐落到地面，从空气中分离出来；水或液体中的固体颗粒也会在重力的作用下逐渐沉降到池底，与水或液体分离。

沉降分离技术的发展除了设计使用不同机械原理的沉淀、澄清、浓缩设备外，主要集中于絮凝剂的开发上。当物料粒度很细时，特别是粒度小于 $5 \sim 10 \mu m$ 的矿泥，细小颗粒之间由于范德华力的相互作用使其吸引，经常呈无选择的黏附状态。又由于细粒物料本身具有很大的比表面、质量小、表面能高，属于热力学不稳定体系，故细粒物料之间的黏附现象，经常可以自发产生。

4.2.1　沉降分离原理及方法

4.2.1.1　球形颗粒的自由沉降

工业上沉降操作所处理的颗粒甚小，因而颗粒与流体间的接触表面相对甚大，故阻力速度增长很快，可在短暂时间内与颗粒所受到的净重力达到平衡。所以，重力沉降过程中，加速度阶段常可忽略不计。在重力场中进行的沉降过程称为重力沉降。

(1) 沉降颗粒受力分析

若将一个表面光滑的刚性球形颗粒置于静止的流体中，如果颗粒的密度大于流体的密度，则颗粒所受重力大于浮力，颗粒将在流体中降落。此时颗粒受到三个力

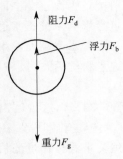

图 4-2-1 沉降颗粒
受力分析

的作用,即重力、浮力与阻力,如图 4-2-1 所示。重力 F_g 向下,浮力 F_b 向上,阻力 F_d 与颗粒运动方向相反(即向上)。对于一定的流体和颗粒,重力和浮力是恒定的,而阻力却随颗粒的降落速度而变。

若颗粒的密度为 ρ_s,直径为 d,流体的密度为 ρ,阻力系数为 ξ,u 为颗粒相对于流体的降落速度,则颗粒所受的三个力为:

$$F_g = \frac{\pi}{6} d^3 \rho_s g \tag{4-2-1}$$

$$F_b = \frac{\pi}{6} d^3 \rho_s g \tag{4-2-2}$$

$$F_d = \xi A \frac{\rho u^2}{2} \tag{4-2-3}$$

由牛顿第二定律:

$$F_g - F_b - F_d = ma \tag{4-2-4}$$

有

$$\frac{\pi}{6} d^3 \rho_s g - \frac{\pi}{6} d^3 \rho g - \xi \frac{\pi}{4} d^2 \left(\frac{\rho u^2}{2} \right) = \frac{\pi}{6} d^3 \rho_s a \tag{4-2-5}$$

静止流体中颗粒的沉降速度一般经历加速和恒速两个阶段。

当颗粒开始沉降的瞬间,初速度 $u = 0$,使得阻力 $F_d = 0$,此时加速度 a 最大。颗粒开始沉降后,阻力随速度 u 的增加而加大,加速度 a 则相应减小,当速度达到某一值 u_t 时,阻力、浮力与重力平衡,颗粒所受合力为零,使加速度 $a = 0$,此后颗粒的速度不再变化,开始作速度为 u_t 的匀速沉降运动。

(2) 沉降的加速阶段

由于小颗粒的比表面积很大,使得颗粒与流体间的接触面积很大,颗粒开始沉降后,在极短的时间内阻力便与颗粒所受的净重力(即重力减浮力)接近平衡。因此,颗粒沉降时加速阶段时间很短,对整个沉降过程来说往往可以忽略。

(3) 沉降的等速阶段

匀速阶段中颗粒相对于流体的运动速度 u_t 称为沉降速度,由于该速度是加速段终了时颗粒相对于流体的运动速度,故又称为"终端速度",也可称为自由沉降速度。

由式(4-2-5)可得出沉降速度的表达式,当 $a = 0$ 时,$u = u_t$,得颗粒的自由沉降速度 u_t:

$$u_t = \sqrt{\frac{4gd(\rho_s - \rho)}{3\rho\xi}} \tag{4-2-6}$$

式中 d——颗粒直径,m;

       ρ_s——颗粒密度,kg/m³;

       ρ——流体密度,kg/m³;

g——重力加速度，m/s^2；

ξ——阻力系数，无因次，$\xi = f(\varphi_S, Re_t)$；

φ_S——球形度，$\varphi_S = \dfrac{S}{S_p}$。

用式（4-2-6）计算沉降速度时，首先需要确定阻力系数 ξ 值。根据因次分析，ξ 是颗粒与流体相对运动时雷诺准数 Re_t 的函数，ξ 随 Re 及 f_s 变化的实验测定结果见图 4-2-2。图中的 φ_S 为球形度。

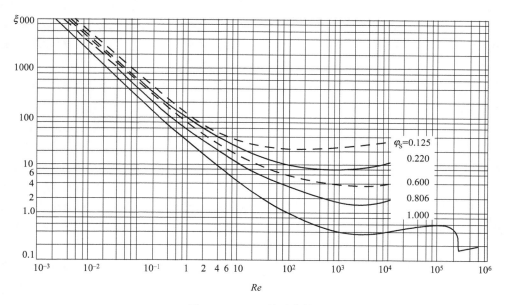

图 4-2-2　ξ-Re 关系曲线

球形颗粒在相应各区的沉降速度公式为：

滞流区　$10^{-4} < Re_t < 1$　$\xi = \dfrac{24}{Re}$

$$u_t = \frac{d^2(\rho_s - \rho)g}{18\mu} \qquad \text{斯托克斯公式} \qquad (4\text{-}2\text{-}7)$$

过渡区　$1 < Re_t < 10^3$，$\xi = \dfrac{18.5}{Re^{0.6}}$

$$u_t = 0.27\sqrt{\frac{d(\rho_s - \rho)g}{\rho}Re_t^{0.6}} \qquad \text{艾仑公式} \qquad (4\text{-}2\text{-}8)$$

湍流区　$10^3 < Re_t < 2 \times 10^5$，$\xi = 0.44$

$$u_t = 1.74\sqrt{\frac{d(\rho_s - \rho)g}{\rho}} \qquad \text{牛顿公式} \qquad (4\text{-}2\text{-}9)$$

式中，雷诺准数为 $Re_t = \dfrac{du_t\rho}{\mu}$。

(4) 影响沉降速度的因素

沉降速度由颗粒特性（ρ_s、形状、大小及运动的取向）、流体物性（ρ、μ）及沉降环境综合因素所决定。

上面得到的球形颗粒在相应各区的沉降速度公式是表面光滑的刚性球形颗粒在流体中作自由沉降时的速度计算式。自由沉降是指在沉降过程中，任一颗粒的沉降不因其他颗粒的存在而受到干扰。即流体中颗粒的含量很低，颗粒之间距离足够大，并且容器壁面的影响可以忽略。单个颗粒在大空间中的沉降或气态非均相物系中颗粒的沉降都可视为自由沉降。相反，如果分散相的体积分率较高，颗粒间有明显的相互作用，容器壁面对颗粒沉降的影响不可忽略，这时的沉降称为干扰沉降或受阻沉降。液态非均相物系中，当分散相浓度较高时，往往发生干扰沉降。在实际沉降操作中，影响沉降速度的因素有：

① 流体的黏度。在滞流沉降区内，由流体黏性引起的表面摩擦力占主要地位。在湍流区内，流体黏性对沉降速度已无明显影响，而是流体在颗粒后半部出现的边界层分离所引起的形体阻力占主要地位。在过渡区，则表面摩擦阻力和形体阻力都不可忽略。在整个范围内，随雷诺准数 Re_t 的增大，表面摩擦阻力的作用逐渐减弱，形体阻力的作用逐渐增强。当雷诺准数 Re_t 超过 2×10^5 时，出现湍流边界层，此时边界层分离的现象减弱，所以阻力系数突然下降，但在沉降操作中很少达到这个区域。

② 颗粒的体积分数。当颗粒的体积分数小于 0.2% 时，前述各种沉降速度关系式的计算偏差在 1% 以内。当颗粒浓度较高时，由于颗粒间相互作用明显，便发生干扰沉降。

③ 器壁效应。容器的壁面和底面会对沉降的颗粒产生曳力，使颗粒的实际沉降速度低于自由沉降速度。当容器尺寸远远大于颗粒尺寸时（例如 100 倍以上），器壁效应可以忽略，否则，则应考虑器壁效应对沉降速度的影响。在斯托克斯定律区，器壁对沉降速度的影响可用下式修正：

$$u_t' = \frac{u_t}{1 + 2.1\dfrac{d}{D}} \tag{4-2-10}$$

式中，D 为容器直径。

④ 颗粒形状的影响。同一种固体物质，球形或近球形颗粒比同体积的非球形颗粒的沉降要快一些。非球形颗粒的形状及其投影面积 A 均对沉降速度有影响。

相同 Re_t 下，颗粒的球形度越小，阻力系数 ξ 越大，但 φ_S 值对 ξ 的影响在滞流区内并不显著。随着 Re_t 的增大，这种影响逐渐变大。

⑤ 颗粒的最小尺寸。上述自由沉降速度的公式不适用于非常细微颗粒（如 $<$ 0.5mm）的沉降计算，这是因为流体分子热运动使得颗粒发生布朗运动。当 $Re_t >$

10^{-4}时，布朗运动的影响可不考虑。

需要指出，液滴和气泡的运动规律与刚性颗粒的运动规律也不尽相同。

4.2.1.2 非球形颗粒的自由沉降

对于非球形颗粒的自由沉降，可引入球形度和当量直径的定义后按球形颗粒的计算公式来进行计算或校正。

(1) 球形度

球形度
$$\varphi_S = \frac{S}{S_p} \tag{4-2-11}$$

式中　S——与颗粒体积相等的一个圆球的表面积，$S = 4\pi R^2$；

$\quad\quad S_p$——颗粒的表面积。

(2) 当量直径

当颗粒体积为 V_p 时，由 $\frac{\pi}{6}d_e^3 = V_p$ 得当量直径 d_e 为：

$$d_e = \sqrt[3]{\frac{6}{\pi}V_p} \tag{4-2-12}$$

4.2.1.3 沉降速度的计算

在给定介质中颗粒的沉降速度可采用以下计算方法。

(1) 试差法

根据公式计算沉降速度 u_t 时，首先需要根据雷诺准数 Re_t 值判断流型，才能选用相应的计算公式。但是，Re_t 中含有待求的沉降速度 u_t。所以，沉降速度 u_t 的计算需采用试差法，即：先假设沉降属于某一流型（例如滞流区），选用与该流型相对应的沉降速度公式计算 u_t，然后用求出的 u_t 计算 Re_t 值，检验是否在原假设的流型区域内。如果与原假设一致，则计算的 u_t 有效。否则，按计算的 Re_t 值所确定的流型，另选相应的计算公式求 u_t，直到用 u_t 的计算值算出的 Re_t 值与选用公式的 Re_t 值范围相符为止。

(2) 摩擦数群法

为避免试差，可将图 4-2-2 加以转换，使其两个坐标轴之一变成不包含 u_t 的无因次数群，进而便可求得 u_t。由式(4-2-6) 可得：

$$\xi = \frac{4d(\rho_s - \rho)g}{3\rho u_t^2}$$

又由雷诺数的定义，有：

$$Re_t^2 = \frac{d^2 u_t^2 \rho^2}{\mu^2}$$

两式联立，可得：

$$\xi Re_t^2 = \frac{4d^3 \rho(\rho_s - \rho)g}{3\mu^2} \tag{4-2-13}$$

再令

可得：
$$K = d \sqrt[3]{\frac{\rho(\rho_s - \rho)g}{\mu^2}}$$ （4-2-14）

$$\xi Re_t^2 = \frac{4}{3}K^3$$ （4-2-15）

因 ξ 是 Re_t 的函数，则 ξRe_t^2 必然也是 Re_t 的函数。所以，ξ-Re_t 曲线可转化成 ξRe_t^2-Re_t 曲线，如图 4-2-3 所示。

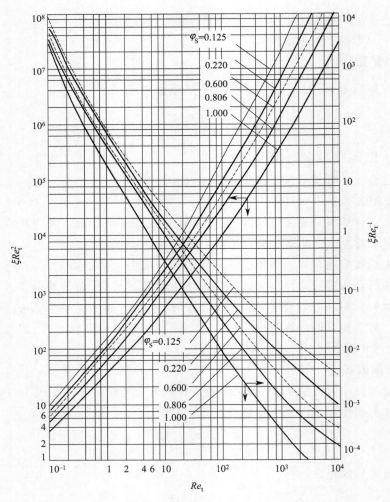

图 4-2-3 ξRe_t^2-Re_t 和 ξRe_t^{-1}-Re_t 关系曲线

由数群法计算 u_t 时，可先将已知数据代入式（4-2-13）求出 ξRe_t^2 值，再由图 4-2-4 的 ξRe_t^2-Re_t 曲线查出 Re_t，最后由 Re_t 反求 u_t，即，$u_t = \dfrac{\mu Re_t}{d\rho}$。

若要计算介质中具有某一沉降速度 u_t 的颗粒的直径，可用 ξ 与 Re_t^{-1} 相乘，得到一不含颗粒直径 d 的无因次数群，ξRe_t^{-1}，即：

$$\xi Re_t^{-1} = \frac{4\mu(\rho_s - \rho)g}{3\rho^2 u_t^3} \tag{4-2-16}$$

同理，将 ξRe_t^{-1}-Re_t 曲线绘于图 4-2-4 中。根据 ξRe_t^{-1} 值查出 Re_t，再反求直径，即：

$$d = \frac{\mu Re_t}{\rho u_t}$$

(3) 无因次判别因子

依照摩擦数群法的思路，可以设法找到一个不含 u_t 的无因次数群作为判别流型的判据。将式(4-2-7)代入雷诺准数定义式，根据式(4-2-14)得：

$$Re_t = \frac{d^3(\rho_s - \rho)\rho g}{18\mu^2} = \frac{K^3}{18} \tag{4-2-17}$$

在斯托克斯定律区，$Re_t \leqslant 1$，则 $K \leqslant 2.62$，同理，将式(4-2-9)代入雷诺准数定义式，由 $Re_t = 1000$ 可得牛顿定律区的下限值为 69.1。因此，$K \leqslant 2.62$ 为斯托克斯定律区，$2.62 < K < 69.1$ 为艾仑定律区，$K > 69.1$ 为牛顿定律区。

这样，计算已知直径的球形颗粒的沉降速度时，可根据 K 值选用相应的公式计算 u_t，从而避免试差。

4.2.2　重力沉降设备

4.2.2.1　降尘室

降尘室是依靠重力沉降从气流中分离出尘粒的设备。

最常见的降尘室如图 4-2-4(a) 所示。含尘气体进入沉降室后，颗粒随气流有一水平向前的运动速度 u。同时，在重力作用下，以沉降速度 u_t 向下沉降。只要颗粒能够在气体通过降尘室的时间降至室底，便可从气流中分离出来。颗粒在降尘室的运动情况示于图 4-2-4(b) 中。

对于指定粒径的颗粒能够被分离出来的必要条件是气体在降尘室内的停留时间等于或大于颗粒从设备最高处降至底部所需要的时间。

设降尘室的长度为 l，m；宽度为 b，m；高度为 H，m；降尘室的生产能力（即含尘气通过降尘室的体积流量）为 V_s，m^3/s；气体在降尘室内的水平通过速度为 u，m/s；则位于降尘室最高点的颗粒沉降到室底所需的时间为：

$$\theta_t = \frac{H}{u_t}$$

气体通过降尘室的时间为：

$$\theta = \frac{l}{u}$$

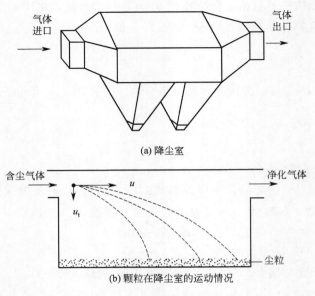

(a) 降尘室

(b) 颗粒在降尘室的运动情况

图 4-2-4 降尘室示意图

若使颗粒被分离出来，则气体在降尘室内的停留时间至少需等于颗粒的沉降时间，即：

$$\theta \geqslant \theta_t \text{ 或 } \frac{l}{u} \geqslant \frac{H}{u_t} \tag{4-2-18}$$

根据降尘室的生产能力，气体在降尘室内的水平通过速度为：

$$u = \frac{V_s}{Hb} \tag{4-2-19}$$

将式(4-2-19)代入式(4-2-18)并整理得，降尘室处理含尘气体体积流量 V_s 和颗粒沉降速度 u_t 分别为：

$$V_s \leqslant blu_t \quad \text{和} \quad u_t \geqslant \frac{V_s}{bl} \tag{4-2-20}$$

可见，理论上降尘室的生产能力只与沉降面积 bl 和颗粒的沉降速度 u_t 有关，而与降尘室高度无关。故降尘室应设计成扁平形，或在室内均匀设置多层水平隔板，构成多层降尘室，如图 4-2-5 所示。隔板间距一般为 40～100mm。

降尘室结构简单，流体阻力小，但体积庞大，分离效率低，通常只适用于分离粒度大于 50μm 的粗颗粒，一般作为预除尘使用。多层降尘室虽能分离较细的颗粒且节省地面，但清灰比较麻烦。

通常，被处理的含尘气体中的颗粒大小不均，沉降速度 u_t 应根据需要完全分离下来的最小颗粒尺寸计算。此外，气体在降尘室内的速度不应过高，一般应保证气体流动的雷诺准数处于层滞留区，以免干扰颗粒的沉降或将已沉降下来的颗粒重新扬起。

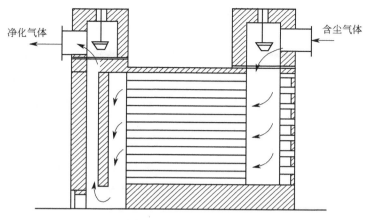

图 4-2-5　多层降尘室

4.2.2.2　悬浮液的沉聚过程

　　悬浮液的沉聚过程属重力沉降，在沉降槽中进行。固体颗粒在液体中的沉降过程，大多属于干扰沉降。比固体颗粒在气体中自由沉降阻力大。如图 4-2-6 所示，随着沉聚过程的进行，A、D 两区逐渐扩大，B 区这时逐渐缩小至消失。在沉降开始后的一段时间内，A、B 两区之间的界面以等速向下移动，直至 B 区消失时与 C 区的上界面重合为止。此阶段中 AB 界面向下移动的速度即为该浓度悬浮液中颗粒的表观沉降速度 u_0。表观沉降速度 u_0 不同于颗粒的沉降速度 u_t，因为它是颗粒相对于器壁的速度，而不是颗粒相对于流体的速度。

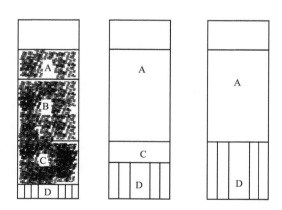

图 4-2-6　悬浮液的沉聚过程

A—清液区；B—等浓度区；C—变浓度区；D—沉聚区

　　待浓度 B 区消失后，AC 界面以逐渐变小的速度下降，直至 C 区消失，此时在清液区与沉聚区之间形成一层清晰的界面，即达到"临界沉降点"，此后便属于沉聚区的压紧过程。D 区又称为压紧区，压紧过程所需时间往往占沉聚过程的绝大部分。

通过间歇沉降实验，可以获得表观沉降速度 u_0 与悬浮液浓度及沉渣浓度与压紧时间的两组对应关系数据，作为沉降槽设计的依据。

自然界中所有物质都是运动的，我们平时所说的运动与静止都是相对于不动的物体而说的，物体相对于参照物发生位置的变化叫运动，不发生位置变化的叫静止，由于参照物不同，观察同一物体的运动状态也不同。因此，运动与静止只有相对的意义。

4.2.2.3 沉降槽的构造与操作

沉降槽是利用重力沉降来提高悬浮液浓度并同时得到澄清液体的设备。所以，沉降槽又称为增浓器和澄清器。沉降槽可间歇操作也可连续操作，如图 4-2-7 所示。图 4-2-7（a）和图 4-2-7（b）分别为间歇式沉降槽和连续式沉降槽。

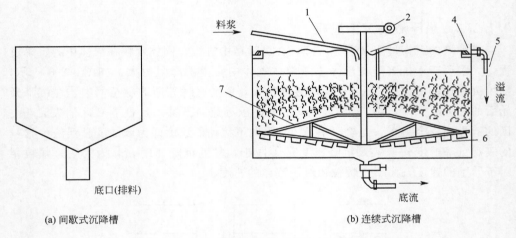

图 4-2-7 沉降槽

1—进料槽道；2—转动机构；3—料井；4—溢流槽；

5—溢流管；6—叶片；7—转耙

间歇式沉降槽通常是带有锥底的圆槽。需要处理的悬浮液在槽内静置足够时间后，增浓的沉渣由槽底排出，清液则由槽上部排出管抽出。

连续式沉降槽是底部略呈锥状的大直径浅槽。悬浮液经中央进料口送到液面以下 0.3~1.0 m 处，在尽可能减小扰动的情况下，迅速分散到整个横截面上，液体向上流动，清液经由槽顶端四周的溢流堰连续流出，称为溢流；固体颗粒下沉至底部，槽底有徐徐旋转的耙将沉渣缓慢地聚拢到底部中央的排渣口连续排出。排出的稠浆称为底流。

连续式沉降槽的直径，小者为数米，大者可达数百米；高度为 2.5~4m。有时将数个沉降槽垂直叠放，共用一根中心竖轴带动各槽的转耙。这种多层沉降槽可以节省地面，但操作控制较为复杂。

连续式沉降槽适合于处理量大、浓度不高、颗粒不太细的悬浮液，常见的污水处理就是一例。经沉降槽处理后的沉渣内仍有约 50% 的液体。在沉降槽的增浓段中，大都发生颗粒的干扰沉降，所进行的过程称为沉聚过程。

为了在给定尺寸的沉降槽内获得最大可能的生产能力，应尽可能提高沉降速度。向悬浮液中添加少量电解质或表面活性剂，使颗粒发生"凝聚"或"絮凝"；改变一些物理条件（如加热、冷冻或振动），使颗粒的粒度或相界面积发生变化，都有利于提高沉降速度；沉降槽中的装置搅拌耙除能把沉渣导向排出口外，还能减低非牛顿型悬浮物系的表观黏度，并能促使沉淀物的压紧，从而加速沉聚过程。搅拌耙的转速应选择适当，通常小槽耙的转速为 1r/min，大槽耙的转速在 0.1r/min 左右。

4.2.2.4　连续沉降槽的计算

(1) 沉降槽的面积

沉降槽有澄清液体和增浓悬浮液的双重功能。为了获得澄清液体，沉降槽必须有足够大的横截面积，以保证任何瞬间液体向上的速度小于颗粒的沉降速度。为了把沉渣增浓到指定的稠度，要求颗粒在槽中有足够的停留时间，沉降槽加料口以下的增浓段必须有足够的高度，以保证压紧沉渣所需要的时间。因此，截面积和高度是计算沉降槽尺寸的主要项目，如图 4-2-8 所示。

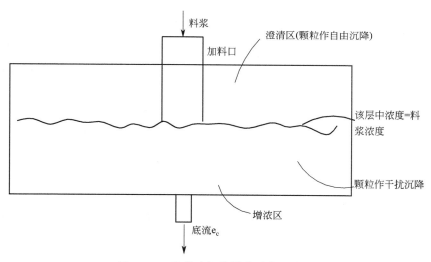

图 4-2-8　连续式沉降槽的计算示意图

沉降槽以加料口为界，其上为澄清区，其下为增浓区，自上而下颗粒的浓度逐渐增加，清液上行至溢流口流出，颗粒与液体一起下行至增浓区，进行沉聚过程。在稳定情况下，各截面上颗粒浓度不随时间而变。为了获得满意的分离效果，希望悬浮料浆中全部颗粒沉于底部。计算沉降槽横截面积时，应在进料与底流之间整个浓度范围内，分别依据若干截面积上的情况逐个进行计算沉降槽截面积，而取其中最大者为计算的结果。

与间歇沉降试验的情况不同，在连续沉降槽中，除了颗粒的表观沉降速度外，底流中还含有一定量的液体，在增浓段还存在一个底流总体下行的速度分量，但该速度一般小于颗粒的沉降速度。

设进入连续沉降槽的料浆体积流量为 $Q(\mathrm{m^3/s})$。其中，固相体积分率为 $e_f = \dfrac{\text{固相体积流量}}{Q}$，底流中固相体积分率为 $e_c = \dfrac{\text{底流中固相体积流量}}{\text{底流的体积流量}}$，沉降槽的横截面积为 $A(\mathrm{m^2})$，则：

底流中固相体积流量 $= Qe_f$

底流中体积流量 $= \dfrac{Qe_f}{e_c}$

底流相对于器壁的流速 $\qquad u_u = \dfrac{Qe_f}{Ae_c}$ $\qquad\qquad$ (4-2-21)

在增浓段内取任一水平截面，设该截面上固相体积分率为 e，又通过间歇沉降试验测得与此浓度相应的表观沉降速度为 u_0，则颗粒向下运动的速度为 $u_u + u_0$。在该截面上固相所占的面积为 Ae_c，颗粒的下行速度与固相所占横截面积二者的乘积便是底流中固相的体积流量，即：

$$Qe_f = Ae_c(u_u + u_0)$$

将式(4-2-21)代入上式并整理得：

$$A = \frac{Qe_f}{u_0}\left(\frac{1}{e} - \frac{1}{e_c}\right) \qquad\qquad (4\text{-}2\text{-}22)$$

若悬浮液中固相浓度以单位体积内的固相质量表示，则式(4-2-22)变为如下的形式：

$$A = \frac{w}{u_0}\left(\frac{1}{C} - \frac{1}{C_c}\right) \qquad\qquad (4\text{-}2\text{-}23)$$

式中 w——进料中固相的质量流量，$\mathrm{kg/s}$；

$\qquad$ C——任一截面上固相的浓度，$\mathrm{kg/m^3}$ 悬浮液；

$\qquad$ C_c——底流中固相浓度，$\mathrm{kg/m^3}$ 底流。

如果悬浮液中固相浓度以固、液质量比的形式表示时，式(4-2-22)变为如下形式：

$$A = \frac{w}{u_0\rho}\left(\frac{1}{X} - \frac{1}{X_c}\right) \qquad\qquad (4\text{-}2\text{-}24)$$

式中 ρ——液相浓度，$\mathrm{kg/m^3}$；

$\qquad$ X——任一截面上的固液质量比，$\dfrac{m\,(\text{固})}{m\,(\text{液})}$；

$\qquad$ X_c——底流中的固液质量比，$\dfrac{m\,(\text{固})}{m\,(\text{液})}$。

按照上述方法求得最大横截面积后，要乘以适当的安全系数作为沉降槽的实际横截面积。对于直径在 5m 以下的沉降槽，安全系数可取 1.5；直径在 30m 以上的槽，安全系数可取 1.2。

(2) 沉降槽的高度

前已指出，沉渣的压紧时间往往占整个沉聚过程所需时间的绝大部分，因而可根据压紧时间来估算沉降槽的高度。对一定浓度的悬浮液，可按间歇沉降试验测得压紧时间。

连续沉降槽压紧区的容积应该等于底流的体积流量与压紧时间的乘积。而底流的体积流量则是其中固、液两相流量之和，即：

$$Ah = \left(\frac{w}{\rho_s} + \frac{w/X_c}{\rho}\right)\theta_r \tag{4-2-25}$$

$$h = \frac{w\theta_r}{A\rho_s}\left(1 + \frac{\rho_s}{\rho X_c}\right) \tag{4-2-26}$$

式中　h——压紧区高度，m；

　　　θ_r——压紧时间，s。

按上式求得的压紧区高度，通常要附加约 75% 的安全余量。沉降槽的总高度则等于压紧区高度加上其他区域的高度，后者可取 1～2m。

4.2.3　离心沉降

惯性离心力作用下实现的沉降过程称为离心沉降。对于两相密度差较小、颗粒较细的非均相物系，在离心力场中可得到较好的分离。通常，气固非均相物质的离心沉降是在旋风分离器中进行，液固悬浮物系的离心沉降可在旋液分离器或离心机中进行。

4.2.3.1　惯性离心力作用下的沉降速度

当流体围绕某一中心轴作圆周运动时，便形成了惯性离心力场。在与轴距离为 R、切向速度为 u_T 的位置上，离心加速度为 $\dfrac{u_T^2}{R}$。显然，离心加速度不是常数，随位置及切向速度而变，其方向是沿旋转半径从中心指向外周。而重力加速度 g 基本上可视作常数，其方向指向地心。

当流体带着颗粒旋转时，如果颗粒的密度大于流体的密度，则惯性离心力将会使颗粒在径向与流体发生相对运动而飞离中心。和颗粒在重力场中受到三个作用力相似，惯性离心力场中颗粒在径向也受到三个力的作用，即惯性离心力、向心力（相当于重力场中的浮力，其方向为沿半径指向旋转中心）和阻力（与颗粒的运动方向相反，其方向为沿半径指向中心）。如果球形颗粒的直径为 d、密度为 ρ_s、流体密度为 ρ、颗粒与中心轴的距离为 R、切向速度为 u_T，则上述三个力分别为：

$$\text{惯性离心力} = \frac{\pi}{6} d^3 \rho_s \frac{u_T^2}{R} \tag{4-2-27}$$

$$\text{向心力} = \frac{\pi}{6} d^3 \rho \frac{u_T^2}{R} \tag{4-2-28}$$

$$\text{阻力} = \xi \frac{\pi}{4} d^2 \frac{\rho u_r^2}{2} \tag{4-2-29}$$

式中，u_r 为颗粒与流体在径向的相对速度，m/s。

平衡时，颗粒在径向相对于流体的运动速度 u_r 便是它在此位置上的离心沉降速度：

$$u_r = \sqrt{\frac{4d(\rho_s - \rho)}{3\rho\xi} \times \frac{u_T^2}{R}} \tag{4-2-30}$$

4.2.3.2 离心沉降速度 u_r 与重力沉降速度 u_t 的异同

比较式(4-2-30)与式(4-2-6)可以看出，颗粒的离心沉降速度 u_r 与重力沉降速度 u_t 具有相似的关系式，若将重力加速度 g 用离心加速度 $\frac{u_T^2}{R}$ 代替，则式(4-2-6)便成为式(4-2-27)。

但是，离心沉降速度 u_r 不是颗粒运动的绝对速度，而是绝对速度在径向的分量，且方向不是向下而是沿半径向外。

此外，离心沉降速度 u_r 随位置而变，不是恒定值，而重力沉降速度 u_t 则是恒定不变的。

离心沉降时，若颗粒与流体的相对运动处于滞流区，阻力系数 ξ 可用式 $\xi = \frac{24}{Re}$ 表示，于是得到：

$$u_r = \frac{d^2(\rho_s - \rho)}{18\mu} \times \frac{u_T^2}{R} \tag{4-2-31}$$

将式(4-2-31)与式(4-2-6)相比可得，同一颗粒在介质中的离心沉降速度与重力沉降速度的比值为：

$$\frac{u_r}{u_t} = \frac{u_T^2}{gR} = K_c \tag{4-2-32}$$

比值 K_c 就是粒子所在位置的惯性离心力场强度与重力场强度之比，称为离心分离因数，是离心分离设备的重要指标。对某些高速离心机，分离因数 K_c 值可高达十万。旋风或旋液分离器的分离因数一般在 5～2500 之间。例如，当旋转半径 $R=0.4$m、切向速度 $u_T=20$m/s 时，分离因数为：

$$K_c = \frac{20^2}{9.81 \times 0.4} = 102$$

这表明颗粒在上述条件下的离心沉降速度比重力沉降速度约大百倍，足见离心沉降设备的分离效果远较重力沉降设备为高。

4.2.4 旋液分离

旋液分离器又称水力旋流器，是利用离心沉降原理从悬浮液中分离固体颗粒的设备，它的结构与操作原理和旋风分离器类似。设备主体也是由圆筒和圆锥两部分组成，如图 4-2-9 所示。悬浮液经入口管沿切向进入圆筒部分。向下作螺旋形运动，固体颗粒受惯性离心力作用被甩向器壁，随下旋流降至锥底的出口，由底部排出的增浓液称为底流；清液或含有微细颗粒的液体则为上升的内旋流，从顶部的中心管排出，称为溢流。顶部排出清液的操作称为增浓，顶部排出含细小颗粒液体的操作称为分级。内层旋流中心有一个处于负压的气柱。气柱中的气体是由料浆中释放出来的，或者是由溢流管口暴露于大气中时而将空气吸入器内的。

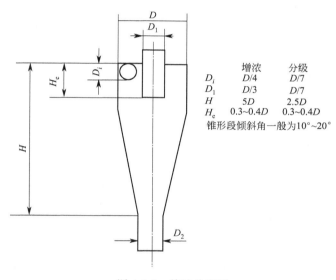

	增浓	分级
D_i	$D/4$	$D/7$
D_1	$D/3$	$D/7$
H	$5D$	$2.5D$
H_c	$0.3 \sim 0.4D$	$0.3 \sim 0.4D$

锥形段倾斜角一般为10°~20°

图 4-2-9 旋液分离器

旋液分离器的结构特点是直径小而圆锥部分长。因为液固密度差比气固密度差小，在一定的切线进口速度下，较小的旋转半径可使颗粒受到较大的离心力而提高沉降速度；同时，锥形部分加长可增大液流的行程，从而延长了悬浮液在器内的停留时间，有利于液固分离。

旋液分离器中颗粒沿器壁快速运动，对器壁产生严重磨损。因此，旋液分离器应采用耐磨材料制造或采用耐磨材料作内衬。

旋液分离器不仅可用于悬浮液的增浓、分级，而且还可用于不互溶液体的分离、气液分离以及传热、传质和雾化等操作中，因而广泛应用于多种工业领域中。

近年来，世界各国对超小型旋液分离器（指直径小于 15mm 的旋液分离器）进行开发。超小型旋液分离器组适用于微细物料悬浮液的分离操作，颗粒直径可小到 $2 \sim 5 \mu m$。

4.3 离心过滤

4.3.1 离心过滤分离原理

以离心力作为推动力，在具有过滤介质（如滤网、滤布）的有孔转鼓中加入悬浮液，固体粒子截留在过滤介质上，液体穿过滤饼层而流出，最后完成滤液和滤饼分离的过滤操作。按严格定义，离心过滤仅是指滤饼层表面留有自由液层，即经过滤形成的滤饼层内始终充满液体的阶段，这在工业上很少应用。工业上所应用的离心过滤，包括自由液面渗入滤饼层内部液体的脱除，有时还包括洗涤滤饼的水的脱除。离心过滤和离心脱水操作似乎很相似，但在流动机理和计算方法上完全不同。

离心过滤是将料液送入有孔的转鼓并利用离心力场进行过滤的过程，以离心力为推动力完成过滤作业，兼有离心和过滤的双重作用。离心过滤一般分为滤饼形成、滤饼压紧和滤饼压干三个阶段，但是根据物料性质的不同，有时可能只需进行一个或两个阶段。

以间歇离心过滤为例，料液首先进入装有过滤介质的转鼓中，然后被加速到转鼓旋转速度，形成附着在鼓壁上的液环。粒子受离心力而沉积，过滤介质阻止粒子的通过，从而形成滤饼。当悬浮液的固体粒子沉积时，滤饼表面生成了澄清液，该澄清液透过滤饼层和过滤介质向外排出。在过滤后期，由于施加在滤饼上的部分载荷的作用，相互接触的固体粒子经接触面传递粒子应力，滤饼开始压缩。

4.3.2 离心过滤设备

4.3.2.1 离心过滤机

离心过滤机设有一个开孔转鼓，可以分离固体密度大于或小于液体密度的悬浮液。它可分为连续式和间歇式。间歇式离心机通常在减速的情况下由刮刀卸料，或停机抽出转鼓套筒或滤布进行卸料。连续式离心机则用活塞推料和振动卸料两种方法。图 4-3-1 所示为卧式刮刀卸料离心过滤机结构示意图。

4.3.2.2 连续沉降-过滤式螺旋卸料离心机

它集连续沉降离心机和连续过滤式离心机于一体，在连续沉降式离心机的锥部小端至卸渣口设置一个柱形孔网转鼓段，液体借助于粒子的沉降而澄清，粒子则借助于压缩和锥部排流而脱水，但最终脱水和洗涤在孔网转鼓段进行。

如图 4-3-2 所示，卧式螺旋沉降卸料离心机是一种卧式螺旋卸料、连续操作的沉降设备。这类离心机工作原理为：转鼓与螺旋以一定差速同向高速旋转，物料由进料管连续引入输料螺旋内筒，加速后进入转鼓，在离心力场作用下，较重的固相物沉积在转鼓壁上形成沉渣层。输料螺旋将沉积的固相物连续不断地推至转鼓锥端，经排渣口排出机外。较轻的液相物则形成内层液环，由转鼓大端溢流口连续溢出转鼓，经排液口排出机外。这种离心机能在全速运转下，连续进料、分离、洗涤和卸料，具有结构紧凑、连续操作、运转平稳、适应性强、生产能力大、维修方便等特点，适合分离含固相物粒度大于 0.005mm，浓度范围为 2%～40% 的悬浮液，广泛用于化工、轻工、制药、食品、环保等行业。

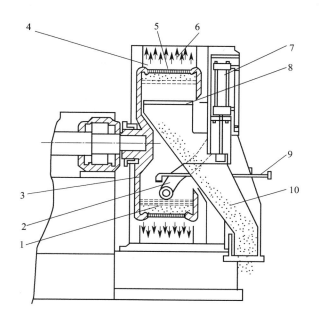

图 4-3-1　卧式刮刀卸料离心过滤机结构示意图

1—滤网；2—进料管；3—转鼓；4—外壳；5—滤饼；6—滤液

7—液压缸；8—刮刀；9—冲洗管；10—溜槽

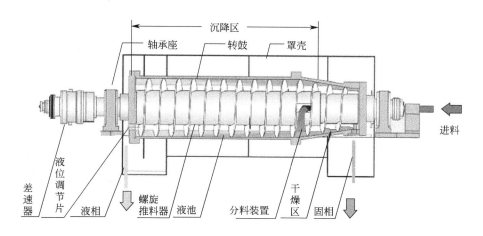

图 4-3-2　卧式螺旋沉降卸料离心机结构示意图

4.3.2.3 沉降离心机和分离离心机

离心机是利用惯性离心力分离非均相混合物的机械。它与旋液分离器的主要区别在于离心力是由设备（转鼓）本身旋转而产生的。由于离心机可产生很大的离心力，故可用来分离用一般方法难以分离的悬浮液或乳浊液。

沉降式或分离式离心机的鼓壁上没有开孔。若被处理物料为悬浮液，其中密度较大的颗粒沉积于转鼓内壁而液体集中于中央并不断引出，此种操作即为离心沉降；若被处理物料为乳浊液，则两种液体按轻重分层，重者在外，轻者在内，各自从适当的径向位置引出，此种操作即为离心分离。

根据转鼓和固体卸料机构的不同，离心机可分为无孔转鼓式、碟片式、管式等类型。

根据分离因数又可将离心机分为：

常速离心机 $K_c < 3 \times 10^3$（一般为 600～1200）

高速离心机 $K_c = 3 \times 10^3 \sim 5 \times 10^4$

超速离心机 $K_c > 5 \times 10^4$

最新式的离心机，其分离因数可高达 5×10^5 以上，常用来分离胶体颗粒及破坏乳浊液等。分离因数的极限值取决于转动部件的材料强度。

离心机的操作方式也分为间歇操作与连续操作。此外，还可根据转鼓轴线的方向将离心机分为立式与卧式。

(1) 无孔转鼓式离心机

无孔转鼓式离心机如图 4-3-3 所示，其主体为一无孔的转鼓。由于扇形板的作用，悬浮液被转鼓带动作高速旋转。在离心力场中，固粒一方面向鼓壁作径向运动，同时随流体作轴向运动。上清液从撇液管或溢流堰排出鼓外，固粒留在鼓内间歇或连续地从鼓内卸出。

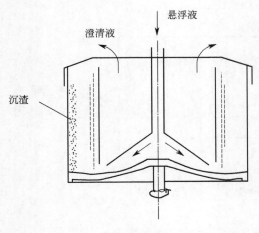

图 4-3-3 转鼓式离心机

颗粒被分离出去的必要条件是悬浮液在鼓内的停留时间要大于或等于颗粒从自由液面到鼓壁所需的时间。

无孔转鼓式离心机的转速大多在 450～4500r/min 的范围内，处理能力为 6～10m³/h，悬浮液中固相体积分率为 3%～5%，主要用于泥浆脱水和从废液中回收固体。

(2) 蝶式分离机

蝶式分离机如图 4-3-4 所示，转鼓内装有许多倒锥形碟片，碟片直径一般为 0.2～0.6m，碟片数目约为 50～100 片。转鼓以 4700～8500r/min 的转速旋转，分离因数可达 4000～10000。这种分离机可用作澄清悬浮液中少量粒径小于 $0.5\mu m$ 的微细颗粒以获得清净的液体，也可用于乳浊液中轻、重两相的分离，如油料脱水等。

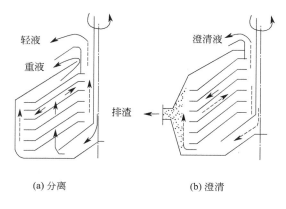

(a) 分离　　　　　　　(b) 澄清

图 4-3-4　蝶式分离机

用于分离操作时，碟片上带有小孔，料液通过小孔分配到各碟片通道之间。在离心力作用下，重液（及其夹带的少量固体杂质）逐步沉于每一碟片的下方并向转鼓外缘移动，经汇集后由重液出口连续排出，轻液则流向轴心由轻液出口排出。

用于澄清操作时，碟片上不开孔，料液从转动碟片的四周进入碟片间的通道并向轴心流动。同时，固体颗粒则逐渐向每一碟片的下方沉降，并在离心力作用下向碟片外缘移动。沉积在转鼓内壁的沉渣可在停车后用人工卸除或间歇地用液压装置自动地排除。重液出口用垫圈堵住，澄清液体由轻液出口排出。蝶式分离机适合于净化带有少量微细颗粒的黏性液体（涂料、油脂等），或润滑油中少量水分的脱除等。

(3) 管式高速离心机

如图 4-3-5 所示，管式高速离心机的结构特点是转鼓成为细高的管式构型。管式高速离心机是一种能产生高强度离心力场的分离机，其转速高达 8000～50000r/min，具有很高的分离因数（K_c＝15000～60000），能分离普通离心机难以处理的物料，如分离乳浊液及含有稀薄微细颗粒的悬浮液。

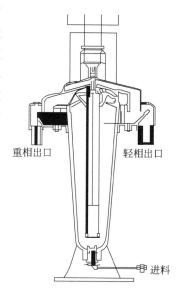

重相出口　　　　　　轻相出口

图 4-3-5　管式高速离心机

乳浊液或悬浮液在表压 0.025～0.03MPa 下，由底部进料管送入转鼓，鼓内有径向安装的挡板，以便带动液体迅速旋转。如处理乳浊液，则液体分轻、重两层各由上部不同的出口流出；如处理悬浮液，则可只有一个液体出口，而微粒附着于鼓壁上，一定时间后停车取出。

参 考 文 献

[1] 曲景奎，隋智慧，周桂英，肖宝清，张强. 固-液分离技术的新进展及发展动向. 过滤与分离，2011，11（4）：4-9.
[2] 赵小林，丁健，陈守超. 陶瓷过滤机在磷精矿生产中的应用. 无机盐工业，2011，43（4）：61-62.
[3] 孟淮玉，芮延年，杜海军，柳胜. 带式压榨过滤过程机构对脱水效果的影响. 苏州大学学报：工学版，2008，28（6）：58-62.
[4] 张林，芮延年，刘文杰. 带式压榨过滤机的理论与实践. 给水排水，2000，26（9）：82-85.
[5] 马钢供排水厂. 带式压榨过滤机在高炉煤气洗涤水污泥脱水中的应用. 冶金动力，1993（1）：37-38.

5　气体分离与气-固分离技术

5.1　吸收

吸收是利用气体混合物中各组分在同一溶剂中溶解性的差异，在混合气体中加入某种溶剂，使气体中的某一或某些组分向液相转移，实现气体混合物分离的操作。它是分离气体混合物的重要化工单元操作之一。

5.1.1　吸收过程的相平衡原理

在一定的温度和压力下，当混合气体与吸收剂接触时，气体中的溶质从气相往液相吸收剂中转移（吸收过程），同时进入液相中的吸收质也可能往气相转移（解吸过程）；开始主要以吸收过程为主，随着液相中的吸收质浓度不断增加，吸收速率逐渐降低，解吸速率不断增大，经过足够长时间后，吸收速率与解吸速率相等，气液两相互呈平衡，这种状态称为相际动平衡，简称相平衡。在平衡状态下，吸收过程和解吸过程仍在进行，但在同一时刻从气相进入液相的溶质的量与液相进入气相的溶质的量相等，即净转移量为零，组分在气相和液相中的浓度不再发生变化；此时溶液中的吸收质浓度称为平衡浓度，该浓度是在一定温度压力下能达到的最大溶解度，溶液上方气相中溶质的分压称为平衡分压（或饱和分压）；溶质组分在两相中的浓度服从相平衡关系，利用平衡关系可以判断溶质在两相间传质的方向和限度，以及确定传质过程的推动力。

在一定条件下，两相间的平衡关系受相律制约：

$$f = C - \Phi + 2 \tag{5-1-1}$$

对于单组分物理吸收过程，系统的独立组分数 $C=3$（溶质 A、惰性组分 B 和吸收剂 S），相数 $\Phi=2$，则自由度 f 为：

$$f = 3 - 2 + 2 = 3$$

该式说明，在温度、总压和气相组成、液相组成四个变量中，有三个是自变量，另一个是它们的函数。因此可以将组分的气相分压表示为温度、总压和液相组成的函数。在吸收过程中，当温度一定时，总压不很高的情况下，溶质在气相中的分压仅是液相组成的单值函数。根据组成的不同表示方法，可列出平衡时下列一系列函数关系：

$$p_A^* = f(x_A) \tag{5-1-2}$$
$$p_A^* = f(c_A) \tag{5-1-3}$$
$$y_A^* = f(x_A) \tag{5-1-4}$$

式中　p_A^*——溶质 A 在气相中的平衡分压，Pa。该分压的高低标志着溶质从液相向气相扩散能力的大小。对于总压不高（总压$<5.065\times10^5$ Pa）的体系，可以认为气体组分在液相中的溶解度仅取决于该组分在气相中的分压，而与总压无关；

　　y_A^*，x_A——分别表示平衡时溶质 A 在气相、液相中的摩尔分数；

　　c_A——平衡状态下溶质 A 在液相中物质的量浓度，mol/m^3。

在吸收过程中，除吸收质以外的其他气体组分都被视为不溶于吸收剂的，则气相中惰性组分的量在全塔范围内可视为不变，而液相中吸收剂的量也可视为不变，浓度以摩尔比表示，进行吸收过程的计算将显得更为方便。

气体吸收过程的相平衡关系，可以用列表、溶解度曲线和相平衡关系式（如亨利定律）表示。

5.1.1.1　溶解度曲线

用二维坐标绘成的气-液相平衡关系曲线，称为溶解度曲线，可在有关手册中查得或通过实验对具体物系进行测定。图 5-1-1 表示在同一压强、不同温度下，NH_3 在水中的溶解度曲线。

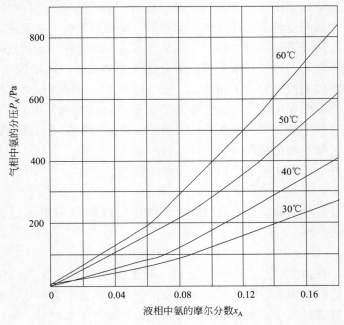

图 5-1-1　氨在水中的溶解度曲线

溶解度曲线上的任一点，表示平衡状态时的气、液组成，说明要使一种气体在溶液里达到某一浓度，液面上方必须维持该气体一定的平衡分压。由图 5-1-1 可见，同一种物系，在相同温度下，气体的溶解度随着该组分在气相中的分压增大而增大；在相同的平衡分压下，气体的溶解度随着温度的升高而减小。

如图 5-1-2 可见，在相同的温度和同一分压下，不同的气体，在同一种溶剂中的平衡组成差别很大。从上面讨论我们了解到：在一定的温度下，气体在溶液里达到某一组成，被溶解的气体都呈现一定的分压。从这一点看，可视为有三种气体：易溶的气体（氨），中等可溶的气体（二氧化硫），微溶的气体（氧气）。

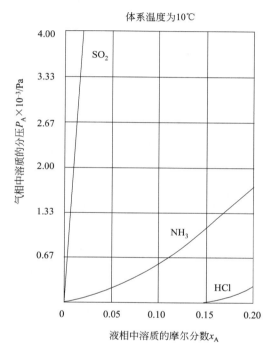

图 5-1-2　不同气体在同一溶剂中的溶解度

5.1.1.2　亨利（Henry）定律

从溶解度曲线分析已知，在气液两相共存的体系中，某组分气体的分压越高，其在液相中的溶解度越大；温度越高，溶解度将越小。科学家们通过对多种气-液平衡体系的实验研究发现，当温度一定、气体总压小于 0.5MPa 时，多数气体溶解形成的溶液是稀溶液，相应的溶解度曲线为过坐标原点的直线；这种稀溶液的气-液平衡关系可以用亨利定律来描述。

亨利定律表明：在总压不高（如总压小于 0.5MPa）时，在一定温度下，稀溶液上方溶质的平衡分压与其在液相中的摩尔分数成正比，其数学表达式为：

$$p_A^* = E x_A \qquad\qquad (5\text{-}1\text{-}5)$$

式中 p_A^*——溶质 A 在气相中的平衡分压，Pa；

x_A——溶质 A 在液相中的摩尔分数；

E——亨利系数，Pa。

亨利系数值由实验测定，常见物系的亨利系数可由手册中查得。

亨利系数的大小表示气体被吸收的难易程度：在液面上方组分的分压一定时，E 值越大，气体越难被吸收；相反，则越容易被吸收。亨利系数值的大小取决于物系的特性及物系的温度。不同的物质在同一种溶剂中，亨利系数值不同；同理，同种物质在不同的溶剂中，亨利系数值不同；对于同一个体系，温度升高，亨利系数值将增大（想想为什么？）。

由于组分在气相或液相中的组成可以用其他形式表示，所以亨利定律还有以下几种表示方式。

气相组成用平衡分压、液相组成用物质的量浓度表示，亨利定律为：

$$p_A^* = \frac{c_A}{H} \tag{5-1-6}$$

式中 p_A^*——溶质 A 在气相中的平衡分压，Pa；

c_A——液相中溶质 A 的物质的量浓度，mol/m^3；

H——溶解度系数，$mol \cdot Pa/m^3$。

溶解度系数 H 是温度的函数，对于同一个气、液体系，H 随温度的升高而减小。易溶性气体，溶解度系数值很大，难溶气体则很小。

5.1.2　吸收设备

化工生产中的吸收设备应能促进气、液两相充分接触和提高相间传质速率。最为常见的吸收设备是塔式设备。在塔式设备中气、液两相的接触方式有级式接触和连续接触两种，对应的塔则分为级式接触和连续接触两大类，图 5-1-3 是这两类塔的示意图。

图 5-1-3（a）为级式接触形式的板式塔，塔中气、液呈逐级逆流接触。溶剂由塔顶加入，逐级向下流动并在每层塔板上保持一定厚度的液层；气体从塔底进入，自下而上穿过塔板上的小孔及板上液层，在每一层塔板上与溶剂接触，其中可溶组分部分被吸收，使气体中的可溶组分的浓度自下而上逐级降低，而液相中的可溶组分的浓度则自上而下逐级升高。

图 5-1-3（b）为一微分接触形式的填料塔。塔内填充特定形状和结构的填料，吸收剂从塔顶喷淋，沿填料表面下流；气体从塔底导入，通过填料间的空隙上升，在填料表面与液体作连续的逆流接触，气相中的溶质不断地溶入液相中，使气体中的可溶组分的浓度自下而上连续降低，而液相中的可溶组分的浓度则自上而下连续升高。

微分接触式和级式接触式的两类塔不仅应用于气体吸收，在液体精馏、萃取等

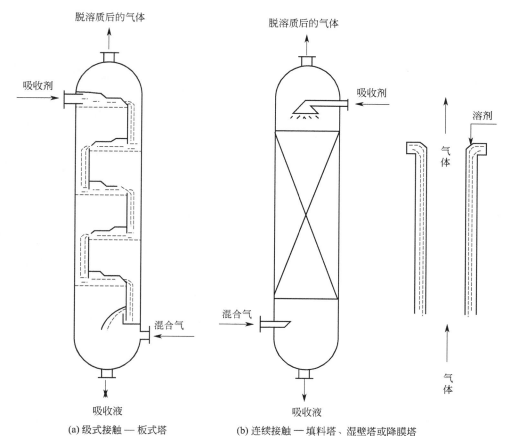

(a) 级式接触 — 板式塔　　　　(b) 连续接触 — 填料塔、湿壁塔或降膜塔

图 5-1-3　级式接触与连续接触吸收塔

传质单元操作中也被广泛应用。

5.1.3　吸收操作流程

以从焦炉煤气中回收苯的工业吸收流程为例，在炼焦或制取城市煤气的生产中，煤气中含有少量苯和甲苯等碳氢化合物，可用洗油为吸收剂加以吸收。含有苯和甲苯等碳氢化合物的煤气在常温下由吸收塔的底部送入，洗油从塔顶淋下，气、液两相在塔内呈逆流接触，煤气中苯和甲苯等碳氢化合物溶于洗油，脱除碳氢化合物的煤气（含苯量＜2g/m³）从吸收塔的塔顶排出；吸收了苯和甲苯等碳氢化合物的洗油（称富油）从塔底排入富油储槽；为了使吸收剂（洗油）再生后循环使用并回收苯，将富油用泵压送经换热器加热至170℃左右后，自解吸塔顶部淋下，与从塔底通入的过热水蒸气接触；苯从富油中脱除并被水蒸气带出塔，经冷凝-冷却后，通过油水分层器分层，除去水得液体粗苯；脱苯后的洗油（称贫油）经冷却（与富油换热）、再送入吸收塔循环使用。图 5-1-4 是洗油脱除煤气中粗苯的流程。

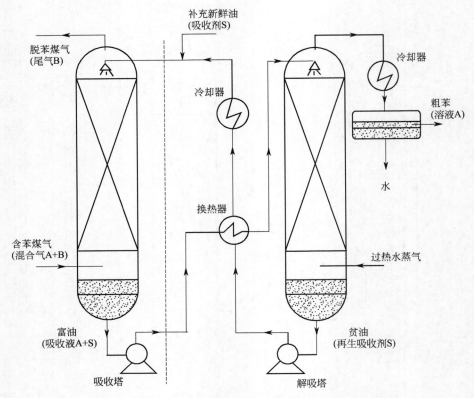

图 5-1-4 洗油脱除煤气中粗苯的流程

① 为了使吸收剂能循环使用，工业上采用吸收和解吸联合操作的流程。使溶解于吸收剂中的溶质从吸收剂中分离出来的过程，称为解吸。

② 由于温度升高将使气体组分在液相中的溶解度降低，因此富油在进入解吸塔之前需要预热至一定的温度；相反，从解吸塔出来的洗油因温度较高，需冷却后再进入吸收塔，才有利于吸收过程的进行。

③ 吸收一般采用逆流操作，即吸收剂由塔顶淋下，混合气体从塔底通入，以保持全塔的传质平均推动力最大，这与对流传热时两流体以逆流流动的平均温差最大的原理相同。只有在化学吸收的情况下，当吸收速率取决于化学反应速率而不取决于传质推动力（如水吸收 NO_2 制硝酸）时，才不一定采用逆流操作。

④ 在实际工业生产中，当满足吸收要求需要的吸收塔太高时，可采用几个塔串联操作。图 5-1-5 表示由 3 个吸收塔串联操作的流程。关于多塔组合操作，可根据工艺要求采用相应的操作方式。例如图 5-1-5(a) 为气体和液体均采取逆流操作，而图 5-1-5(b) 为气体串联、液体并联操作。两种操作流程比较，前者吸收剂用量较小，液体浓度较大；而后者气体中的可溶组分能较完全地被吸收剂吸收，高硫煤气的脱硫多采用后者。

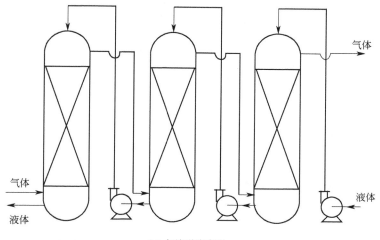

(a) 气液逆流串联

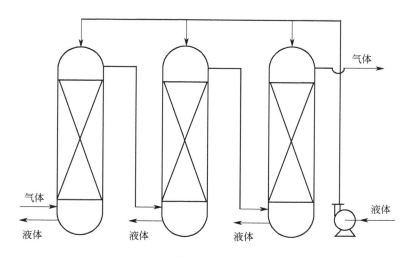

(b) 气体串联、液体并联

图 5-1-5　多塔组合吸收操作流程

5.1.4　吸收操作分类

在上述所举的实际工业生产中的若干吸收过程，有的不伴有明显的化学变化（如用洗油吸收苯），有的则伴有明显的化学变化（如 NO_2 溶于水）；有的吸收过程伴有明显的热效应现象。对吸收过程可以作以下几种分类。

(1) 依据吸收过程是否有化学反应分类

① 物理吸收。在吸收过程中溶质仅溶解于吸收剂中，与溶剂不发生明显的化学变化。如用液态烃吸收气态烃，用水吸收氨，用水吸收二氧化碳等。

② 化学吸收。在吸收过程中溶质与溶剂发生较明显的化学变化。如用氢氧化钠水溶液吸收二氧化碳、二氧化硫等。

(2) 依据吸收过程体系温度是否有明显变化分类

① 等温吸收。气体溶解于液体中常伴有溶解热或反应热效应。若热效应小，吸收过程气、液两相温度没有明显变化，可视为等温吸收过程。如低浓度气体的吸收过程。

② 非等温吸收。如果热效应较大，吸收过程气、液两相温度发生较明显的变化，则为非等温吸收过程。如用浓硫酸吸收三氧化硫，在吸收过程会放出大量的反应热使体系温度明显上升。

(3) 依据被吸收的组分数目分类

① 单组分吸收。只有一个组分被吸收的过程称为单组分吸收。

② 多组分吸收。含有两个或两个以上组分被吸收的过程称为多组分吸收。

在实际生产中，为了使分离气体混合物的吸收操作满足效率高、成本低，需要解决吸收过程进行的极限、如何选择合适的吸收剂和吸收剂用量的确定等问题。

5.1.5 吸收在化学工业中的应用

吸收被广泛应用于合成氨、硫酸、盐酸、硝酸等无机化工产品、石油化工产品的生产及环保中废气的处理等方面。

① 选用适当的液体作吸收剂吸收气体中的组分制取液体产品。如用水吸收 HCl 气体制取盐酸；用硫酸溶液吸收 SO_3 制取浓硫酸；用水吸收甲醇氧化反应气中

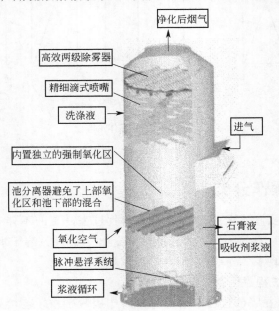

图 5-1-6　烟气吸收净化塔示意图

的甲醛制取福尔马林（甲醛溶液）等等。

② 采用吸收操作除去混合气体中的无用组分或有害组分。如合成氨原料气的脱硫（脱除原料气中的硫化氢及其他硫化物）；铜洗一氧化碳（用醋酸亚铜络氨溶液吸收一氧化碳）；水洗二氧化碳（用水吸收二氧化碳）等。

③ 吸收气体混合物一个或几个组分，以分离气体混合物。如合成橡胶工业以酒精吸收反应气，分离丁二烯及烃类气体；用洗油吸收焦炉气中的芳烃；用液态烃吸收裂解气中的乙烯和丙烯等。

④ 从气体混合物中回收有用组分。人们常用吸收的方法除去电厂锅炉尾气中的 SO_2、生产硝酸尾气中的 NO_2 等，不仅有益于"三废"的治理，而且达到综合利用的目的。图 5-1-6 为烟气的吸收净化塔示意图。

5.2 变压吸附

变压吸附法（pressure swing adsorption，PSA）是一种新的气体分离技术，其原理是利用分子筛对不同气体分子吸附性能的差异而将气体混合物分开，在工业上得到了广泛应用，已逐步成为一种主要的气体分离技术。它具有能耗低、投资小、流程简单、操作方便、可靠性高、自动化程度高及环境效益好等特点。随着分子筛性能改进和质量提高，以及变压吸附工艺的不断改进，使产品纯度和回收率不断提高，这又促使变压吸附在经济上立足和工业化的实现。

5.2.1 变压吸附原理

变压吸附的基本原理是利用气体组分在固体材料上吸附特性的差异以及吸附量随压力变化而变化的特性，通过周期性的压力变换过程实现气体的分离或提纯。该技术于 1962 年实现工业规模的制氢。进入 20 世纪 70 年代后，变压吸附技术获得了迅速的发展，装置数量剧增，规模不断增大，使用范围越来越广，工艺不断完善，成本不断下降，逐渐成为一种主要的、高效节能的气体分离技术。

变压吸附技术在我国的工业应用也有十几年的历史。我国第一套 PSA 工业装置是西南化工研究设计院设计的，于 1982 年建于上海吴淞化肥厂，用于从合成氨弛放气中回收氢气。目前，该院已推广各种 PSA 工业装置 600 多套，装置规模从每小时数立方米到 $60000m^3/h$，可以从几十种不同气源中分离提纯十几种气体。

5.2.2 变压吸附特点

变压吸附气体分离工艺在石油、化工、冶金、电子、国防、医疗、环境保护等方面得到了广泛的应用，与其他气体分离技术相比，变压吸附技术具有以下优点：

① 低能耗，PSA 工艺适应的压力范围较广，一些有压力的气源可以省去再次加压的能耗。PSA 在常温下操作，可以省去加热或冷却的能耗。

② 产品纯度高且可灵活调节，如 PSA 制氢，产品纯度可达 99.999％，并可根据工艺条件的变化，在较大范围内随意调节产品氢的纯度。

③ 工艺流程简单，可实现多种气体的分离，对水、硫化物、氨、烃类等杂质有较强的承受能力，无需复杂的预处理工序。

④ 装置由计算机控制，自动化程度高，操作方便，每班只需稍加巡视即可，装置可以实现全自动操作。开停车简单迅速，通常开车半小时左右就可得到合格产品，数分钟就可完成停车。

⑤ 装置调节能力强，操作弹性大，PSA 装置稍加调节就可以改变生产负荷，而且在不同负荷下生产时产品质量可以保持不变，仅回收率稍有变化。变压吸附装置对原料气中杂质含量和压力等条件改变也有很强的适应能力，调节范围很宽。

⑥ 投资小，操作费用低，维护简单，检修时间少，开工率高。

⑦ 吸附剂使用周期长。一般可以使用十年以上。

⑧ 装置可靠性高。变压吸附装置通常只有程序控制阀是运动部件，而目前国内外的程序控制阀经过多年研究改进后，使用寿命长，故障率极低，装置可靠性很高，而且由于计算机专家诊断系统的开发应用，具有故障自动诊断，吸附塔自动切换等功能，使装置的可靠性进一步提高。

⑨ 环境效益好，除因原料气的特性外，PSA 装置的运行不会造成新的环境污染，几乎无"三废"产生。

5.2.3　变压吸附工艺流程与设备

5.2.3.1　变压吸附工艺流程

制氮机（制氮设备也称制氮装置）是以压缩空气为原料，利用一种叫作碳分子筛的吸附剂对氮、氧的选择性吸附，把空气中的氮分离出来。

碳分子筛对氮、氧的分离作用主要是基于氮、氧分子在分子筛表面的扩散速率不同。较小直径的氧分子扩散较快，较多地进入分子筛固相；较大直径的氮分子扩散较慢，较少进入分子筛固相。这样，氮在气相中得到富集。一段时间后，分子筛对氧的吸附达到一定程度，通过减压，被碳分子筛吸附的气体被释放出来，分子筛也就完成了再生。这是基于分子筛在不同压力下对吸附气体的吸附量不同的特点。

变压吸附制氮设备通常使用两个并联的吸附器，交替进行加压吸附和减压再生，操作循环周期约 2min。制氮设备工作流程是：空气经压缩机压缩，进入冷干机进行冷冻干燥，以达到变压吸附制氮系统对原料空气的露点要求。再经过过滤器除去原料空气中的油和水，进入空气缓冲罐，以减少压力波动。最后，经调压阀将压力调至额定的工作压力，送至两台吸附器（内装碳分子筛），空气在此得到分离，制得氮气。原料空气进入其中一台吸附器，产出氮气，另一台吸附器，则减压解吸再生。两台吸附器交替工作，连续供给原料空气，连续产出氮气。氮气送至氮气缓冲罐，通过流量计计量，仪器分析检测，合格氮气备用，不合格氮气放空。以变压吸附制氮为例的工艺流程如图 5-2-1 所示。

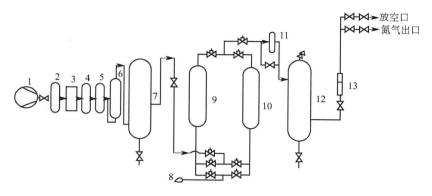

图 5-2-1　变压吸附制氮的工艺流程图

1—空压机；2—油水分离器；3—冷干机；4—空气管路过滤器；
5—高效率除油过滤器；6—活性炭罐；7—空气储罐；8—消声器；
9—吸附塔 A；10—吸附塔 B；11—过滤器；12—氮气储罐；13—流量计

5.2.3.2　变压吸附工业设备

变压吸附工业装置如图 5-2-2 所示。

图 5-2-2　变压吸附工业装置

5.2.4　变压吸附技术的工业应用

5.2.4.1　变压吸附提纯氢气技术

由于制备氢气的原料和方法很多，加上许多工业尾气含有较高的氢气，所以有许多不同的分离提纯氢气的流程。表 5-2-1 列出了比较常用的分离提纯氢气的方法，并对不同方法的特点及适用范围进行了简单的比较。

表 5-2-1　几种氢气纯化技术比较

项　　目	膜分离	变压吸附	深冷分离
规模 /(m³/h)	100～10000	100～100000	5000～100000
氢纯度(体积分数) /%	80～99	99～99.999	90～99
氢回收率 /%	75～85	80～95	最高 98
操作压力 /MPa	3～15 或更高	0.5～3.0	1.0～8.0
压力降 /MPa	高,原料产品压力比为 2～6	0.1	0.2
原料氢最小含量(体积分数) /%	30	15～20	15
原料的预处理	需预处理	可不预处理	需预处理
产品中的 CO 含量	原料气中 CO 的 30%	<10μg/g	每克几百微克
操作弹性 /%	20～100	10～100	50～100
投资	低	低	较高
能耗	低	低	较高
操作难易	简单	简单	较难

PSA 提氢技术是 PSA 发展最早、推广最多的一种工艺，最早在化工行业应用，仅国内就有 200 多套，冶金行业应用也较多，如用 PSA 法从焦炉气中提氢耗电约 0.5kW·h/m³，远低于电解法制氢的耗电。我国几大钢铁企业纷纷采用 PSA 技术取代电解法制氢。

石油工业是最大的氢气用户，从世界范围看，石油工业用氢量占氢气总耗量的 35% 左右。这些氢绝大多数是用石油或煤转化精制而成的。随着各国环保要求的提高，对油品的要求将越来越高，使炼油工业对氢气的需求更多，氢气供求之间的矛盾更加突出。

PSA 提氢技术在石化系统的应用近年来有较快增长。我国石化行业从 20 世纪 80 年代开始引进 PSA 提氢技术，最初引进的提氢装置主要以烃类转化气为原料。现在，石化系统所用原料气已不局限于烃类转化气，许多炼厂废气都可作为 PSA 提氢原料气。表 5-2-2 列举了国内石化行业采用的部分 PSA 提氢装置的简单情况。

表 5-2-2　石化系统采用的部分 PSA 提氢装置概况

建设单位	装置处理能力 /(m³/h)	原料气种类	产品氢纯度 /%
大庆油田化工总厂	50000	催化裂化干气	99.9
镇海炼化公司	50000	炼厂混合气	99
辽阳化纤公司	40000	炼厂气	99.9
格尔木炼油厂	8500	含氢气体	99.999
吉化公司有机合成厂	5800	乙烯尾气	99.5
济南炼油厂	15000	催化裂化干气	99.9
濮阳甲醇厂	7000	甲醇弛放气	98.5
胜利石油化工总厂	12000	变换气	99.9

通过技术进步和市场竞争，我国的 PSA 技术已经达到国际先进水平，在许多方面，如工艺、产品纯度、H_2 回收率、吸附剂、投资等，还处于国际领先水平。大型 PSA 提氢装置由最初的外国公司垄断，已发展到国内国外竞争，到 1995 年以后，国内新建 PSA 提氢装置几乎都采用国产技术，国外公司近年在国内基本没有新的大型 PSA 提氢装置投建。

5.2.4.2　变压吸附制氧或制氮

目前，制氧或制氮市场仍然为低温法、PSA 和膜分离技术激烈竞争的局面。空分装置主要占据大型制氮和制氧市场。中小型制氧或制氮装置市场上，PSA 和膜分离所占份额继续扩大。

过去的几年中，空分设备继续向更大型和低能耗的方向发展，PSA 和膜分离装置在数量和规模上迅速增加，使 PSA 制氧（氮）量在总的氧（氮）产量中所占比例逐年上升。进入 20 世纪 90 年代以来，PSA 制氧（氮）量每年以 30% 左右的幅度递增。预计在今后十年还会有更大的发展。据报道在美国 PSA 制氧能力的增长速率是低温法的 4～6 倍。

5.2.4.3　PSA 提纯 CO 技术

一氧化碳是 C_1 化学的基础原料气，但提纯方法不多，以往国内采用精馏法或 Cosorb 法提纯 CO，但这两种方法的预处理系统复杂，设备多，投资大，操作成本高，效果不理想。四川天一科技股份有限公司开发的二段法 PSA 分离提纯 CO 工艺，其投资仅为 Cosorb 法的 65%，生产成本为 Cosorb 法的 60%，能耗为 Cosorb 法的 68%，使我国 CO 的分离技术达到国际领先水平。

采用固体吸附剂分离 CO 的 PSA 工艺有两类：一类是采用化学吸附的 CO 专用铜系吸附剂的吸附工艺，混合气可在 PSA 装置内一步实现 CO 和 CO_2 的分离，即所谓的一步法，该工艺流程简单，但目前还处于实验室研究和工业试运转阶段。另一类分离 CO 的工艺是采用常规吸附剂的物理吸附 PSA 工艺，即二段法工艺，第一步脱除吸附能力较强的组分，第二步再从剩余混合气体中分离提纯 CO。该技术已推广应用 PSA 分离提纯 CO 装置 16 套，CO 产量可达 3000m³/h。

黄磷尾气、转炉气、高炉气等气源中都含有大量的 CO，是 PSA 提纯 CO 的理想气源，也可以采用 PSA 工艺将高炉气热值提高用作工业燃气。

5.2.4.4　二氧化碳的分离提纯

有关二氧化碳的分离提纯工艺，当前约有 40 多种。归纳起来，可分为溶剂吸收法、低温蒸馏法、膜分离法和变压吸附法四大类型，这些方法也可组合应用。

吸收工艺适用于气体中 CO_2 含量较低的情况，CO_2 浓度可达到 99.99%。但该工艺投资费用大，能耗较高，分离回收成本高。蒸馏工艺适用于高浓度的情况，如 CO_2 浓度为 60%。该工艺的设备投资大，能耗高，分离效果差，成本也高，一般情况不太采用。

表 5-2-3　列举了常用 CO_2 的气源及含量。

表 5-2-3　常用 CO_2 气源及含量

序号	CO_2 来源	含量(体积分数)/%
1	天然气油田	80～90
2	合成氨副产气	98～99
3	石油炼制副产气	98～99
4	发酵工业副产气	95～99
5	乙二醇工业副产气	91
6	石灰窑尾气	35～45
7	炼钢副产气	18～21
8	燃煤锅炉烟道气	18～19
9	焦炭及重量油燃烧气	10～17
10	天然气燃烧烟道气	8.5～10

膜分离法工艺较简单，操作方便，能耗低，经济合理，缺点是常常需要前级处理、脱水和过滤，且很难得到高纯度的 CO_2，但仍不失为一种较好的分离 CO_2 的方法。

PSA 分离提纯 CO_2 技术于 1986 年实现工业化，可以从多种含 CO_2 的气源中分离提纯 CO_2，满足 CO_2 的多种工业用途。四川天一科技股份有限公司推广的 PSA 分离提纯 CO_2 装置已有 20 多套。

5.2.4.5　变压吸附提纯甲烷

甲烷是一种高效洁净能源和化工原料，而且是一种温室效应气体，其温室效应是 CO_2 的 20 倍左右。对煤层气、油田气和垃圾填埋气等资源中 CH_4 的利用，可有效改善能源结构，减少温室气体排放。理论上，煤层气、油田气以及垃圾填埋气在研究中可看成是 CH_4/空气体系，即 CH_4/N_2 的分离。变压吸附提纯甲烷工艺，是利用碳分子筛从氮气和氧气中吸附甲烷或用天然沸石将甲烷混合物中的氮气和氧气吸附出来；由 Nitrotec 工程公司开发，实验室试验该工艺处理 1000 m^3 的成本为 4～16 美元，混合气体中甲烷浓度为 40%～90%，处理能力可达到 $(2.8～14.2) \times 10^4 \ m^3/d$。该技术目前已应用于工业化生产。

我国对 CH_4/N_2 体系的研究主要是针对煤层气。西南化工研究院首次报道了煤层甲烷浓缩的 PSA 工艺专利，以硅胶为预处理剂、活性炭为吸附剂，CH_4 浓缩后体积分数可达 95% 以上，但至今没有应用推广。国内研究结果表明，活性炭（或改性活性炭）在 PSA 分离 CH_4/N_2 方面已取得了一定成果，但仍局限于实验室理论研究阶段，CH_4 浓缩效果不是很理想，原因在于活性炭是基于平衡分离原理，CH_4/N_2 平衡分离系数不高，虽提高循环次数可提高 CH_4 的浓度，但消耗了动力费用，工程应用不经济。因此，需加强其他吸附剂用于 CH_4/N_2 的浓缩分离研究。

国外对 CH_4/N_2 体系的研究主要是针对油田气，吸附剂最早采用斜发沸石分子筛，其分离效果较好。近年来也有采用沸石分子筛对 CH_4/N_2 分离的报道，但由于其亲水性强，价格高于碳质吸附剂，用于变压吸附适用性不理想。活性炭（或改性活性炭）与碳分子筛（CMS）因价格便宜、使用简单、分离效果好，在 CH_4 浓缩中占主导地位。

5.2.4.6 PSA 技术在其他领域的应用

PSA 技术可用于天然气的净化。天然气中常含有的 $0.5\% \sim 3\%$ 的烃类杂质如乙烷、丙烷、丁烷等常常影响以天然气为原料的化工产品的质量。采用 PSA 净化工艺，可以将烃类杂质脱除到 100×10^{-6} 以下，是一种理想的净化方法。

PSA 还可用于煤矿瓦斯气浓缩，将煤矿瓦斯气中甲烷浓缩，提高其热值达到城市煤气的水平，可使瓦斯气变废为宝；用于脱除各种工业气源和放空尾气中的 NOx、硫化氢等有害杂质；用于乙烯浓缩、尾气净化等各种领域。

变压吸附技术发展迅速，吸附工艺日臻完善，吸附剂吸附分离性能不断提高，产品回收率逐步提高，目前，能够采用 PSA 分离的气源可达十几种。以前某些不能使用的因产品组分含量太低或杂质组分极难解吸的气源，因 PSA 技术的提高，使其可以回收利用。

变压吸附分离技术应用领域已经拓展至 N_2/CH_4 分离、CO_2/CH_4 分离、CO/N_2 分离及 Ar/空气的分离。未来发展的方向主要是一次分离得到两种或者两种以上的气体产品，提高分离提纯的效率；减少吸附剂的用量同时将提高设备的生产能力；在保证产品纯度的同时增加产品回收率，并降低生产单位产品所需能量的消耗；采用一套装置，同时应用于生产多种产品的 PSA 技术；与深冷技术或膜技术结合还可以推广到提高地下煤层气抽放率的注入增产法方面，以此解决天然气能源紧缺问题。

5.3 膜法气体分离

5.3.1 气体膜分离原理

如图 5-3-1 所示，膜法气体分离的基本原理是根据混合气体中各组分在压力的推动下透过膜的传递速率不同，从而达到分离目的。对不同结构的膜，气体通过膜的传递扩散方式不同，因而分离机理也各异。目前常见的气体通过膜的分离机理有两种：其一，气体通过多孔膜的微孔扩散机理；其二，气体通过非多孔膜的溶解-扩散机理。

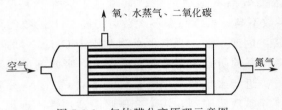

图 5-3-1　气体膜分离原理示意图

5.3.1.1　微孔扩散机理

多孔介质中气体传递机理包括分子扩散、黏性流动、努森扩散及表面扩散等。

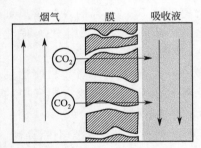

图 5-3-2　CO_2 膜吸收原理

由于多孔介质孔径及内孔表面性质的差异使得气体分子与多孔介质之间的相互作用程度有所不同，从而表现出不同的传递特征。膜法从烟气中吸收脱除 CO_2 的原理如图 5-3-2 所示。

混合气体通过多孔膜的传递过程应以分子流为主，其分离过程应尽可能满足下述条件：①多孔膜的微孔孔径必须小于混合气体中各组分的平均自由程，一般要求多孔膜的孔径在 $(50\sim300)\times10^{-10}\,m$；②混合气体的温度应足够高，压力尽可能低。高温、低压都可提高气体分子的平均自由程，同时还可避免表面流动和吸附现象发生。

5.3.1.2　溶解-扩散机理

气体通过非多孔膜的传递过程一般用溶解-扩散机理来解释，气体透过膜的过程可分为三步：

① 气体在膜的上游侧表面吸附溶解，是吸着过程；

② 吸附溶解在膜上游侧表面的气体在浓度差的推动下扩散透过膜，是扩散过程；

③ 膜下游侧表面的气体解吸，是解吸过程。

一般来说，气体在膜表面的吸着和解吸过程都能较快地达到平衡，而气体在膜内的渗透扩散过程较慢，是气体透过膜的速度控制步骤。

由于膜分离过程中不发生相变，分离系数较大，操作温度可在常温，所以膜分离过程具有节能、高效等特点，是对传统化学分离方法的一次革命。膜法分离气体是分离科学中发展最快的分支之一，在气体分离领域中的前途未可限量。

5.3.2　气体膜分离流程

一套完整的气体膜分离 CO_2 系统应包括四个主要组成部分：压缩气源系统、过滤净化处理系统、膜分离系统、取样计量系统。压缩气源系统包括空气压缩机，用于将含 CO_2 废气压缩以提供膜分离系统所需要的推动力；过滤净化处理系统包括油水分离器、超精密件过滤器和预热控制系统，油水分离器及超精密件过滤器用于废气的预处理，除去废气中的微小颗粒、油、冷凝液等，预热控制系统由温控仪和管状电加热器组成，通过 PID 调节将进气加热在设定的范围内，使膜组件在最适宜的条件下工作；膜分离系统是整个工艺的核心，是气体分离的主要场所，其关键是选用合适的膜组件及膜材料；取样计量系统由纯度控制阀和流量计组成，通过调节纯度控制阀和流量计，可以控制渗透气及尾气的浓度流量。

膜法从原料气中分离 CO_2 的工艺流程如图 5-3-3 所示。

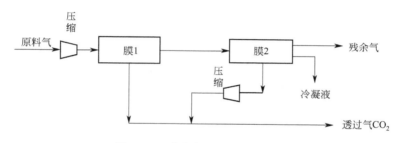

图 5-3-3　膜分离法工艺流程框图

5.3.3　气体分离膜材料的分类

气体膜分离技术的核心是膜，膜的性能主要取决于膜材料及成膜工艺。气体分离膜的构成材料可分为聚合物材料，无机材料，有机、无机集成材料。气体膜分离技术发展到今天，膜组件及装置的研究已日趋完善，但膜的发展仍具相当大的潜力。有关专家预言，若在膜上有所突破，气体膜分离技术将会有更大的发展。

(1) 聚合物膜材料

目前还在应用的传统的气体分离膜材料主要有聚二甲基硅氧烷（PDMS）、聚砜（PSF）、醋酸纤维素（CA）、乙基纤维素（EA）、聚碳酸酯（PC）等。有关研究发现，大多数聚合物均存在渗透性和选择性相反的关系，即渗透性高的，选择性则低，反之，选择性高的，渗透性则不能令人满意。因此，对于聚合物材料来说，突破选择性和渗透性的上限关系，已成为研究的热点。此外，在克服聚合物材料不耐高温及化学腐蚀的弱点方面，近年也取得了较大进展。

① 聚酰亚胺（PI）　聚酰亚胺具有透气选择性好、机械强度高，耐化学介质和

可制成高通量的自支撑型不对称中空纤维膜等特点。目前，此类产品已用于天然气中 CO_2 处理、H_2 回收、NH_3、H_2S、SO_2、H_2O 和有机蒸气等工艺中。

② 有机硅膜材料　有机硅膜材料具有耐热、不易燃、耐电弧性、结构疏松等特点，属半无机、半有机结构的高分子，在性能上具有其他合成高分子材料所不及的许多独特之处。目前，已开发出许多实用化或优秀的气体分离膜。这也是膜材料研发方面的一个热点。

(2) 无机膜材料

无机膜材料研制始于 20 世纪 40 年代，于 80 年代中期取得突破。由于无机材料独特的物理及化学特性，使得它在聚合物不能很好地发挥作用的高温、腐蚀性分离场合中具有专长。无机膜包括陶瓷膜、微孔玻璃、金属膜和碳分子筛膜。无机膜的材料组成通常为 Al_2O_3、TiO_2、SiO_2、C、SiC 等。但是，目前无机膜用于气体分离过程尚处于实验室水平。

(3) 集成膜材料

应用于气体分离的聚合物膜具有选择性高、不耐高温、腐蚀的缺点，而无机陶瓷膜在高温、腐蚀性的分离过程中具有独特的物理、化学性能，但选择性差。若将二者结合，各取所长，则可能实现高温、腐蚀环境下的气体分离。这类聚合物/陶瓷复合膜的构造是，以耐高温聚合物材料为分离层，陶瓷膜为支撑层，将聚合物的良好分离性能与陶瓷膜良好的热、化学、机械稳定性优化集成在一起了。

气体分离膜材料今后的发展方向是开发制备具有高渗透率、高选择性、耐高温及化学腐蚀的膜材料，并且，膜材料的选择和制备也从扩散选择性逐步向溶解选择性方向发展。

5.3.4　膜气体分离的工业应用

我国的气体分离膜技术研究始于 1982 年，现已建成中空纤维 N_2/H_2 膜生产线和卷式富氧膜生产线。我国的气体分离膜技术起步时间与国外差距不大，具有里程碑意义的重要成果是中国科学院大连化学物理研究所于 1985 年在国内首次研制成功中空纤维 N_2/H_2 分离器，经与上海吴泾化工厂 1983 年在国内首次引进的 Prism 装置性能对比试验，结果表明我国研制的分离器已达到了 20 世纪 80 年代初 Prism 分离器的水平。该项成果填补了国内空白，并已在国内上百家合成氨厂推广使用，其氢回收率与纯度均在 85% 以上，经二级膜法处理，可使氢纯度提高到 99%。2001 年，中科院大连化学物理研究所膜技术工程研究中心正式成为国家级工程研究中心。目前，在炼油厂建成了尾气提氢示范工程，不同尾气的氢气回收率在 65%～95%，回收氢气浓度在 90% 以上。

国内富氧膜技术已投入工业化应用，国产螺旋卷式富氧器富氧浓度可达 28%～30%，生产能力为 $120m^3/h$，已在 20 家玻璃窑炉上推广应用，节油率

6%～8%；在有色金属冶炼、化铁炉和铸造炉方面也应用成功。医疗保健用富氧机，富氧浓度为28%～31%，也已投入使用。富氧制硫酸、催化裂化用富氧等也在进一步研发中。

2001年，巴陵岳化橡胶厂采用聚丙烯膜回收技术回收丙烯200多吨，创收80多万元，而该项技术投资仅为40多万元。丙烯回收率在90%以上，预计以后每年可为该厂增加利润近百万元。大连欧科膜技术有限公司的专利技术，有机蒸气膜回收技术应用于沧炼化工公司聚丙烯装置，丙烯尾气回收也取得了显著的经济效益。此外，还有中德合资天津梅塞尔凯德气体系统有限公司，该公司研制成功的移动式膜分离制氮设备，先后应用于辽河油田、江汉油田高压注氮三次采油，均取得成功。

(1) 氢的分离回收

这是当前应用面最广、装置销售量最大的一个领域，已广泛应用于合成氨工业、炼油工业和石油化工领域中。

① 合成氨弛放气中 H_2 的分离回收。以 1000t/d 的合成氨厂为例，每日可多产氨50多吨。

② 炼油工业尾气中 H_2 的分离回收。有关公司分别采用膜法、深冷法和变压吸附法对炼厂气中的 H_2 进行回收，经过经济性比较发现，膜法费用仅是其他两种方法的 50%～70%。

③ 石油化学工业中合成气的调节。石化和冶金中广泛使用的合成气是 H_2 和 CO 的混合物，合成产物为甲醇、乙酸、乙二醇和乙醇等化工原料。应用膜法可以有效地调节合成塔中 H_2/CO 之比，以获得所希望的化工原料。

(2) 空气分离

膜分离技术在空气分离的三大技术（深冷法、变压吸附法、膜法）中，最具发展潜力。高浓氮气用途广泛，可用于油田三次采油、食品保鲜、医药工业、惰性气氛保护等相同产能下，制备95%的富氮，膜法与PSA法费用大致相等，但前者设备投资费用比后者低25%。在制备超纯氮气方面，膜法不如其他分离技术（如PSA法）。膜分离制氮装置如图5-3-4所示。

富氧多用于高温燃烧节能和医疗保健目的，前者富氧浓度在26%～30%，后者富氧浓度可达40%。

与深冷法和变压吸附法相比，膜法具有设备简单、操作方便、安全、启动快等特点。当氧质量分数在30%左右，规模小于 15000m³/h 时，膜法的投资、维修及操作费用之和仅为深冷法和变压吸附法的 2/3～3/4，能耗比它们低30%以上，并且规模越小，越经济。膜法富氧装置用于原有制氧机改造，可提高制氧能力25%～50%，氧浓度提高，综合投资下降 2%～3%。

(3) 酸性气体的分离回收

酸性气体主要指天然气中含有的 CO_2、H_2S 等组分。这类组分不仅影响产品

图 5-3-4　膜分离制氮装置

质量，而且可溶于天然气加工过程中所产生的凝结水中形成酸液，严重腐蚀设备、管路。比较好的办法是采用固体脱硫，膜法脱 CO_2、脱水集成工艺，充分发挥各技术的优势。

另一方面，膜技术在 CO_2 的回收利用方面也扮演着重要角色。如油田高压注入 CO_2 三次采油工艺，原油出井口后，伴生气中含有 $80\%CO_2$，必须分离回收并浓缩至 95% 以上再重新注入油井中循环使用，再如烟道气 CO_2 的富集等。

(4) 气体脱湿

空气脱湿方面，日本的宇部（Ube）公司和美国的孟山都（Monsanto）公司都各自开发出了膜式空气干燥器。

工业气体脱湿方面，美国、日本、加拿大等国 20 世纪 80 年代开发该技术，现已实现工业应用。我国于 90 年代开始研发，在天然气膜法净化方面已取得成功。

(5) 有机蒸气分离回收

石化行业生产中会产生大量有机蒸气，直接排放将会造成环境污染，危害人体健康，必须加以回收利用。传统的冷凝法和碳吸附法能耗大，易造成二次污染，而膜法具有操作简便、高效、节能的优点。

浙江大学开发出的聚丙烯、聚偏氟乙烯（PVDF）中空纤维膜，用于处理空气中的 CO_2 时可将其降低到体积分数为 0.3% 以下，在脱除废气中苯、甲苯、二甲苯等有机蒸气方面也取得了研究进展。德国的 GKSS 公司、美国的 MTR 公司和日本的日东电工都成功地实现了采用膜技术回收废气中挥发性有机物（VOCs）的工业化生产。

(6) 组合集成工艺

组合集成膜工艺是近年来膜分离技术发展中出现的新技术，代表着未来气体膜分离技术的发展方向，采用膜分离技术与其他技术集成，各取所长可获得最优的分离效果、最佳的经济效益。

目前气体分离过程中已出现的集成工艺主要有：膜与 PSA 相结合；膜与低温系统相结合；膜与催化单元相结合；膜与吸收单元相结合。

5.4 深冷分离

深冷分离法又称低温精馏法，实质就是气体液体化技术。通常采用机械方法，如用节流膨胀或绝热膨胀等方法，把气体压缩、冷却后，利用不同气体沸点上的差异进行精馏，使不同气体得到分离。

深冷分离法的特点是产品气体纯度高，但压缩、冷却的能耗很大。该法适用于大规模气体分离过程，如空气制氧。目前，在我国制氧量的 80% 是用该法完成的，经过多年的努力，其能耗已得到很大的改善。

5.4.1 深冷分离原理

以制氮为例，空气经过压缩、冷却、净化后，再利用热交换把空气液化成为液化空气。根据液氧和液氮的沸点不同，通过对液化空气的精馏，氧在精馏塔底部富集，形成富氧液化空气，在精馏塔顶部获得氮气。

5.4.2 深冷分离工艺流程

深冷分离制氮工艺流程如图 5-4-1 所示。

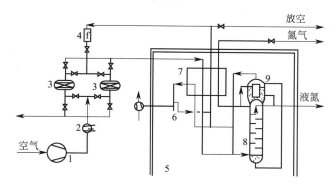

图 5-4-1 深冷分离制氮工艺流程

1—空气压缩机；2—预冷机组；3—分子筛吸附剂；4—电加热器；
5—冷箱；6—透平膨胀机；7—主换热器；8—精馏塔；9—冷凝蒸发器

(1) 空气压缩及净化

空气经空气过滤器清除灰尘和机械杂质后进入空气压缩机，压缩至约 0.8 MPa，并先后经压缩机后冷却器和预冷机组冷却至 20℃ 以下后，进入切换使用的分子筛吸附器，空气中的二氧化碳、碳氢化合物和水分被吸附并得以净化。

(2) 空气分离

净化空气进入主换热器，被返流的气体（产品氮气、废气）冷却至饱和温度约为 -168℃ 后进入精馏塔底部参与精馏，在塔顶得到纯度高达 99.99% 的氮气。一部分氮气经主换热器复热后作为产品送出，其余进入冷凝蒸发器被冷凝为液氮。大部分液氮作为回流液返回精馏塔参与精馏，少量液氮作为产品送液氮储罐储存。液氮产量约为气氮产量的 8%。

精馏塔底得到含氧 30% 的富氧液态空气经节流后进入冷凝蒸发器的蒸发侧，用以冷凝气态氮。从冷凝蒸发器顶部抽出的富氧空气大部分直接进入主换热器复热，并从主换热器中部抽出，温度 -153℃ 进入透平膨胀机绝热膨胀到 0.03 MPa，温度约 -183℃，为深冷分离提供冷量。膨胀后的富氧空气与另外一股节流后的富氧空气混合后进入主换热器，与正流空气换热，复热至常温后一部分用作分子筛的再生气，其余放空。

(3) 液氮气化

由空分塔出来的液氮进液氮储槽储存，当空分设备检修时，储槽内的液氮进入气化器被加热后，送入产品氮气管道。

深冷制氮可制取纯度 ≥99.999% 的氮气。

5.4.3 深冷分离主要设备

深冷空气分离装置主要由空气压缩和预冷却系统、分子筛吸附系统、主换热器、空气增压系统、制冷设备（包括透平膨胀机和氮换热器）、精馏系统、内压缩液氧泵、液氮储存和后备系统组成。

(1) 空气压缩和预冷却系统

空气压缩和预冷却系统中的空气过滤器主要用来去除空气中的固体杂质，压缩机用来将空气压缩至工艺所需的压力，氮水预冷器主要有直接接触式氮水预冷器、非接触式氮水冷却器和组合式氮水预冷器三种类型。

(2) 吸附系统

空气中的水分、二氧化碳和乙炔等采用吸附法去除。吸附法是用硅胶或分子筛等作为吸附剂，把空气中所含的水分、二氧化碳和乙炔等杂质分离出来，吸附在吸附剂的表面上，加温再生时再将它们吹走，从而达到净化的目的。常见的吸附剂有活性炭、硅胶、活性氧化铝和沸石分子筛等。

分子筛吸附器利用分子筛变温吸附的工作原理，在常温或低温时分子筛能够吸附大量比其孔径大的杂质，当温度提高时，它会把吸附的杂质全部脱附，这就是分子筛的再生。因此，分子筛一般设计成两塔结构，能实现连续工作，一塔吸附时，另一塔脱附（再生），把空气中的水蒸气、二氧化碳、一氧化二氮和潜在有害的碳氢化合物吸附，从而使压缩空气得到净化。值得注意的是，分子筛对乙炔和丙烯等可以有效清除，但对甲烷和乙烷无效。

（3）主换热器

空分设备中的主换热器及冷凝蒸发器对气体的液化起到关键的作用。空气分离所需要的冷量是由增压膨胀机系统提供的，主要由增压机装置、透平膨胀机装置组成。

主换热器利用膨胀后的低温、低压气体作为换热器的反流气体来冷却高压正流空气，使它在膨胀前的温度逐步降低。同时，膨胀后的温度相应地逐步降得更低，直至最后能达到液化所需的温度使正流空气部分液化。

主换热器属于直接接触式换热器中的板翅式换热器。板翅式换热器是一种全铝结构的紧凑式高效换热器，如图5-4-2所示。它的每一个通道由隔板、翅片、导流片和封条等组成。将相邻的两块隔板之间放置翅片、导流片，两边用封条封住，构成一个通道。将多个夹层进行不同的叠置或适当的排列，构成许多平行的通道，在通道的两头再配上冷热流体进、出口的导流板，用钎焊的方法将它们焊成一体，就构成一组单元，再配上流体出入的封头、管道接头，就构成完整的板翅式换热器。

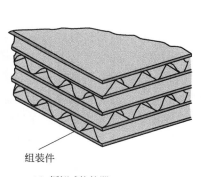

(a) 板翅式换热器

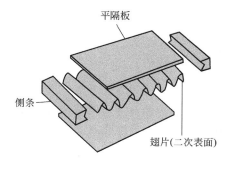

平隔板

侧条

翅片(二次表面)

(b) 单元体组装示意图

图 5-4-2　换热器

板翅式换热器中隔板中间的瓦楞形的翅片一方面是对隔板起到支撑作用；另一方面它又是扩展的传热面积，使单位体积内的传热面积大大增加，整个换热器可以做得很紧凑。流体从翅片内的通道流过。由于在换热器内要实现冷、热流体之间的换热，所以冷热流体通道要间隔布置。冷、热流体同时通过不同的通道，通过隔板和翅片进行传热，故称之为板翅式换热器，也叫紧凑式换热器，它是当今空分装置中应用最广泛的换热器。

与常规的管壳式换热器相比，在相同的流动阻力和泵功率消耗情况下，其传热系数要高出很多，在适用的范围内有取代管壳式换热器的趋势。

主换热器中空气、从氮循环压缩机来的氮气、产品气体等通过不同的通道，互相进行换热。通过换热，产品气体被加热到接近常温，空气被冷却到液化温度。

冷凝蒸发器是精馏系统中必不可少的重要换热设备，它工作的好坏关系到整个空分装置的动力消耗和正常生产。冷凝蒸发器有板翅式、列管式和膜式蒸发冷凝器三种。板翅式冷凝器的优点是结构紧凑、重量轻、体积小。列管式冷凝器有长管式和短管式两种，管子按同心圆或等边三角形垂直排列，管子与管板焊接。长管式管内为液氧蒸发，短管式管内为气氮冷凝。膜式蒸发器的蒸发传热面不是浸在液氧中，而是靠液氧泵将液氧喷淋到传热面上，形成一层薄的液膜，液膜在与传热面接触、受热的过程中，直接蒸发成气体。这种换热方式大大增强了传热效果，使冷凝蒸发器的传热温差从 1.3～1.5℃ 下降到 0.7～0.8℃，可使下塔压力降到 0.02MPa 左右，从而节约了空压机的能耗。

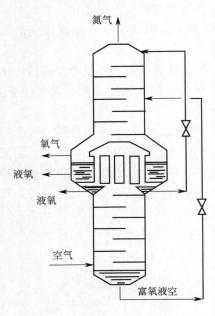

图 5-4-3　深冷精馏塔

(4) 深冷精馏塔

深冷精馏塔一般多为双级精馏塔，装有多层塔板或填料，分为上塔和下塔两部分，如图 5-4-3 所示。

从主换热器底部出来的空气进入下塔中进行预分离。在下塔顶部得到纯氮气，底部得到富氧液空。来自下塔顶部的氮气一部分在冷凝蒸发器中冷凝成液氮，同时加热蒸发来自上塔的液氧；一部分在高压主换热器被空气复热后作为产品，来自冷凝蒸发器的液氮为下塔提供回流液；还有一部分经由过冷器过冷后作为上塔的回流液。冷凝蒸发器中蒸发的氧气则返回上塔。来自下塔的富氧液空经由过冷器冷却后作为纯氩塔的冷源，经过最终分离，在上塔底部得到液氧，顶部得到污氮气。从上塔出来的污氮气经过过冷器，交换冷量后经由主换热器复热后离开冷箱。部分污氮气用于分子筛再生，其余进入蒸发冷却塔中。

下塔又叫中压塔。工作压力一般为 0.5～0.6MPa。在下塔，原料空气达到初步分离，可获得纯液氮和富氧液空。

上塔又叫低压塔。塔的工作压力一般为 0.05～0.06MPa。以富氧液体为原料进行分离，取得高纯度氧和氮产品。

冷凝蒸发器（简称主冷凝器）一般介于上、下塔之间。上塔通过主冷凝器，从下塔取得热量，使液氧蒸发。下塔通过主冷凝器，从上塔取得冷量，使氮气冷凝。

压缩空气经清除水分、二氧化碳并在热交换器中被冷凝及膨胀（对中压流程）后送入下塔的底部，作为下塔的进气。因为它含氧 21%，在 0.6MPa 下，对应的饱和温度为100.05K。在冷凝蒸发器中冷凝的液氮从下塔的顶部下流，作为回流液体。其含氧为0.01%～1%，在0.6MPa下的饱和温度约为96.3K。由此可见，精馏塔下部的上升蒸气温度高，从塔顶下流的液体温度较低。下塔的上升气每经过一块塔板就遇到比它温度低的液体，气体本身的温度就要降低，并不断有部分蒸气冷凝成液体。由于氧是难挥发组分，氮是易挥发组分，在冷凝过程中，氧要比氮较多地冷凝下来，于是剩下的蒸气中含氮浓度就有所提高。就这样一次一次地进行下去，到达塔顶后，蒸气中的氧绝大部分已到液体中去，其含氮浓度高达99%以上。这部分氮气被引到冷凝蒸发器中，放出热量后全部冷凝成液氮，其中一部分作为下塔的回流液从上往下流动。液体在下流的过程中，每经过一块塔板遇到下面上升的温度较高的蒸气，吸热后一部分液体就要气化，在气化过程中由于氮是易挥发组分，氧是难挥发组分，氮气要比氧较多地蒸发出来，剩下的液体中氧浓度就有所提高，这样反复地进行下去，到达塔底就可以得到氧含量为38%～40%的液空。因此，经过下塔的精馏，可将空气初步分离成含氧38%～40%的富氧液空和含氮99%以上的液氮。

然后将液空经节流降压后送到上塔中部，作为进一步精馏的原料。与下塔精馏的原理相同，液体下流时，经多次部分蒸发，氮较多地蒸发出来，于是下流液体中的含氧浓度不断提高，到达上塔底部可得到含氧99.2%～99.6%的液氧。从液空进料口至上塔底部塔板上的精馏是提高难挥发组分的浓度，叫提馏段。这部分液氧在冷凝蒸发器中吸热而蒸发成气氧，在0.14MPa下塔的温度为93.7K左右。一部分气氧作为产品引出，大部分作为上塔的上升气。在上升过程中部分蒸气冷凝，蒸气中的氮含量不断增加。上塔中部液空入口处的上升气中还有较多的氧组分，如果放掉会使氧的损失太大，故再进行精馏。从冷凝蒸发器引出部分含氮99%以上的液氮节流后送至上塔顶部，作为回流液。蒸气多次部分冷凝，回流液多次部分蒸发。其中氧较多地留在液相里，氮较多地蒸发到气相中，到了上塔顶，便可得到含氮99%以上的氮气。从液氮进料口到液空进料口是为了进一步提高蒸气中低沸点组分（氮）的浓度，叫精馏段。如果需要纯氮产品还需要再次精馏，才能得到含氮99.99%的纯氮产品。

精馏塔分为筛板塔和填料塔两大类。填料塔分为散堆填料和规整填料两种。筛板塔虽然结构简单，但适应性强，宜于放大，在空分设备中被广泛使用。但是，随着气液传热、传质技术的发展，对高效规整填料的研究，一些效率高、压降小、持液量小的规整填料开发，在近十多年内，有逐步替代筛板塔的趋势。

规整填料由厚约0.22mm的金属波纹板组成，一块块排列起来的金属波纹板，低温液体在每一片填料表面上都形成一层液膜，与上升的蒸气相接触，进行传热、传质。规整填料的金属比表面大约是筛板的30倍，液氧持留量仅为筛板的35%～40%。而且，填料塔截面积比筛板塔小1/3，填料垂直排列，不存在水平方向浓度梯度的问题，只要液体分布均匀，精馏效率较高，压力降较小，气体穿过填料液膜的压差比穿过筛板液层的压差要小很多,大约只有50Pa,上塔底部压力的下降,必然可导致下塔压力降低,进而主空压机的出口压力相应降低,使整套空分装置能耗降低。同时,规整填料液体的滞留量小,对负荷变化的应变能力较强。

与筛板塔相比,规整填料塔有以下优点:

① 压降非常小。气相在填料中的液相膜表面进行对流传质、传热,不存在塔板上清液层及筛孔的阻力,规整填料的阻力通常只有相应筛板塔阻力的1/5~1/6。

② 热、质交换充分,分离效率高,使产品的提取率提高。

③ 操作弹性大,不产生液泛或漏液。负荷调节范围大,适应性强。负荷调节范围可以在30%~110%范围内,筛板塔的调节则为70%~100%。

④ 液体滞留量少,启动和负荷调节速度快。

⑤ 可以节约能源。填料塔阻力小,空气进塔压力可降低0.07MPa左右,使空气能耗减少6.5%左右。

⑥ 塔径可以减少。

规整填料精馏塔一般分为3~5段填料层,每段之间有液体收集器和再分布器。传统筛板塔的板间距为110~160mm,而规整填料的等板高为250~300mm。因此,填料塔的高度会增加。一般都选择铝作为规整填料的材料,这样可减轻重量和减少费用,但必须控制好填料金属表面残留润滑油量小于50mg/m²。在这样的条件下,可认为铝填料和铝筛板塔用于氧精馏时同样安全。

当然,规整填料的成本要比筛板塔高,塔身也较高。但是,它的优点是突出的,所以,进入20世纪90年代后,许多空分设备生产厂首先在上塔和氩塔用规整填料替代了筛板塔,并有进一步在下塔也采用的趋势。

规整填料的每米填料相当的理论塔板数与上升气体的空塔流速成反比,与气体的密度的1/2次方成反比。由于下塔的压力高,气体密度大,当处理的气量和塔径一定时,每米填料的理论塔板数减少,即需要有较高的下塔才能满足要求,这将使阻力增大、能耗增加,如果靠增大塔径来降低流速,提高每米填料的理论塔板数,则会增加下塔的投资成本。因此,下塔是否采用规整填料,需要权衡利弊。目前,还是以采用筛板塔居多。

精馏产品的纯度,在塔板数一定的条件下,取决于回流比的大小。

在空气精馏中,回流比一般是指塔内下流液体量与上升蒸气量之比,它又称为液气比。在化工生产中,回流比一般是指塔内下流液体量与塔顶馏出液体量之比。

回流比大时所得到的气相氮纯度高,液相氧纯度就低。回流比小时得到的气相氮纯度就低,液相氧纯度就高。这是因为温度较高的上升气体与温度较低的下流液体在塔板上混合,进行热量和质量交换后,在理想情况下它们的温度可趋于一致,即达到同一个温度。这个温度介于原来的气、液温度之间。如果回流比大、即下流的冷液体多或者上升的蒸气少时,则气液混合温度必然偏于低温液体边,于是上升蒸气的温降就大,蒸气冷凝的就多。氧是难挥发组分,故氧组分冷凝下来的相应也较多些，这样离开塔板的上升气体的氮浓度也提高很快。每块塔板都是如此。因此，在塔顶得到的其他含氮纯度就高。

另一方面，因为气液混合物温度偏于低温一边，于是下流液体的温升就小，液体蒸发的也少，因而液体中蒸发出来的氮组分相应也少些，这样离开塔板的下流液体中氧浓度就提高的很慢，导致塔底液体的氧浓度降低。精馏塔的塔温高，实际是指回流比小；塔温低，就是回流比大的情况。

精馏空气必须具备两个条件：一是有一定的回流液，二是有一定的上升蒸气量。若其比例（回流比）不合适，就不能制取高纯的氧、氮产品。当上升蒸气量过少，回流液过多，液体中的氮分子由于蒸气传入的热量不够而不能充分蒸发，氧纯度就降低。反之，当回流液相对过少时，回流液不能使蒸汽中的氧分子充分冷凝下来，氮纯度就降低。

下塔的液空，液氮是提供给上塔作为精馏的原料液。因此，下塔精馏是上塔精馏的基础。妥善地控制液空、液氮纯度的目的在于保证氧、氮产品的纯度和产量。

液空纯度高时，氧气纯度才可能提高。液氮纯度高而输出量大时，氮气纯度才能达到理想纯度。但是，液空、液氮的纯度是互相制约的。一种纯度提高，另一种纯度必然降低。并且，液空、液氮的纯度和各自的输出量也互相制约，提高其纯度，流量必然减少。

从以上种种制约条件可以看出，液空、液氮的纯度和导出量有个平衡点，下塔的操作要点在于控制液氮节流阀的开度。具体来说，就是要在液氮纯度合乎上塔精馏要求的情况下，尽量地加大其导出量。这样，可以为上塔精馏提供更多的回流液。回流比的增大可使氮气纯度得到保障。与此同时，下塔回流比也会因此而减少，液空纯度会得到提高，进而可以使氧气纯度得到提高。

液氮节流阀究竟开到什么程度，可以通过液氮纯度与气氮的纯度差额来判断。正常情况下，喷淋液氮与出上塔气氮纯度相等或者液氮稍低，允许液氮纯度低于气氮纯度 $0.51\%\sim2\%$。纯度越低，其差值越大；纯度越高，差值越小。当气氮纯度高于 99.9% 时，则应使液氮纯度相当于气氮纯度。

如果出现液氮纯度很高，而气氮纯度比液氮纯度还低的不正常现象，则说明导入上塔的液氮量太少，从而造成上塔顶部塔板的液体不足，精馏段回流比不够，氮气纯度无法提高。同时，下塔也会因液氮节流阀开度太小，回流比增大，液空纯度下降，进一步造成氧气纯度降低。此时，液氮节流阀开度必须加大。如此操作，液氮纯度虽然会有所下降，但气氮纯度却反而能提高。在具有污液氮节流阀和纯液氮节流阀的流程中，在操作时，通常用污液氮节流阀控制液空纯度，而用纯液氮节流阀控制氮纯度。

5.4.4　深冷分离的工业应用

早在 20 世纪 50 年代人们就开发了常规深冷分离工艺，为分离裂解气中的甲烷，需要在-90～-120℃的低温条件下进行精馏，故称此为深冷分离法。深冷分离法技术成熟，操作稳定，产品纯度高，最适合大量原料的处理，是现代工业中应用最广的工业分离技术。

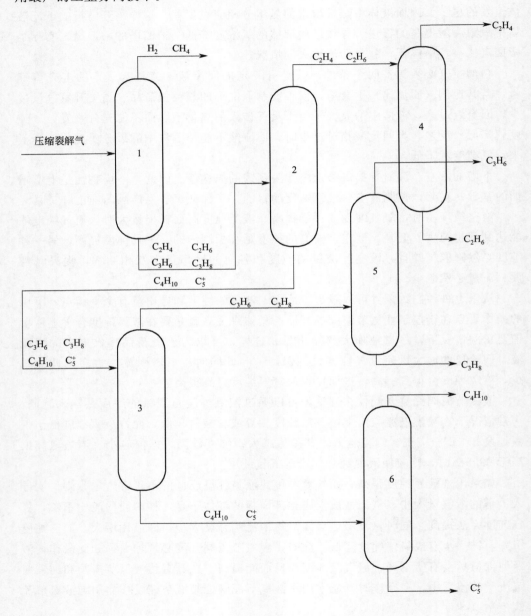

图 5-4-4　顺序深冷分离流程

1—脱甲烷塔；2—脱乙烷塔；3—脱丙烷塔；

4—乙烯塔；5—丙烯塔；6—脱丁烷塔；

5.4.4.1 深冷分离法提纯乙烯

按照对裂解气中主要组分进行分离的先后顺序的差异，可以将深冷分离法分为三种不同的流程，即顺序流程（依次脱除甲烷、乙烷、丙烷和丁烷）、前脱乙烷流程（将脱乙烷提到最前面）和前脱丙烷流程（将脱丙烷提到最前面）。从能耗看，三种流程中以顺序流程为最低，因而应用也最广。采用顺序分离工艺的典型流程见图5-4-4。绿油是在乙烯装置和其他石化生产装置的所有 C_2、C_3 和 C_4 加氢反应器中形成的一种低聚物。

裂解气经水淬冷后加压到一定压力进碱洗塔，用浓度为 $10\%\sim20\%$ 的氢氧化钠溶液除去硫化物和二氧化碳等酸性气体，再压缩至 $3.63\sim3.82MPa$。压缩后的气体，再经4A分子筛固定床进行深度干燥，使裂解气中水分含量小于 1×10^{-6}。干燥气体经冷箱逐级换热冷却后入脱甲烷塔，由塔顶分离出甲烷、氢气，塔釜为 C_2 以上组分的混合物，送至脱乙烷塔，由塔顶分离出 C_2 馏分，塔釜获得 C_3 以上组分。

由脱乙烷塔塔顶分出的 C_2 馏分，进乙烯精馏塔分离，塔顶得到聚合级乙烯产品，塔釜得到的乙烷循环至裂解炉，由脱乙烷塔塔釜获得的 C_3 以上组分进脱丙烷塔，在该塔塔顶分盘的 C_3 馏分再经丙烯精馏塔而获得丙烯产品，脱丙烷塔的釜液送入脱丁烷塔，在塔釜分出裂解汽油产品，而在塔顶获得 C_4 馏分，可用于分离 C_4 不饱和烃。

由于常规深冷分离工艺耗能大，人们对其进行了不断改进，主要是利用分凝分离技术进行分离，能量消耗大大降低，裂解气分离用的分凝分离器实际上是一个带回流的热交换器。

通过部分冷凝（分凝）将气体混合物分开。分凝分离工艺同时传质、传热，既起精馏塔作用，又起冷凝器作用，从而提高了轻组分中 C_2、C_3 的回收率，尤其对沸程相差较大的组分更有利。分凝分离器的原理见图5-4-5。

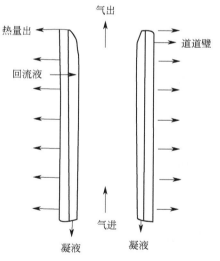

图 5-4-5 分凝分离器的原理图

由图可见，气流向上经进料通道，在间接提供冷源条件下，部分凝液附着在管壁上并沿壁下流，与进料气逆流接触，凝液与进料气间产生质量传递，凝液中易挥发组分进入气相向上，而气相中不易挥发组分则冷凝后向下流，直接起到精馏作用，精馏效果甚佳，一般在分凝分离器的底部设有凝液罐。

中国石油兰州石化公司石油化工厂240kt/a乙烯装置分离、制冷系统原设计能力为 160kt/a。2003 年在扩能改造中，增加了预切割塔，对裂解气组分进行预分离。新增一套冷箱，与原冷箱共同将裂解气分成平行两路，分别冷却裂解气。脱甲烷塔改造为部分液体进料分布器，脱乙烷塔、乙烯精馏塔、丙烯精馏塔原有塔板更换为大通量高效率的 DJ-3 型塔板，脱丙烷系统采用高低压双塔脱丙烷工艺，制冷系统更换了丙烯、乙烯制冷压缩机，并对流程做了相应改变。通过上述一系列的改造，乙烯装置达到 240kt/a 的生产规模。具体流程见图 5-4-6。

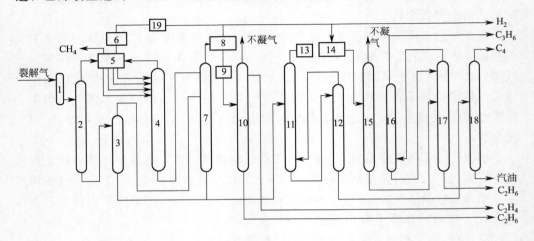

图 5-4-6　乙烯分离系统流程示意图

1—裂解气干燥塔；2—第一预切割塔；3—第二预切割塔；4—脱甲烷塔；
5—新、旧冷箱；6—甲烷化反应器；7—脱乙烷塔；8—C₂加氢反应器；
9—乙烯干燥器；10—乙烯精馏塔；11—高压脱丙烷塔；12—低压脱丙烷塔；
13—丙烯干燥器；14—C₃加氢反应器；15—甲烷蒸出塔；
16—第二丙烯精馏塔；17—丙烯精馏塔；18—脱丁烷塔；19—氢气干燥器

通过改造，高压甲烷中的乙烯损失由 0.392% 降至 0.204%，每年可增产乙烯约 300t，同时冷箱系统以及脱甲烷塔的运行得以优化，还可延长再生系统分子筛干燥剂的使用寿命。

制冷压缩机的负荷降低，每小时可节省 4.0MPa 级蒸气 1.5t。乙烯送高密度聚乙烯新线的乙烯气化流程更改后，乙烯事故气化器停用，每小时可节省 0.3 MPa 级蒸气 1.0~1.5t，装置能耗得以降低。

脱甲烷塔液泛、高压甲烷中乙烯含量超标及制冷压缩机超负荷等状况均明显好转，为装置的高负荷安全稳定生产创造了良好条件。

5.4.4.2　甲烷深冷分离法制液化天然气（LNG）

2009 年 9 月 8 日，国内首套甲烷深冷分离装置在云南煤化解化清洁能源开发公司净化车间现场试车成功，产出合格的 LNG 产品，这标志着国内首套自主知识产权的甲烷深冷分离装置的成功投运，为以后工业化应用打下了基础。装置如图 5-4-7 所示。

图 5-4-7　甲烷深冷分离装置制 LNG

　　这套甲烷深冷分离实验装置采用国内自主创新的先进工艺，甲烷深冷分离装置采用低温气体分离技术，使原料气冷却到－180～－165℃，省去了传统合成气生产过程中工序复杂的甲烷转化工段，在除去合成气中惰性气体使其得到净化、精制的同时，将甲烷组分分离为液态甲烷，增加了作为清洁能源的 LNG 产品。而且原料气经深度净化分离为甲烷，既降低了合成回路惰性气体的影响，不需要增压即可进入下游作为合成气，还能提高合成反应率，降低后续合成气压缩机约 10％ 的分离功耗，减少了废气排放量，具有显著的经济和社会效益。

　　该套装置在大型煤化工项目中具有广阔的推广应用前景，能与煤化工、焦化流程衔接形成煤炭洁净高效的生产系统，达到节能减排和提高附加值的目的，是煤炭洁净化利用的有效途径。

凡含有一定量甲烷组分的工艺气都可应用该项目实验成果,焦化企业尤其适用。已经利用实验装置的数据及设计、操作经验,在一套以褐煤为原料的 50 万吨/年甲醇装置中配套采用低温甲烷分离技术,可副产 1.185 亿立方米/年的液化天然气产品。

5.4.4.3 深冷分离法分离提纯一氧化碳

CO 是重要的碳一化工原料,可合成甲醇、醋酸、醋酐、异氰酸酯、羰基合成（OXO）化学品、甲酸、甲酸甲酯、DMF、碳酸酯、草酸酯、光气等等众多的化工产品及其系列下游产品。CO 主要以煤、石油、天然气和生物质为原料生产,但很多工业排放气如高炉气、转炉气、电石炉气、黄磷尾气、合成氨铜洗再生气等也富含 CO。近年来,基于 CO 原料的碳一化工产品蓬勃发展,对 CO 的需求日益扩大,因此如何低成本大量获取符合生产要求的 CO 显得非常重要。很多情况下对 CO 纯度要求较高,而 CO 的分离提纯是制备高纯度 CO 的关键步骤。

采用深冷法工业生产高纯度 CO 始于 20 世纪 60 年代,该法工艺成熟,处理量大,产品纯度高,适于大规模生产。

深冷分离法是基于混合气各组分的沸点不同,经冷凝、分馏而使其分离的方法。分离操作在 CO 沸点温区附近进行。合成气各组分的沸点与压力的关系见表 5-4-1。

表 5-4-1　不同气体在不同压力下的沸点温度　　　　　单位：℃

组分	0.1MPa	1.0MPa	2.0MPa	3.0MPa
氢	−252.7	−244.0	−238.0	−235.0
氮	−195.8	−175.0	−158.0	−152.0
一氧化碳	−192.0	−166.0	−149.0	−142.0
二氧化碳	−78.5			
氧	−182.8	−157.0	−140.0	−133.0
甲烷	−161.4	−129.0	−107.0	−95.0
乙烯	−103.9	−56.0	−29.0	−13.0
乙烷	−88.3	−33.0	−7.0	+11.0
丙烯	−47.0	+9.0	+37.0	+47.0
丙烷	−42.0	+30.0		

因合成气各组分的临界性质和沸点都较低,故采用简单换热和液体蒸发（如压缩制冷、吸收制冷）等方法,除采用两种或两种以上制冷剂的复叠制冷,一般很难达到如此低的温度。欲获得−100℃以下的低温,需借助于深度冷冻技术。工业上常用的深冷技术有林德（Linde）法和克劳德（Clande）法,亦即通常采用的节流制冷和膨胀制冷。节流制冷是基于焦耳-汤姆逊（Joule-Thomson）效应而获得低温,而膨胀制冷是靠绝热膨胀对外做功而获得低温。为了提高制冷效率,在实际操

作中往往将二者结合使用。

低温分离法在流程设置上，根据具体情况可采取部分冷凝法、液体甲烷洗涤法和低温精馏法。在原料气进入低温装置前，应先行净化处理，除去油、尘、二氧化碳和水分。

如果净化后的原料气组分主要是CO 和 H_2，则可采用部分冷凝法。在此工艺流程中，等于或高于 CO 沸点的组分冷凝，而低于 CO 沸点 H_2 不冷凝，所需冷量由不冷凝的氢等熵膨胀和 CO 的节流膨胀提供。工艺流程见图5-4-8。

本工艺可获取纯度为 98%～99% 的 CO。

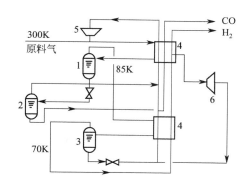

图 5-4-8　部分冷凝法回收 CO 工艺流程图
1—高压冷凝分离器；2—低压冷凝分离器；
3—低温冷凝分离器；
4—热交换器；5—循环压缩机；6—膨胀机

5.4.4.4　天然气或油田气中轻烃回收

我国的伴生气大多具有组成较丰富、压力较低的特点，所以自 20 世纪 80 年代以来我国新建的天然气回收装置普遍采用膨胀制冷法及有冷剂预冷的联合制冷法，而其中的膨胀制冷设备又以透平膨胀机为主。

自 2000 年以来，大庆油田工程有限公司研发了杏树岗油田 $90\times10^4 m^3/d$ 油田气深冷处理装置、北 I-1 油气处理厂 $70\times10^4 m^3/d$ 油田气深冷处理装置和南压气体处理厂 $60\times10^4 m^3/d$ 油田气深冷处理装置，其制冷方法都是采用丙烷预冷的膨胀机制冷流程。

(1) 原料气性质及存在的问题

上述深冷处理装置的原料气组成均较富，压力较低，并且原料气中 CO_2 含量的高限值均可能达到了 2%。根据经验，以回收乙烷为目的的天然气轻烃回收装置，如果要求高的设计收率，就要求有较低的冷凝温度，当天然气中 CO_2 含量高于 1.5% 后，CO_2 冻堵便成了一个不可忽视的问题。

(2) 制冷流程

为了解决 CO_2 在低温下发生脱甲烷塔塔顶的冻堵问题，而又不专设脱 CO_2 设施，同时充分利用冷量，大庆油田工程有限公司采用了改进的过冷液体回流技术（LSP）工艺，有效减少了 CO_2 冻堵问题，其轻烃回收流程见图5-4-9。

该装置是大庆油田工程有限公司在消化吸收德国 Linde 公司天然气深冷装置先进技术基础上，自行设计、施工、组织试车投产，以回收油田气轻烃的大型深冷处理装置。

(3) 设计特点

对比联合制冷常规流程可以看出，大庆油田工程有限公司自行设计的深冷装置

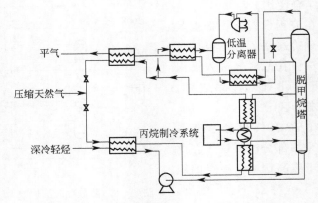

图 5-4-9　丙烷预冷的膨胀机制冷 LSP 流程

流程有以下几个特点：

第一，对低温分离器底部重烃的处理，常规流程直接把凝液打回脱甲烷塔膨胀机进料口下方，在提馏段被脱出所溶解的轻组分；而本装置采用了 LSP 流程，脱甲烷塔顶气体首先与膨胀机入口低温分离器分离出来的轻烃换热，使轻烃过冷，进入脱甲烷塔顶部作为回流，提高了膨胀机出口及脱甲烷塔顶温度。实践证明，LSP工艺可节省功率，Ortloof 公司曾对此做过试验论证：在原料气和干气进出界区条件相同、乙烷收率都是 80％时，常规流程耗功 6700kW，LSP 流程耗功 5200kW。同时，组成较富的塔顶回流起到了吸收油的作用，增加了 CO_2 在轻烃中的溶解度，两者综合作用的结果既保证了轻烃收率，又使膨胀机出口和脱甲烷塔顶部区域偏离生成干冰的条件。

第二，脱甲烷塔采用侧线抽出侧沸，回收冷量，同时回收了低温位热量，降低能耗。

第三，脱甲烷塔底产品打入一冷箱，冷却原料气本身被加热气化，这就是分流工艺。分流工艺也是补冷的一种手段，该工艺对原料气量波动、组成变化有较好的适应性。

第四，脱甲烷塔内件采用高效、高弹性的规整填料，可有效降低塔高，增大操作弹性并降低投资。

第五，入口分离器、低温分离器和再生气分离器采用旋流分离器，具有分离效率高、操作弹性大、体积小、压降低、不易堵塞等特点。

油田气深冷处理技术是当今世界上油田气处理加工环节中的先进技术。大庆油田工程有限公司通过国内外调研、工艺流程模拟并与现场实际相比对，研究出能耗低、操作稳定的大庆油田伴生气深冷处理工艺技术。在流程优化、CO_2 冻堵计算、脱甲烷塔重沸器和侧沸器循环计算方法、脱甲烷塔工艺计算和设备结构设计、低温设备紧凑布置、低温管道配管，以及低温管道材料、应力分析、振动管道动力分析等方面，都取得了较大的技术突破。

5.5 气-固旋风分离

5.5.1 旋风分离器的结构与操作原理

旋风分离器是利用惯性离心力的作用从气体中分离出尘粒的设备。含尘气体由圆筒上部的进气管切向进入,受器壁的约束由上向下作螺旋运动。在惯性离心力作用下,颗粒被抛向器壁,再沿壁面落至锥底的排灰口而与气流分离。净化后的气体在中心轴附近由下而上作螺旋运动,最后由顶部排气管排出。

图 5-5-1 所示为旋风分离器代表性的结构形式,描述了气流在器内的运动情况。如图所示的旋风分离器称为标准旋风分离器,主体的上部为圆筒形,下部为圆锥形,各部位尺寸均与圆筒直径成比例。由图可见,通常把下行的螺旋形气流称为外旋流,上行的螺旋形气流称为内旋流(又称气芯)。内、外旋流气体的旋转方向相同。外旋流的上部是主要除尘区。上行的内旋流形成低压气芯,其压力低于气体出口压力,要求出口或集尘室密封良好,以防气体漏入而降低除尘效果。

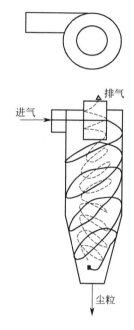

图 5-5-1 标准旋风分离器

旋风分离器的应用已有近百年的历史,因其结构简单、造价低廉、没有活动部件、可用多种材料制造、操作范围广和分离效率较高,至今仍在化工、采矿、冶金、机械、轻工等行业广泛采用。旋风分离器一般用来除去气流中直径在 $5\mu m$ 以上的颗粒。对颗粒含量高于 $200 g/m^3$ 的气体,由于颗粒聚结作用,它甚至能除去 $3\mu m$ 以下的颗粒。旋风分离器还可以从气流中分离除去雾沫。对于直径在 $5\mu m$ 以下的小颗粒,需用袋滤器或湿法捕集。但是,旋风分离器不适用于处理黏性粉尘、含湿量高的粉尘及腐蚀性粉尘。

5.5.2 旋风分离器的性能

评价旋风分离器性能的主要指标是气流中分离颗粒的效果及气体经过旋风分离器的压力降。分离效果可用临界粒径和分离效率来表示。

(1) 临界粒径

临界粒径是指理论上能够完全被旋风分离器分离下来的最小颗粒直径,是判断旋风分离器分离效率高低的重要依据之一。临界粒径越小,说明旋风分离器的分离性能越好。

临界粒径的大小很难精确测定,一般可在如下简化条件下推出临界粒径的近似计算式。

① 进入旋风分离器的气流严格按螺旋形路线作等速运动，其切向速度 u_T 恒定且等于进口气速 u_i。

② 颗粒向器壁沉降时，其沉降距离为整个进气管宽度 B。

③ 颗粒在滞流区作自由沉降，其径向沉降速度可用式(4-2-31)计算。

对气固混合物，因为固体颗粒的密度远大于气体密度，即：$\rho \leqslant \rho_s$，故式(4-2-31)中的 $\rho_s - \rho \approx \rho_s$；又旋转半径 R 可取平均值 R_m，则气流中颗粒的离心沉降速度可由 $u_r = \dfrac{d^2 (\rho_s - \rho)}{18\mu} \left(\dfrac{u_T^2}{R} \right)$ 简化为：

$$u_r = \frac{d^2 \rho_s u_i^2}{18\mu R_m} \tag{5-5-1}$$

由于 $u_i = u_T$，用 $\dfrac{u_i^2}{R_m}$ 惯性离心加速度代替重力加速度 g。

根据条件 2，颗粒到达器壁所需沉降时间 θ_t 为：

$$\theta_t = \frac{B}{u_r} = \frac{18\mu R_m B}{d^2 \rho_s u_i^2} \tag{5-5-2}$$

令气流的有效旋转圈数为 N_e，它在器内运行的距离便是 $2\pi R_m N_e$，则停留时间为：

$$\theta = \frac{2\pi R_m N_e}{u_i} \tag{5-5-3}$$

若某种尺寸的颗粒所需的沉降时间 θ_t 恰等于停留时间 θ，该颗粒就是理论上能被完全分离下来的最小颗粒，以 d_c 代表这种颗粒的直径，即临界粒径。

联立式(5-5-2)和式(5-5-3)，即：

$$\frac{18\mu R_m B}{d^2 \rho_s u_i^2} = \frac{2\pi R_m N_e}{u_i}$$

解得临界直径 d_c：

$$d_c = \sqrt{\frac{9\mu B}{\pi N_e u_i \rho_s}} \tag{5-5-4}$$

需要注意的是，气体处理量大时，常常将若干个旋风分离器并联使用，以维持较高的除尘效率。在推导上式时，假设条件①和②与实际情况差距较大，但因这个公式非常简单，只要定出合适的 N_e 值，仍然可以使用。N_e 的数值一般为 $0.5 \sim 3.0$，对标准型旋风分离器可取 $N_e = 5$。

(2) 分离效率

旋风分离器的分离效率有两种表示法，一是总效率，以 η_0 代表；二是分效率，又称粒级效率，以 η_p 代表。

① 总效率 η_0。

总效率为进入旋风分离器的全部颗粒中被分离下来的质量分率，即：

$$\eta_0 = \frac{C_1 - C_2}{C_1} \tag{5-5-5}$$

式中　C_1——旋风分离器进口气体含尘浓度，g/m^3；

　　　C_2——旋风分离器出口气体含尘浓度，g/m^3。

总效率是工程中最常用的，也是最易于测定的分离效率。但是，这种表示方法不能表明旋风分离器对各种尺寸粒子的不同分离效果。

② 分效率（粒级效率）η_p。

分效率为按各种粒度分别表明其被分离下来的质量分率。

含尘气流中的颗粒通常都是大小不均的，通过旋风分离器之后，各种尺寸的颗粒被分离下来的百分率互不相同。按各种粒度分别表明其被分离下来的质量分率，称为粒级分率。

通常是把气流中所含颗粒的尺寸范围等分成 n 个小段，而其中第 i 个小段范围内的颗粒（平均粒径为 d_i）的粒级效率定义为：

$$\eta_{p_i} = \frac{C_{1_i} - C_{2_i}}{C_{1_i}} \tag{5-5-6}$$

式中　C_{1_i}——进口气体中粒径在第 i 小段范围内的颗粒浓度，g/m^3；

　　　C_{2_i}——出口气体中粒径在第 i 小段范围内的颗粒浓度，g/m^3。

粒级效率 η_p 与颗粒直径 d_i 的对应关系可用曲线表示，称为粒级效率曲线。这种曲线可通过实测旋风分离器进、出气流中所含尘粒的浓度及粒度分布而获得。图 5-5-2 为某旋风分离器的实测粒级效率曲线。

根据计算，其临界粒径 d_c 约为 $10\mu m$ 的颗粒，粒级效率都应为零，即应以 d_c 为界作清晰分离，如图中折线所示。但由图中实测的粒级效率曲线可知，对于直径小于 d_c 的颗粒，也有可观的分离效果，而直径大于 d_c 的颗粒，还有部分未被分离下来。这主要是因为直径小于 d_c 的颗粒中，有些在旋风分离器进口处已很靠近壁面，在停留时间内能够到达壁面上；或者在器内聚结成了大的颗粒，因而具有较大的沉降速度。直径大于 d_c 的颗粒中，有些受气体涡流的影响未能到达壁面，或者沉降后又被气流重新卷起而带走。

有时也把旋风分离器的粒级效率标绘成粒径比 $\dfrac{d}{d_{50}}$ 的函数曲线。d_{50} 是粒级效率恰为 50% 的颗粒直径，称为分割粒径。图 4-2-9 所示的 d_{50} 可用下式估算：

$$d_{50} \approx 0.27 \sqrt{\frac{\mu D}{\mu_i (\rho_s - \rho)}} \tag{5-5-7}$$

这种标准旋风分离器的 η_p-$\dfrac{d}{d_{50}}$ 曲线见图 5-5-2。对于同一型式且尺寸比例相同的旋风分离器，无论大小，皆可通用同一条 η_p-$\dfrac{d}{d_{50}}$ 曲线，这就给旋风分离器效率的估算带来了很大方便。

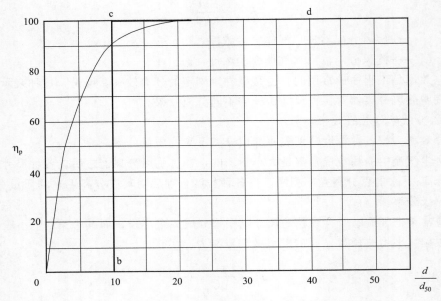

图 5-5-2　标准旋风分离器的 η_{p}-$\dfrac{d}{d_{50}}$ 曲线

③ 由粒级效率估算总效率。前述的旋风分离器总效率 η_0，不仅取决于各种尺寸颗粒的粒级效率，而且取决于气流中所含尘粒的粒度分布。即使同一设备处于同样操作条件下，如果气流含尘的粒度分布不同，也会得到不同的总效率。如果已知粒级效率曲线，并且已知气体含尘的粒度分布数据，则可按下式估算总效率，即：

$$\eta_0 = \sum_{i=1}^{n} x_i \eta_{\mathrm{P}_i} \tag{5-5-8}$$

式中　x_i——粒径在第 i 小段范围内的颗粒占全部颗粒的质量分率；

　　　η_{P_i}——第 i 小段粒径范围内颗粒的粒级效率；

　　　n——全部粒径被划分的段数。

(3) 压强降

气体经旋风分离器时，由于进气管和排气管及主体器壁所引起的摩擦阻力、流动时的局部阻力以及气体旋转运动所产生的动能损失等等，造成气体的压强降。可以将压强降看作与气体动能成正比，即：

$$\Delta p = \xi \frac{\rho \mu_i^2}{2} \tag{5-5-9}$$

式中，ξ 为比例系数，亦即阻力系数。对于同一结构型式及尺寸比例的旋风分离器，ξ 为常数，不因尺寸大小而变。例如图 4-2-9 所示的标准旋风分离器，其阻力系数 $\xi=8.0$。旋风分离器的压强降一般为 $500\sim2000\mathrm{Pa}$。

影响旋风分离器性能的因素多而复杂，物系情况及操作条件是其中的重要方面。通常，颗粒的密度大、粒径大、进口气速高及粉尘浓度高等情况均有利于分离。譬如，含尘浓度高则有利于颗粒的聚结，可以提高效率。而且，颗粒浓度增大可以抑制气体涡流，从而使阻力下降。所以，较高的含尘浓度对压强降与效率两个方面都是有利的。但有些因素则对这两方面有相互矛盾的影响，如进口气速稍高有利于分离，但过高则导致涡流加剧，反而不利于分离，徒然增大压强降。因此，旋风分离器的进口气速保持在 $10\sim25m/s$ 范围内为宜。

5.5.3 旋风分离设备

(1) 旋风分离器的结构型式

旋风分离器的性能不仅受含尘气的物理性质、含尘浓度、粒度分布及操作条件的影响，还与设备的结构尺寸密切相关。只有各部分结构尺寸恰当，才能获得较高的分离效率和较低的压强降。

近年来，为提高分离效率或降低压降，在旋风分离器的结构设计中，主要从以下几个方面进行改进：

① 采用细而长的器身。减小器身直径可增大惯性离心力，增加器身长度可延长气体停留时间，所以，细而长的器身有利于颗粒的离心沉降，使分离效率提高。

② 减小上涡流的影响。含尘气体自进气管进入旋风分离器后，有一小部分气体向顶盖流动，然后沿排气管外侧向下流动，当达到排气管下端时汇入上升的内旋气流中，这部分气流称为上涡流。上涡流中的颗粒也随之由排气管排出，使旋风分离器的分离效率降低。采用带有旁路分离室或采用异形进气管的旋风分离器，可以改善上涡流的影响。

③ 消除下旋流的影响。在标准旋风分离器内，内旋流旋转上升时，会将沉积在锥底的部分颗粒重新扬起，这是影响分离效率的另一重要原因。为抑制这种不利因素设计了扩期式旋风分离器。

④ 排气管和灰斗尺寸的合理设计。排气管和灰斗尺寸的合理设计可使除尘效率提高。

鉴于以上考虑，对标准旋风分离器加以改进，设计出一些新的结构形式。目前我国对各种类型的旋风分离器已制定了系列标准，各种型号旋风分离器的尺寸和性能均可从有关资料和手册中查到。常规旋风除尘器有 CLT/A 型旋风除尘器、CLK 扩散式旋风除尘器和 XZZ 型旋风除尘等等。

使用时，气体由直筒段上部进入器内，沿边壁螺旋向下流入锥体，由于流体向下流动时，锥体截面不断缩小，大部分气体逐渐趋向中心，并沿轴心自下而上螺旋

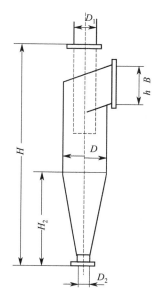

图 5-5-3　XLT/A 型旋风分离器

上升至除尘器顶部，再从中心排气管排出。部分气体夹带着被分离下来的粉尘进入灰仓，在灰仓内与粉尘分离后返回除尘器内。现列举几种化工中常见的旋风分离器类型。

① XLT/A 型。这种旋风分离器具有倾斜螺旋面进口，其结构如图 5-5-3 所示。倾斜方向进气可在一定程度上减小涡流的影响，并使气流阻力较低（阻力系数 ξ 值可取 5.0～5.5）。

② XLP/B 型。XLP 型是带有旁路分离室的旋风分离器，采用蜗壳式进气口，其上沿较器体顶盖稍低。含尘气进入器内后即分为上、下两股旋流。"旁室"结构能迫使被上旋流带到顶部的细微尘粒聚结并由旁室进入向下旋转的主气流而得以捕集，对5μm 以上的尘粒具有较高的分离效果。根据器体及旁路分离室形状的不同，XLP 型又分为 A 和 B 两种形式，图 5-5-4 所示为 XLP/B 型，其阻力系数值可取 4.8～5.8。

③ 扩散式。扩散式旋风分离器的结构如图 5-5-5 所示，其主要特点是具有上小、下大的外壳，并在底部装有挡灰盘（又称反射屏）。挡灰盘 a 为倒置的漏斗型，顶部中央有孔，下沿与器壁底圈留有缝隙。沿壁面落下的颗粒经此缝隙降至集尘箱b 内，而气流主体被挡灰盘隔开，少量进入箱内的气体则经挡灰盘顶部的小孔返回器内，与上升旋流汇合经排气管排出。挡灰盘有效地防止了已沉下的细粉被气流重新卷起，因而使效率提高，尤其对 10μm 以下的颗粒，分离效果更为明显。

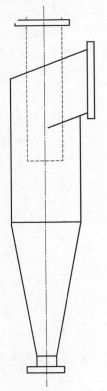

图 5-5-4　XLP/B 型旋风分离器

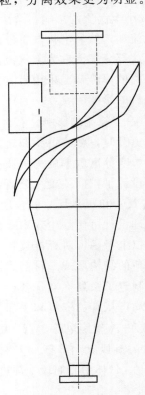

图 5-5-5　扩散式旋风分离器

几种类型旋风分离器的主要性能列于表 5-5-1。

表 5-5-1 几种类型旋风分离器主要性能

类 型	标准式	XLT/A	XLP/B	扩散式
适宜进口气速 u_i/(m/s)	10~20	10~18	12~20	12~16
阻力系数 ξ	8	5.0~5.5	4.8~5.8	6.5~7.0
对粒度适应性/μm	10 以上	10 以上	5 以上	10 以下
对浓度适应性/(g/m³)		4.0~50	宽范围	1.7~200

(2) 旋风分离器的选型

选择旋风分离器时，首先应根据具体的分离含尘气体任务，结合各型设备的特点，选定旋风分离器的型式，而后通过计算决定尺寸与个数。计算的主要依据有：含尘气的体积流量；要求达到的分离效率；允许的压力降。表中所列生产能力的数值为气体流量，单位为 m³/h；所列压力降是当气体密度为 1.2kg/m³ 时的数值，当气体密度不同时，压强降数值应予以校正。

当几种型号的旋风分离器可同时满足生产能力和压降要求时，则应比较其除尘效率并参考价格。

XLP/B 型及扩散式旋风分离器的性能分别列于表 5-5-2 和表 5-5-3 中。

常规旋风除尘器只经一次分离除尘，其中形成沿边壁自下而上和沿轴心自上而下的两个旋流，气流螺旋角大，容易导致涡流、气流摆尾、除尘效率不高，流体的流动路线长、速度梯度大，所以压降大，能耗高，稳定性差，放大效应显著。

环流式旋风除尘器通过特殊的结构和科学细致的具体设计，打破了传统除尘器的气体流路概念，经二次、三次强化分离，压降低、放大效应小、分离效率高、能

表 5-5-2 XLP/B 型旋风分离器的生产能力

型 号	圆筒径 D/mm	进口气速 u_i/(m/s)		
		12	16	20
		压力降 Δp/Pa		
		412	67	1128
XLP/B-3.0	300	700	930	1160
XLP/B-4.2	420	1350	1800	2250
XLP/B-5.4	540	2200	2950	3700
XLP/B-7.0	700	3800	5100	6350
XLP/B-8.2	820	5200	6900	8650
XLP/B-9.4	940	6800	9000	11300
XLP/B-10.6	1060	8550	11400	14300

表 5-5-3　扩散式旋风分离器的生产能力

序　号	圆筒径 D/mm	进口气速 u_i/(m/s)			
		14	16	18	20
		压强降 Δp/Pa			
		78	1030	1324	1570
1	250	820	920	1050	1170
2	300	1170	1330	1500	1670
3	370	1790	2000	2210	2500
4	455	2620	3000	3380	3760
5	525	3500	4000	4500	5000
6	585	4380	5000	5630	6250
7	645	5250	6000	6750	7500
8	695	6130	7000	7870	8740

耗低，可以更好更细腻地适用不同场合的除尘需要。解决了气、固、液相分离过程中存在的几十项工程技术难题，除尘颗粒半径最小可达到 $0.5\mu m$ 以下，拓展了旋风除尘器的应用领域，使旋风除尘器达到了静电除尘器和布袋除尘器的除尘效率，具有压降低、放大效应小、投资少、运行费用低、操作简单、应用范围广等优点。

环流式旋风除尘器由外筒体，借上、下支撑装置与外筒体连接的内筒体，内筒体内部的导流整流器、连接在外筒体下端的锥筒体，以法兰连接在锥筒体下端的排放管，穿过外筒体切向接入内筒体的菱形进口管，安装在外筒体上端的端盖以及安装在端盖上的出口管所构成。内筒体是一种锥筒体，锥筒体的侧壁向外倾斜 α 角或者向内倾斜 $-\alpha$ 角，α 在 $-20°\sim 20°$ 之间。根据除尘的不同要求，还可以设置专门的导流装置。

α 角可以更好更细腻地适应不同场合的除尘需要。当 $\alpha \geqslant 0°$ 时，环流式旋风除尘器可用于颗粒物质的分级。当 $\alpha \leqslant 0°$（亦即 $-\alpha$）时，可用于调整环流量和除尘效率。内筒体的中间外径 A_1 与外筒体的外径 A 之比值在 $30\% \sim 90\%$ 之间。这一尺寸比可使压降更低、放大效应更小、分离效率更高、能耗更低，效果更加显著。

进口管的横剖面为菱形，与外筒体呈蜗旋连接。菱形的上边与水平面的夹角 β 在 $0° \sim 80°$ 之间，这一夹角有利于对进入环隙的流体的导流。上、下支撑装置与水平面夹角 γ 在 $0° \sim 45°$ 之间，这一角度有利于对进入环隙的流体导流，进而可进一步提高分离效率，降低能耗。

高效环流旋风除尘器是高新技术产品，其切割粒径 d_{50} 最小可达到 $0.33\mu m$，因具有分离效率高、压降低、放大效应小、投资少、运行费用低、操作简单、应用范围广等优点，它可广泛用于固-液、液-液、气-固态物质的分离以及除尘中。

高效环流旋风除尘器可以去除普通以及粒径小至 $3\mu m$ 以下的粉尘，分割直径可达到 $1.5 \sim 3\mu m$，对于中径 $3\mu m$ 的分子筛粉末的除尘效率可达到 98% 以上，可广泛地应用于水泥窑炉、锅炉、烟道气等工业排放气的除尘中。

参 考 文 献

[1] 余　化，冯天照．制氮工艺技术的比较与选择．化肥设计，2012，50（1）：13-16.

[2] 田　波．乙烯分离提纯方法概述．2004《低温与特气》百期庆典暨低温与气体技术交流大会．

[3] 何　磊，路全能，白锦豫．兰州240 kt/a乙烯装置制冷及深冷分离系统的节能改造．乙烯工业，2012，24（4）：16-21.

[4] 李仲来．一氧化碳的提取及化工应用（上）．小氮肥设计技术，2006，27（1）：20-27.

[5] 于海迎．油田气深冷技术在大庆油田的应用．油气田地面工程，2008，27（5）：3-4.

[6] 黄丽平，李广学．变压吸附技术在工业上的应用与发展．广东化工，2011，38（3）：14-15.

[7] 林　刚，陈晓惠，金　石，蔺恕昌．气体膜分离原理、动态与展望．低温与特气，2003，21（2）：13-18.